高职高专规划教材

PLC技术与应用

信捷XC系列

李泉　主编　　　杨昱鑫　副主编

化学工业出版社

·北京·

内容简介

本书以信捷XC系列PLC为主控制器，按照教学实际需求对教材内容进行整理。全书内容共分为7章，分别是：第1章，XC系列概述；第2章，软元件；第3章，基本指令；第4章，应用指令；第5章，通讯功能；第6章，应用程序举例；第7章，XCPPro V3.1编程软件。

本书可作为机电类专业教材，也适合作为全国光伏电子设计与实施技能大赛、工业机器人技术技能大赛的参考用书，还可供新能源发电规划工程师、信捷PLC开发工程师、力控开发使用工程师等参考学习。

图书在版编目（CIP）数据

PLC技术与应用：信捷XC系列/李泉主编.—北京：化学工业出版社，2021.8

高职高专规划教材

ISBN 978-7-122-39214-5

Ⅰ.①P… Ⅱ.①李… Ⅲ.①PLC技术-高等职业教育-教材 Ⅳ.①TM571.61

中国版本图书馆CIP数据核字（2021）第097100号

责任编辑：廉　静　　　　装帧设计：王晓宇

责任校对：李　爽

出版发行：化学工业出版社（北京市东城区青年湖南街13号　邮政编码100011）

印　　装：三河市延风印装有限公司

787mm×1092mm　1/16　印张18¼　字数448千字　2021年6月北京第1版第1次印刷

购书咨询：010-64518888　　　　售后服务：010-64518899

网　　址：http：//www.cip.com.cn

凡购买本书，如有缺损质量问题，本社销售中心负责调换。

定　　价：56.00元

版权所有　违者必究

PLC

可编程控制器是以计算机技术为核心的通用工业自动化控制设备，目前已经成为当代工业自动化控制的支柱设备之一。世界有两百多家 PLC 厂家，主要分布在美国、日本及欧洲一些国家，相关教材也都是以这些国家和地区的产品为主。为支持国产崛起，拓展读者选用产品，这里以无锡信捷电气股份有限公司产品 XC 系列 PLC 为主，编写了《PLC 技术与应用（信捷 XC 系列）》一书。

全书以信捷 XC 系列 PLC 为主控制器，按照教学实际需求对教材内容进行整理。全书内容共分为 7 章，分别是：第 1 章，XC 系列概述；第 2 章，软元件；第 3 章，基本指令；第 4 章，应用指令；第 5 章，通讯功能；第 6 章，应用程序举例；第 7 章，XCPPro V3.1 编程软件。其中兰州石化职业技术学院李泉编写第 1～4 章，兰州石化职业技术学院杨昱鑫编写第 5～7 章，无锡信捷电气股份有限公司王正堂编写附录。

本书由李泉任主编，并负责全书的统稿工作。

本教材是与无锡信捷电气股份有限公司校企合作的成果，编写过程中得到了无锡信捷电气股份有限公司的大力支持，在此表示诚挚的感谢。

由于编者水平有限和经验不足，书中不妥之处在所难免，恳请广大读者批评指正。

编者

2021.5

目
CONTENTS
录

第1章

XC 系列概述

1.1 XC 简介

XC 系列 PLC（见表 1-1-1）的基本单元具备多个子系列产品线，机型丰富，多种组合可自由选择。

I/O 点数：10、14、16、24、32、42、48、60 点；输出类型：晶体管、继电器、晶体管继电器混合；输入类型：PNP、NPN；电源类型：AC220V、DC24V；子系列：XC1、XC2、XC3、XC5、XCM。

表 1-1-1　XC 系列 PLC

系列	类型	描述
XC1	经济型	包含 10、16、24、32 点规格 适用于一般性、小点数的简单应用的场合，不支持自由通讯等高级功能和扩展模块及 BD 板
XC2	基本型	包含 14、16、24、32、42、48、60 点规格 具备 XC 系列的基本功能，本体不可扩展模块，但支持 BD 板的扩展（14、16、42 点除外），拥有高速的运算处理速度
XC3	标准型	包含 14、24、32、42、48、60 点规格 属于 XC 系列的标准机型，功能齐全，能够满足绝大多数用户的使用需求
XC5	增强型	包含 24、32 点规格 除保留 XC3 系列的全部功能外，24/32 点指定机型拥有 4 路脉冲输出功能
XCM	运动控制型	包含 60 点规格 除具备 XC 系列的基本功能外，还拥有强大的脉冲输出功能，支持 10 轴脉冲输出

XC 系列 PLC 具备充实的基本功能和多种特殊功能，各个子系列由于面向的应用场合不同，其功能也不尽相同。基本处理指令 0.2～0.5μs，扫描时间 10000 步 5ms，程序容量高达 256K。基本单元一般可支持 7 个不同种类、型号的扩展模块和 1 个扩展 BD 板。基本单元具备 1～3 个通讯口，支持 RS232、RS485，可连接多种外部设备，如变频器、仪表、打印机等。XC 系列 PLC 的 6 个子系列，具备不同规格的内部资源数目，以适应不同场合的需求。资源量最多可达 1024 点流程 S、8768 点中间继电器 M、544 点输入继电器 X、544 点输出继电器 Y、640 点定时器 T、640 点计数器 C、9024 点数据寄存器 D、7152 点 Flash ROM

寄存器 FD、36864 点扩展寄存器 ED、16 点保密寄存器 FS。XC 系列 PLC 支持两种编程方式，即命令语编程和梯形图编程。这两种编程可相互切换编辑，指令丰富，除具备基本的顺序控制、数据的传送和比较、四则运算、数据的循环和移位，还支持脉冲输出、高速计数、中断、PID 等特殊指令。

XC2/XC3/XC5 系列 PLC 的基本单元配备了 3 通道、2 相高速计数器和高速计数比较器，可进行单相、脉冲+方向、AB 相三种模式进行计数，频率可达 80kHz。由于配备多通讯口，同时又支持多种通讯协议，如 Modbus 协议、自由通讯协议等，因此可组建不同的通讯网络。Modbus 组网中，PLC 可作主或从；可通过 T-BOX 模块组成以太网络；还可通过 G-BOX 接入 GPRS 网络。XC 系列 PLC 一般具有 2 个脉冲输出端子，可输出高达 100kHz 的脉冲。特殊机型拥有 3～10 路脉冲输出功能。XC 系列 PLC 具有中断功能，分为外部中断、定时中断以及高速计数中断，可满足不同的中断需求。XC 系列 PLC 独有的特殊功能，针对端子损坏处理而开发的技术，无需改动程序就可实现正常的运行。利用 C 语言来编写功能块，具有更加优越的程序保密性。同时，由于引进了 C 语言丰富的运算函数，因此可实现各种功能。节省了内部空间，提高了编程效率。XC 系列 PLC 的基本单元也具有 PID 控制功能，同时还可进行自整定控制。在顺序功能块中，可实现指令的顺序执行，特别适用于脉冲输出、通讯、运动控制、变频器读写等功能，简化了程序的编写。XC 系列 PLC 的高速计数器拥有 24 段 32 位的预置值，每一段都可产生中断，实时性好，可实现电子凸轮功能。XC 系列 PLC 具有 PWM 脉宽调制功能，可用于对直流电机的控制。XC 系列 PLC 可实现对频率的测量。XC 系列 PLC 可进行精确定时，精确定时器为 1ms 的 32 位定时器。

在 XCPPro 编程软件中进行 XC 系列 PLC 的程序编写，可明显地感受到软件的人性化，以及易上手性。梯形图编程和指令表编程可随时切换编辑。具有软元件注释、梯形图注释、指令提示等功能。提供多种特殊指令的编辑面板，编写指令更加方便。完善的监控模式：梯形图监控、自由监控、软元件监控。多窗口显示，管理更方便。

为了更好地满足现场的控制需求，XC 系列 PLC 可外部扩展模块，每个基本单元可扩展七个模块。种类丰富：输入输出扩展模块、模拟量处理模块、温度控制模块以及混合模块。外形小巧，DC24V 电源（32 点 I/O 模块为 AC220V 电源）。模拟量、温度模块均内置 PID 调节功能。

XC 系列 PLC 除可外接扩展模块外，还可扩展 BD 板。BD 板外形更加小巧，薄薄一片，可直接安装在基本单元上，不占用多余空间。模拟量温度：XC-2AD2PT-BD；模拟量：XC-2AD2DA-BD、XC-4AD-BD；通讯：XC-COM(-H)-BD；SD 卡扩展：XC-SD-BD；以太网：XC-TBOX-BD；光纤：XC-OFC-BD。

1.2 基本单元型号构成及型号表

XC 系列 PLC 的基本单元型号构成一般如图 1-2-1 所示。

XC3 — ○○ □—□
① ② ③ ④

图 1-2-1 XC 系列 PLC 的基本单元型号构成

① 系列名称 XC1、XC2、XC3、XC5、XCM、XCC。

② 输入输出点数　10、14、16、24、32、42、48、60。

③ 输入形式为 NPN 时：R（继电器输出）；T（晶体管输出）；RT（继电器/晶体管混合输出，晶体管一般为 Y0、Y1，XC5 的 4 轴输出为 Y0～Y3）。

输入形式为 PNP 时：PR（继电器输出）；PT（晶体管输出）；PRT（继电器/晶体管混合输出，晶体管一般为 Y0、Y1，XC5 的 4 轴输出为 Y0～Y3）。

④ 供电电源　E（AC 电源 220V）；C（DC 电源 24V）。

1.3 扩展单元型号构成及型号表

1.3.1 输入输出扩展模块

输入输出扩展模块的型号构成如图 1-3-1 所示。

XC － E ○ □ ○ □
① ② ③ ④ ⑤ ⑥

图 1-3-1　输入输出扩展模块的型号构成

① 系列名称　XC。

② 指代扩展模块　E。

③ 输入点数　8、16、32。

④ 输入专用　NPN 输入时为 X ；PNP 输入时为 PX。

⑤ 输出点数　8、16、32。

⑥ 输出形式　YR（继电器输出）；YT（晶体管输出）。

1.3.2 模拟量温度扩展

模拟量、温度模块的型号构成如图 1-3-2 所示。

XC － E 4AD 4DA 6PT 6TCA 2WT － P
① ② ③ ④ ⑤ ⑥ ⑦

图 1-3-2　模拟量、温度模块的型号构成

① 扩展模块　E。

② 模拟量输入　4AD：4 路模拟量输入；
　　　　　　　8AD：8 路模拟量输入。

③ 模拟量输出　2DA：2 路模拟量输出；
　　　　　　　4DA：4 路模拟量输出。

④ PT100 温度检测　6PT：6 路 PT100 测温输入。

⑤ K 型热电耦温度检测　6TCA：6 路热电偶温度输入（V3.1 以上版本）。

⑥ 压力测量　2WT：2 路压力传感器模拟量输入。

⑦ P、I、D 调节　P：内置 PID 调节；空：不带 PID 调节。

模拟量温度扩展 BD 板的型号构成如图 1-3-3 所示。

XC — 4AD 6PT 6TC — P — BD
① ② ③ ④ ⑤

图 1-3-3 模拟量温度扩展 BD 板的型号构成

① 模拟量输入　4AD：4 路模拟量输入；8AD：8 路模拟量输入。

② PT100 温度检测

③ K 型热电耦温度检测

④ P、I、D 调节　P：内置 PID 调节；空：不带 PID 调节。

⑤ 扩展 BD 板

1.4 组成说明

PLC 组成如图 1-4-1 所示。

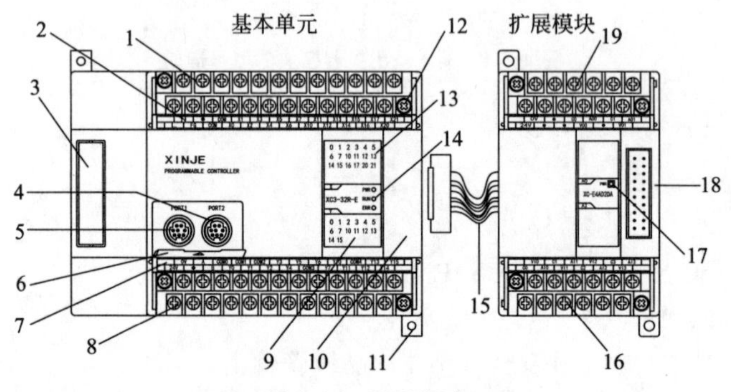

图 1-4-1 PLC 组成

1—输入端子、电源接入端子；2—输入标签；3—扩展 BD 板安装位置；4—通讯口 2；5—通讯口 1；6—通讯口盖板；7—输出标签；8—输出端子、24V 输出端子；9—输出动作指示灯；10—扩展模块接入口；11—安装孔（2 个）；12—端子台安装/拆卸螺丝；13—输入动作指示灯；14—动作指示灯，RUN：运行指示灯；PWR：电源指示灯；ERR：出错指示灯；15—扩展模块连接电缆；16—输出端子；17—动作指示灯，PWR：电源指示灯；18—扩展模块接入口；19—输入端子、电源输入端子

1.5 XC 系列规格参数

XC 系列规格参数如表 1-5-1～表 1-5-5 所示。

表 1-5-1 XC1 系列规格参数

项 目	规 格
程序执行方式	循环扫描方式
编程方式	指令、梯形图并用
处理速度	0.5μs

续表

<table>
<tr><th colspan="2">项 目</th><th colspan="4">规 格</th></tr>
<tr><td colspan="2">停电保持</td><td colspan="4">使用 FlashROM</td></tr>
<tr><td colspan="2">用户程序容量</td><td colspan="4">32KB</td></tr>
<tr><td rowspan="3">I/O 点数</td><td>总点数</td><td>10 点</td><td>16 点</td><td>24 点</td><td>32 点</td></tr>
<tr><td>输入点数</td><td>5 点
X0～X4</td><td>8 点
X0～X7</td><td>12 点
X0～X13</td><td>16 点
X0～X17</td></tr>
<tr><td>输出点数</td><td>5 点
Y0～Y4</td><td>8 点
Y0～Y7</td><td>12 点
Y0～Y13</td><td>16 点
Y0～Y17</td></tr>
<tr><td colspan="2">内部线圈(X)</td><td colspan="4">64 点:X0～X77</td></tr>
<tr><td colspan="2">内部线圈(Y)</td><td colspan="4">64 点:Y0～Y77</td></tr>
<tr><td colspan="2" rowspan="6">内部线圈(M)</td><td rowspan="6">448 点</td><td colspan="3">M0～M199【M200～M319】</td></tr>
<tr><td colspan="3">特殊用 M8000～M8079</td></tr>
<tr><td colspan="3">特殊用 M8120～M8139</td></tr>
<tr><td colspan="3">特殊用 M8170～M8172</td></tr>
<tr><td colspan="3">特殊用 M8238～M8242</td></tr>
<tr><td colspan="3">特殊用 M8350～M8370</td></tr>
<tr><td colspan="2">流程(S)</td><td>32 点</td><td colspan="3">S0～S31</td></tr>
<tr><td rowspan="7">定时器(T)</td><td rowspan="6">点数</td><td rowspan="6">80 点</td><td colspan="3">T0～T23:100ms 不累计</td></tr>
<tr><td colspan="3">T100～T115:100ms 累计</td></tr>
<tr><td colspan="3">T200～T223:10ms 不累计</td></tr>
<tr><td colspan="3">T300～T307:10ms 累计</td></tr>
<tr><td colspan="3">T400～T403:1ms 不累计</td></tr>
<tr><td colspan="3">T500～T503:1ms 累计</td></tr>
<tr><td>规格</td><td colspan="4">100ms 定时器:设置时间 0.1～3276.7s
10ms 定时器:设置时间 0.01～327.67s
1ms 定时器:设置时间 0.001～32.767s</td></tr>
<tr><td rowspan="3">计数器(C)</td><td rowspan="2">点数</td><td rowspan="2">40 点</td><td colspan="3">C0～C23:16 位顺计数器</td></tr>
<tr><td colspan="3">C300～C314:32 位顺/倒计数器</td></tr>
<tr><td>规格</td><td colspan="4">16 位计数器:设置值 K0～32,767
32 位计数器:设置值－2,147,483,648～＋2,147,483,647</td></tr>
<tr><td colspan="2" rowspan="7">数据寄存器(D)</td><td rowspan="7">288 字</td><td colspan="3">D0～D99【D100～D149】</td></tr>
<tr><td colspan="3">特殊用 D8000～D8029</td></tr>
<tr><td colspan="3">特殊用 D8060～D8079</td></tr>
<tr><td colspan="3">特殊用 D8120～D8179</td></tr>
<tr><td colspan="3">特殊用 D8240～D8249</td></tr>
<tr><td colspan="3">特殊用 D8306～D8313</td></tr>
<tr><td colspan="3">特殊用 D8460～D8469</td></tr>
</table>

续表

项 目	规 格	
FlashROM 寄存器(FD)	510 字	FD0～FD411
		特殊用 FD8000～FD8011
		特殊用 FD8202～FD8229
		特殊用 FD8306～FD8315
		特殊用 FD8323～FD8335
		特殊用 FD8350～FD8384
高速处理功能	无	
口令保护	6 位长度 ASCII	
自诊断功能	上电自检、监控定时器、语法检查	

表 1-5-2　XC2 系列规格参数

项 目		规 格						
程序执行方式		循环扫描方式						
编程方式		指令、梯形图并用						
处理速度		0.5μs						
停电保持		使用 FlashROM 及锂电池						
用户程序容量		128KB						
I/O 点数	总点数	14 点	16 点	24 点	32 点	42 点	48 点	60 点
	输入点数	8 点 X0～X7	8 点 X0～X7	14 点 X0～X15	18 点 X0～X21	24 点 X0～X27	28 点 X0～X33	36 点 X0～X43
	输出点数	6 点 Y0～Y5	8 点 Y0～Y7	10 点 Y0～Y11	14 点 Y0～Y15	18 点 Y0～Y21	20 点 Y0～Y23	24 点 Y0～Y27
内部线圈(X)		544 点:X0～X1037						
内部线圈(Y)		544 点:Y0～Y1037						
内部线圈(M)		8768 点	M0～M2999【M3000～M7999】					
			特殊用 M8000～M8767					
流程(S)		1024 点	S0～S511【S512～S1023】					
定时器(T)	点数	640 点	T0～T99:100ms 不累计					
			T100～T199:100ms 累计					
			T200～T299:10ms 不累计					
			T300～T399:10ms 累计					
			T400～T499:1ms 不累计					
			T500～T599:1ms 累计					
			T600～T639:1ms 精确定时					
	规格	100ms 定时器:设置时间 0.1～3276.7s 10ms 定时器:设置时间 0.01～327.67s 1ms 定时器:设置时间 0.001～32.767s						

续表

项目		规格	
计数器(C)	点数	640 点	C0～C299:16 位顺计数器
			C300～C598:32 位顺/倒计数器
			C600～C618:单相高速计数器
			C620～C628:双相高速计数器
			C630～C638:AB 相高速计数器
	规格	16 位计数器:设置值 K0～32,767 32 位计数器:设置值－2,147,483,648～＋2,147,483,647	
数据寄存器(D)		2612 字	D0～D999【D4000～D4999】
			特殊用 D8000～D8511
			特殊用 D8630～D8729
FlashROM 寄存器(FD)		496 字	FD0～FD111
			特殊用 FD8000～FD8383
保密寄存器(FS)		16 字	FS0～FS15
高速处理功能		高速计数、脉冲输出、外部中断	
口令保护		6 位长度 ASCII	
自诊断功能		上电自检、监控定时器、语法检查	

表 1-5-3　XC3 系列规格参数

项目		规格					
程序执行方式		循环扫描方式					
编程方式		指令、梯形图并用					
处理速度		0.5μs					
停电保持		使用 FlashROM 及锂电池					
用户程序容量		128KB					
I/O 点数	总点数	14 点	24 点	32 点	42 点	48 点	60 点
	输入点数	8 点 X0～X7	14 点 X0～X15	18 点 X0～X21	24 点 X0～X27	28 点 X0～X33	36 点 X0～X43
	输出点数	6 点 Y0～Y5	10 点 Y0～Y11	14 点 Y0～Y15	18 点 Y0～Y21	20 点 Y0～Y23	24 点 Y0～Y27
内部线圈(X)		544 点:X0～X1037					
内部线圈(Y)		544 点:Y0～Y1037					
内部线圈(M)		8768 点	M0～M2999【M3000～M7999】				
			特殊用 M8000～M8767				
流程(S)		1024 点	S0～S511【S512～S1023】				

续表

项 目		规 格	
定时器(T)	点数	640 点	T0～T99:100ms 不累计
			T100～T199:100ms 累计
			T200～T299:10ms 不累计
			T300～T399:10ms 累计
			T400～T499:1ms 不累计
			T500～T599:1ms 累计
			T600～T639:1ms 精确定时
	规格	100ms 定时器:设置时间 0.1～3276.7s 10ms 定时器:设置时间 0.01～327.67s 1ms 定时器:设置时间 0.001～32.767s	
计数器(C)	点数	640 点	C0～C299:16 位顺计数器
			C300～C598:32 位顺/倒计数器
			C600～C618:单相高速计数器
			C620～C628:双相高速计数器
			C630～C638:AB 相高速计数器
	规格	16 位计数器:设置值 K0～32,767 32 位计数器:设置值－2,147,483,648～＋2,147,483,647	
数据寄存器(D)		9024 字	D0～D3999【D4000～D7999】
			特殊用 D8000～D9023
FlashROM 寄存器(FD)		4080 字	FD0～FD3055
			特殊用 FD8000～FD9023
扩展内部寄存器(ED)		16384 字	ED0～ED16383
保密寄存器(FS)		16 字	FS0～FS15
高速处理功能		高速计数、脉冲输出、外部中断	
口令保护		6 位长度 ASCII	
自诊断功能		上电自检、监控定时器、语法检查	

表 1-5-4　XC5 系列规格参数

项 目	规 格
程序执行方式	循环扫描方式
编程方式	指令、梯形图并用
处理速度	0.5μs
停电保持	使用 FlashROM 及锂电池
用户程序容量	96KB

续表

项 目		规 格	
I/O点数	总点数	24点	32点
	输入点数	14点 X0～X15	18点 X0～X21
	输出点数	10点 Y0～Y11	14点 Y0～Y15
内部线圈(X)		544点:X0～X1037	
内部线圈(Y)		544点:Y0～Y1037	
内部线圈(M)		8768点	M0～M3999【M4000～M7999】
			特殊用M8000～M8767
流程(S)		1024点	S0～S511【S512～S1023】
定时器(T)	点数	640点	T0～T99:100ms不累计
			T100～T199:100ms累计
			T200～T299:10ms不累计
			T300～T399:10ms累计
			T400～T499:1ms不累计
			T500～T599:1ms累计
			T600～T639:1ms精确定时
	规格	100ms定时器:设置时间0.1～3276.7s 10ms定时器:设置时间0.01～327.67s 1ms定时器:设置时间0.001～32.767s	
计数器(C)	点数	640点	C0～C299:16位顺计数器
			C300～C598:32位顺/倒计数器
			C600～C618:单相高速计数器
			C620～C628:双相高速计数器
			C630～C638:AB相高速计数器
	规格	16位计数器:设置值K0～32,767 32位计数器:设置值－2,147,483,648～＋2,147,483,647	
数据寄存器(D)		9024字	D0～D3999【D4000～D7999】
			特殊用D8000～D9023
FlashROM寄存器(FD)		8176字	FD0～FD7151
			特殊用FD8000～FD9023
扩展内部寄存器(ED)		36864字	ED0～ED36863
保密寄存器(FS)		16字	FS0～FS15
高速处理功能		高速计数、脉冲输出、外部中断	
口令保护		6位长度ASCII	
自诊断功能		上电自检、监控定时器、语法检查	

表 1-5-5　XCM 系列规格参数

项目		规格	
程序执行方式		循环扫描方式	
编程方式		指令、梯形图并用	
处理速度		0.5μs	
停电保持		使用 FlashROM 及锂电池	
用户程序容量		160KB	
I/O 点数	总点数	60 点	
	输入点数	36 点　X0～X43	
	输出点数	24 点　Y0～Y27	
内部线圈(X)		544 点:X0～X1037	
内部线圈(Y)		544 点:Y0～Y1037	
内部线圈(M)		8768 点	M0～M2999【M3000～M7999】
			特殊用 M8000～M8767
流程(S)		1024 点	S0～S511【S512～S1023】
定时器(T)	点数	640 点	T0～T99:100ms 不累计
			T100～T199:100ms 累计
			T200～T299:10ms 不累计
			T300～T399:10ms 累计
			T400～T499:1ms 不累计
			T500～T599:1ms 累计
			T600～T639:1ms 精确定时
	规格	100ms 定时器:设置时间 0.1～3276.7s 10ms 定时器:设置时间 0.01～327.67s 1ms 定时器:设置时间 0.001～32.767s	
计数器(C)	点数	640 点	C0～C299:16 位顺计数器
			C300～C598:32 位顺/倒计数器
			C600～C618:单相高速计数器
			C620～C628:双相高速计数器
			C630～C638:AB 相高速计数器
	规格	16 位计数器:设置值 K0～32,767 32 位计数器:设置值－2,147,483,648～＋2,147,483,647	
数据寄存器(D)		5024 字	D0～D2999【D4000～D4999】
			特殊用 D8000～D9023
FlashROM 寄存器(FD)		1980 字	FD0～FD1519
			特殊用 FD8000～FD8349
			特殊用 FD8890～FD8999

续表

项 目	规 格	
扩展内部寄存器(ED)	36864 字	ED0～ED36863
保密寄存器(FS)	16 字	FS0～FS15
高速处理功能	高速计数、脉冲输出、外部中断	
口令保护	6 位长度 ASCII	
自诊断功能	上电自检、监控定时器、语法检查	

1.6 系统构成

图 1-6-1 是根据 XC 系列 PLC 的基本配置而构筑的系统结构图，通过该图，可大致了解 PLC 外围设备、扩展设备等的连接情况，以及 PLC 各个通讯、连接、扩展口的典型应用。

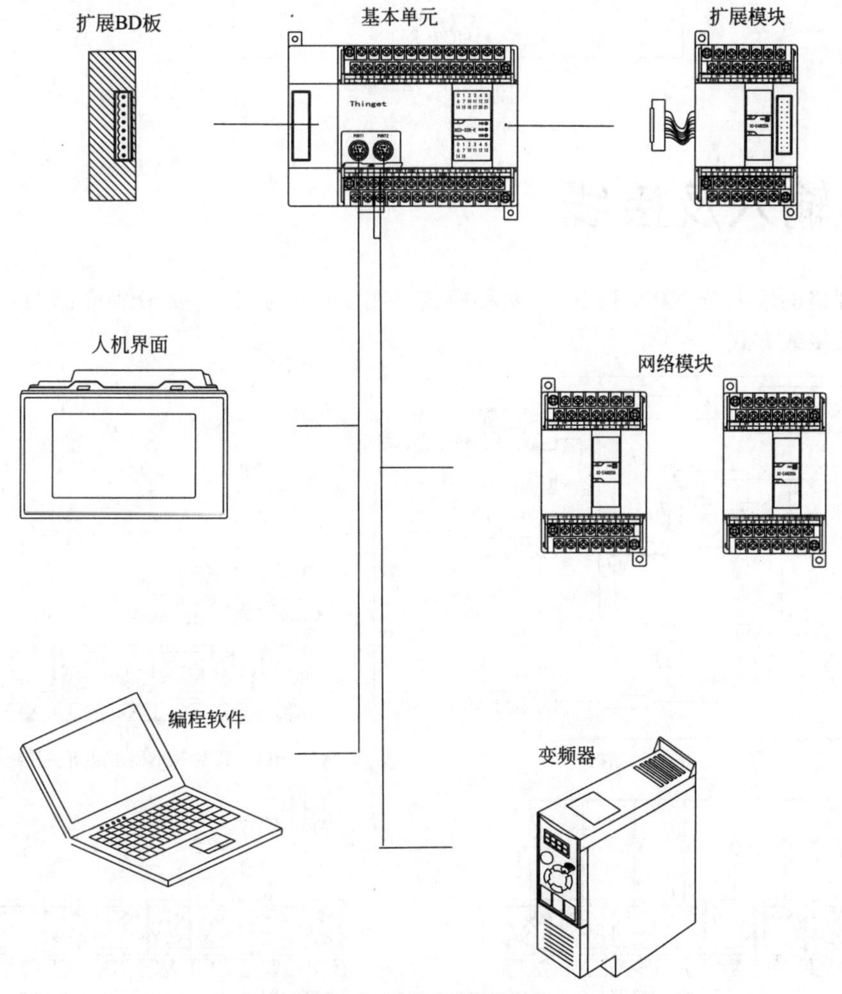

图 1-6-1 典型应用系统结构

1.7 电源接线

电源接线如图 1-7-1 所示，直流 24V 为传感器供给电源。L，N 接交流 100～240V，50～60Hz 电源。

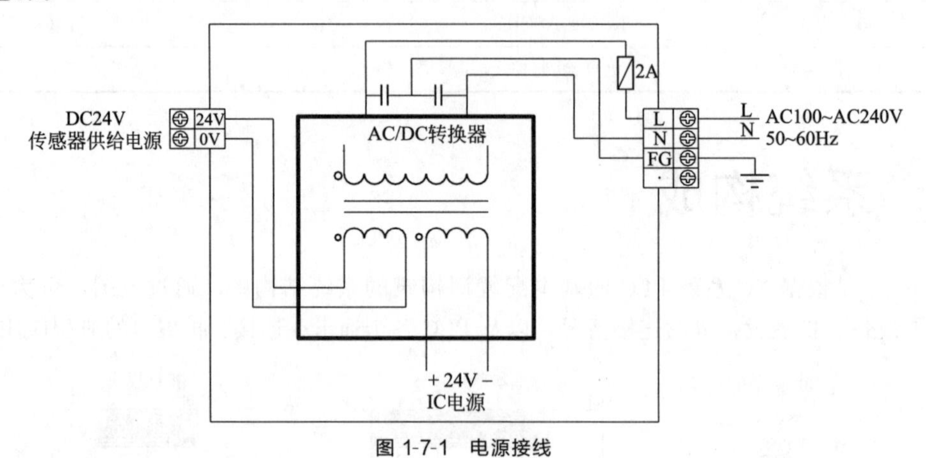

图 1-7-1 电源接线

1.8 输入及接线

输入规格的输入分 NPN 和 PNP 两种模式，图 1-8-1 与图 1-8-2 分别介绍两种模式的内部结构以及接线方式。

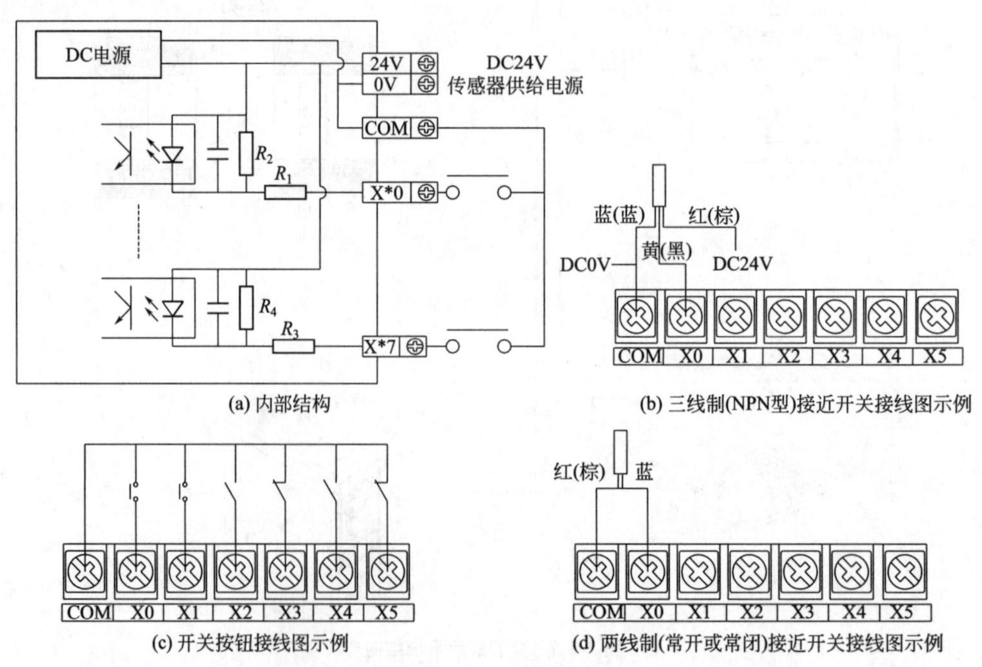

图 1-8-1 NPN 模式

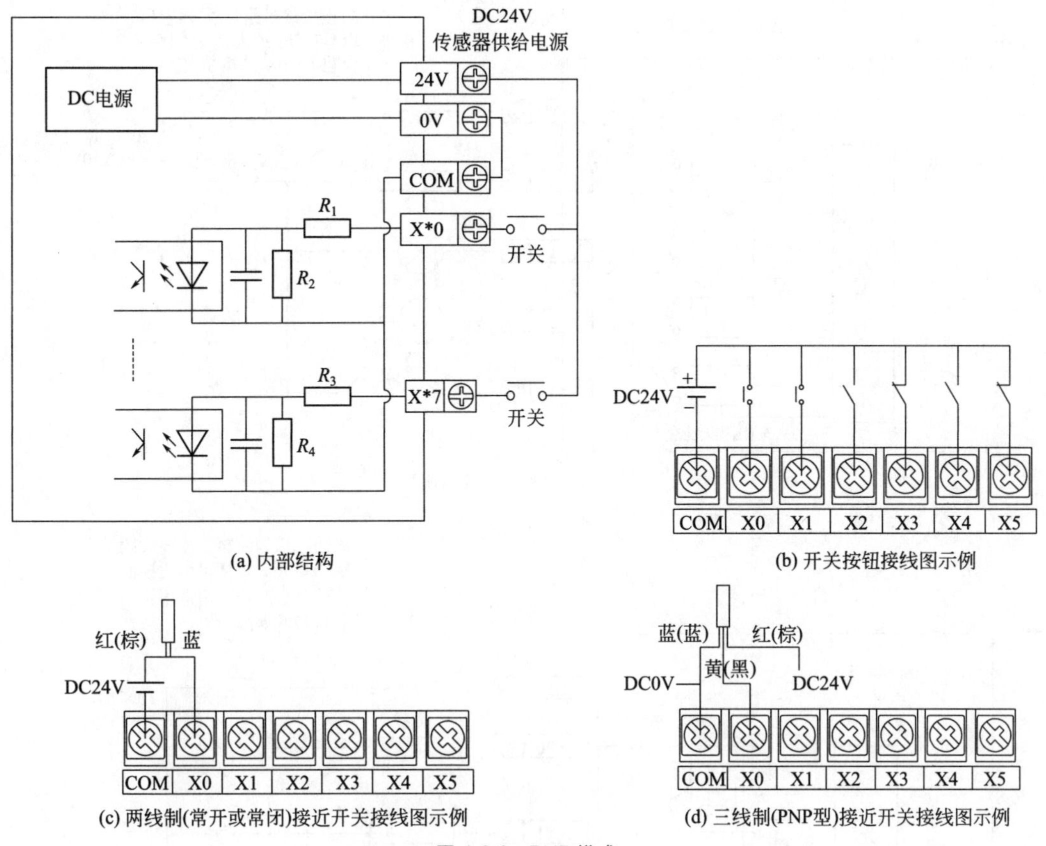

(a) 内部结构

(b) 开关按钮接线图示例

(c) 两线制(常开或常闭)接近开关接线图示例

(d) 三线制(PNP型)接近开关接线图示例

图 1-8-2 PNP 模式

1.9 输出及接线

输出及接线如图 1-9-1 所示。

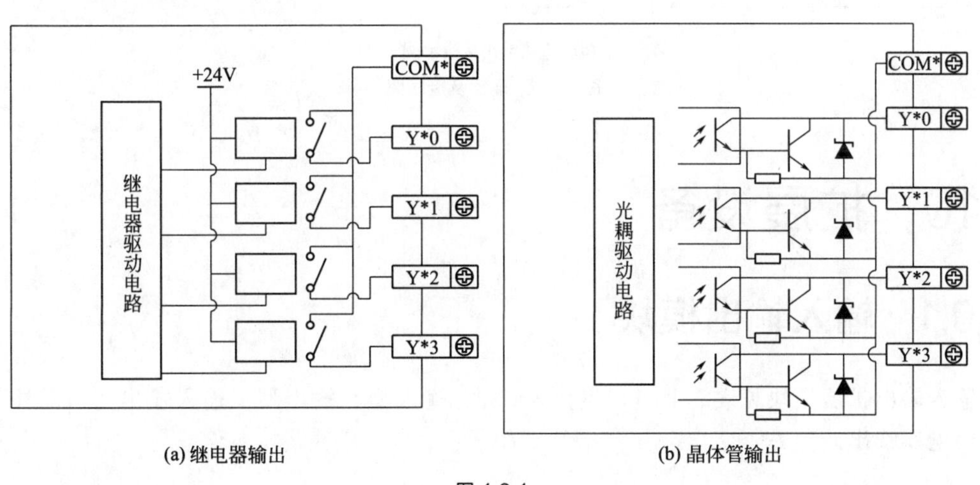

(a) 继电器输出

(b) 晶体管输出

图 1-9-1

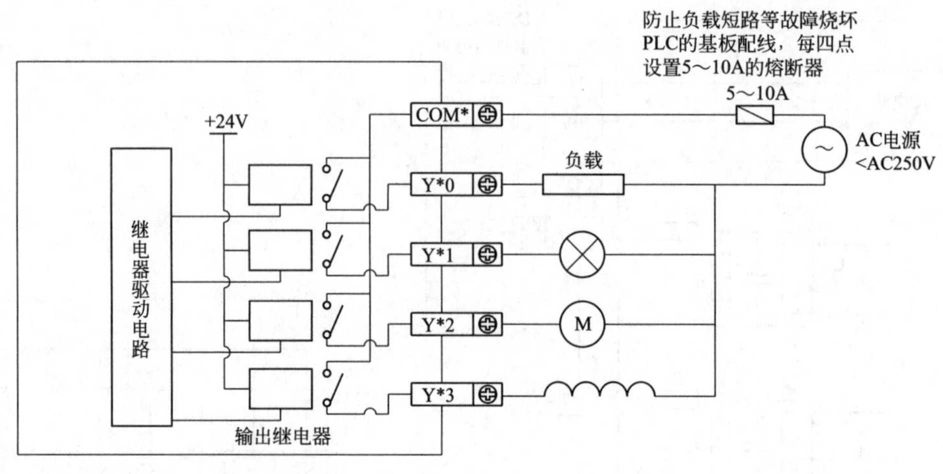

(c) 交流输出接线示例

(d) 直流输出接线示例

图 1-9-1 输出及接线图

1.10 扩展设备

1.10.1 输入输出模块

输入输出扩展模块见表 1-10-1，点数 8～32、输入型、输出型、输入输出型、晶体管输出、继电器输出。

表 1-10-1　输入输出扩展模块

<table>
<tr><th colspan="4">型号</th><th rowspan="3">输入输出总点数</th><th rowspan="3">输入点数(DC24V)</th><th rowspan="3">输出点数
(R,T)</th></tr>
<tr><th rowspan="2"></th><th rowspan="2">输入</th><th colspan="2">输出</th></tr>
<tr><th>继电器输出</th><th>晶体管输出</th></tr>
<tr><td rowspan="11">NPN型</td><td>XC-E8X</td><td>—</td><td>—</td><td>8 点</td><td>8 点</td><td>—</td></tr>
<tr><td>—</td><td>XC-E8YR</td><td>XC-E8YT</td><td>8 点</td><td>—</td><td>8 点</td></tr>
<tr><td>—</td><td>XC-E8X8YR</td><td>XC-E8X8YT</td><td>16 点</td><td>8 点</td><td>8 点</td></tr>
<tr><td>XC-E16X</td><td>—</td><td>—</td><td>16 点</td><td>16 点</td><td>—</td></tr>
<tr><td>—</td><td>XC-E16YR</td><td>XC-E16YT</td><td>16 点</td><td>—</td><td>16 点</td></tr>
<tr><td>—</td><td>XC-E16X16YR-E</td><td>XC-E16X16YT-E</td><td>32 点</td><td>16 点</td><td>16 点</td></tr>
<tr><td>—</td><td>XC-E16X16YR-C</td><td>XC-E16X16YT-C</td><td>32 点</td><td>16 点</td><td>16 点</td></tr>
<tr><td>XC-E32X-E</td><td>—</td><td>—</td><td>32 点</td><td>32 点</td><td>—</td></tr>
<tr><td>XC-E32X-C</td><td>—</td><td>—</td><td>32 点</td><td>32 点</td><td>—</td></tr>
<tr><td>—</td><td>XC-E32YR-E</td><td>XC-E32YT-E</td><td>32 点</td><td>—</td><td>32 点</td></tr>
<tr><td>—</td><td>XC-E32YR-C</td><td>XC-E32YT-C</td><td>32 点</td><td>—</td><td>32 点</td></tr>
<tr><td rowspan="6">PNP型</td><td>XC-E8PX</td><td>—</td><td>—</td><td>8 点</td><td>8 点</td><td>—</td></tr>
<tr><td>—</td><td>XC-E8PX8YR</td><td>XC-E8PX8YT</td><td>16 点</td><td>8 点</td><td>8 点</td></tr>
<tr><td>XC-E16PX</td><td>—</td><td>—</td><td>16 点</td><td>16 点</td><td>—</td></tr>
<tr><td>—</td><td>XC-E16PX16YR-E</td><td>—</td><td>32 点</td><td>16 点</td><td>16 点</td></tr>
<tr><td>—</td><td>XC-E16PX16YR-C</td><td>—</td><td>32 点</td><td>16 点</td><td>16 点</td></tr>
<tr><td>XC-E32PX-E</td><td>—</td><td>—</td><td>32 点</td><td>32 点</td><td>—</td></tr>
</table>

1.10.2　模拟量温度模块

模拟量、温度模块作为 XC 系列 PLC 的特殊功能模块，可以配合基本单元，应用在温度、压力、流量、液位等过程控制系统中，如表 1-10-2 所示。

表 1-10-2　模拟量温度模块

型号	功能
XC-E8AD-H	8 通道模拟量输入模块(14bit);4 通道电流输入,4 通道电压输入
XC-E4AD2DA-H	4 通道模拟量输入(14bit)、2 通道模拟量输出(12bit)模块; 输入输出电压电流均可选
XC-E4AD2DA-B-H	4 通道模拟量输入(14bit)、2 通道模拟量输出(12bit)模块; 输入电压电流均可选;输出电压
XC-E4AD-H	4 通道模拟量输入模块(14bit);电流、电压可选
XC-E4DA-H	4 通道模拟量输出模块(12bit);电流、电压可选
XC-E4DA-B-H	4 通道模拟量输出模块(12bit);电压输出

续表

型号	功能
XC-E2DA-H	2通道模拟量输出模块(12bit)；电流、电压可选
XC-E2AD-H	2通道模拟量输入模块(14bit)；电流、电压可选
XC-E6PT(-P)(-H)	−100～350℃，6通道Pt100温度采集模块，精度0.1℃，含PID运算
XC-E2PT-H	−100～327℃，2通道K型热电偶温度采集模块，精度0.01℃
XC-E6TCA-P	0～1000℃或0～1300℃，6通道热电偶温度采集模块，精度0.1℃，含PID运算
XC-E2TCA-P	0～1000℃或0～1300℃，2通道热电偶温度采集模块，精度0.1℃，含PID运算
XC-E3AD4PT2DA-H	3通道14位精度电流输入、4通道PT100温度输入和2通道10位精度电压输出
XC-E2AD2PT2DA	2通道16位精度电流输入、2通道PT100温度输入和2通道10位精度电压输出

1.10.3 扩展BD板

① 将BD正确安装到本体上，如图1-10-1所示。

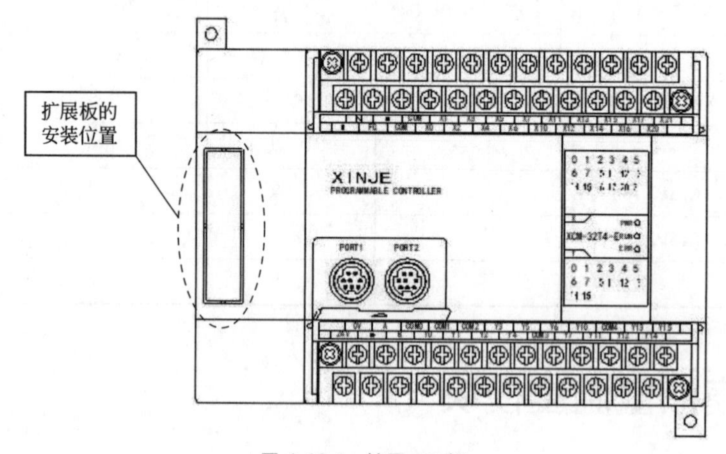

图1-10-1 扩展BD板

② 通过XCPPro软件进行联机，在“PLC设置”菜单中选择“BD板设置”（图1-10-2）。

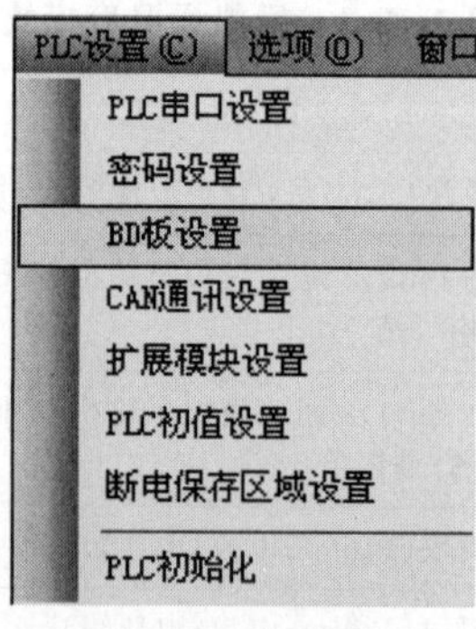

图1-10-2 BD板设置

③ 在“BD 配置”中选择“其他 BD”，勾选相应的 BD 板型号，并在右侧对 BD 板进行基本设置，最后下载用户程序即可，如图 1-10-3 所示。

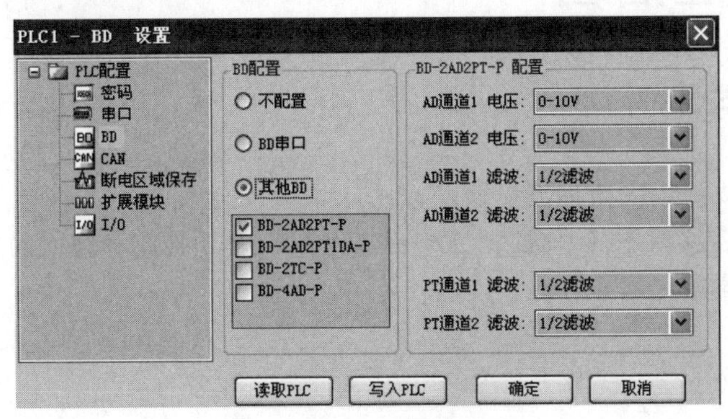

图 1-10-3 BD 板设置界面

1.11 可编程控制器的特点

编程语言：XC 系列可编程控制器支持两种编程语言，命令语和梯形图，两种编程语言可方便地进行互换使用。

程序安全性：为防止用户的程序被盗用或错误修改，一般可对程序进行加密。加密后的程序在上传的时候，将以口令的形式进行验证，这样可以很好地维护用户的版权；同时还能限制下载，防止恶意修改 PLC 里面的程序。

程序的注释：当用户程序过于复杂冗长时，常常需要对程序或是使用的软元件加以注释，以方便日后修改程序，适当的注释可以加快用户对程序的理解。

偏移量功能：在线圈、数据寄存器后加上偏移量后缀（如 X3[D100]、M10[D100]、D0[D100]），可实现间接寻址。如 D100＝9 时，X3[D100] 表示 X14，M10[D100] 表示 M19，D0[D100] 表示 D9。

充实的基本功能：XC 系列可编程控制器为用户提供了充足的基本指令，可以满足基本的顺序控制、数据的传送和比较、四则运算、逻辑控制、数据的循环和移位等功能。XC 系列可编程控制器还具有中断、高速计数器专用比较指令、高速脉冲输出指令、频率的测量、精确定时、PID 控制以及定位控制等指令。

C 语言编辑功能块：XC 系列可编程控制器可实现利用 C 语言来编写功能块的功能，编辑好的功能块可以在程序中随意调用，保密性好，适用性强，同时也减小了编程的工作量。

上电运行停止功能：在 XC 系列可编程控制器中具有一项比较重要的功能，即上电运行停止，当 PLC 在运行过程中出现了比较严重的错误，可能导致机器故障或损坏时，利用上电运行停止功能，可以马上停止所有输出。此外，通信参数错误设置也可以用此方法来连接上 PLC，然后修改通信参数。

通讯功能：XC 系列可编程控制器可支持多种通讯方式，如基本的 Modbus 通讯、自由格式通讯；通过特定的网络模块，还可接入以太网络、GPRS 网络；通过特定的扩展 BD 板，还可以通过光纤进行通讯，适应更加广泛的应用场合。

1.12 编程语言

1.12.1 种类

XC系列PLC支持以下两种编程语言。

命令语：指令表编程是以“LD”“AND”“OUT”等顺控指令输入的方式。这种方式是编写顺控程序的基本输入形式，但可读性较差。

例：

步	指令	软元件号
0	LD	X0
1	OR	Y5
2	AND	X2
3	OUT	Y5

梯形图：梯形图程序是采用顺控信号及软元件号，在图形画面上作出顺控电路图的方法。这种方法是用触点符号与线圈符号表示顺控回路，因而容易理解程序的内容。同时还可用回路显示的状态来监控可编程控制器的动作，如图1-12-1所示。

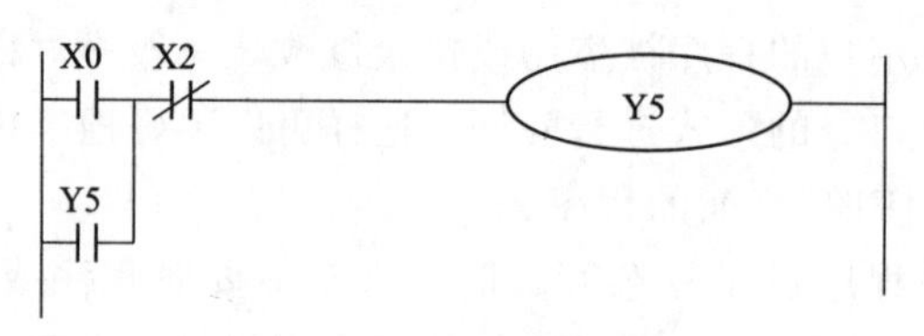

图1-12-1 梯形图示例

1.12.2 互换性

命令语和梯形图2种输入方法编制的程序表示及编辑都可相互交换，如图1-12-2所示。

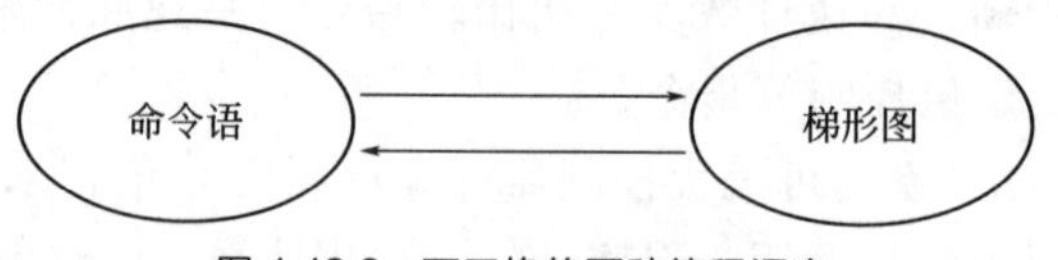

图1-12-2 可互换的两种编程语言

1.12.3 编程方式

两种编程语言，均可以在对应的窗口中直接输入，尤其梯形图窗口中还具有指令提示功能，使程序的编写效率有所提高，如图1-12-3所示。

在XC系列PLC支持的指令中，某些指令的用法比较复杂，或者用法较多，如脉冲输

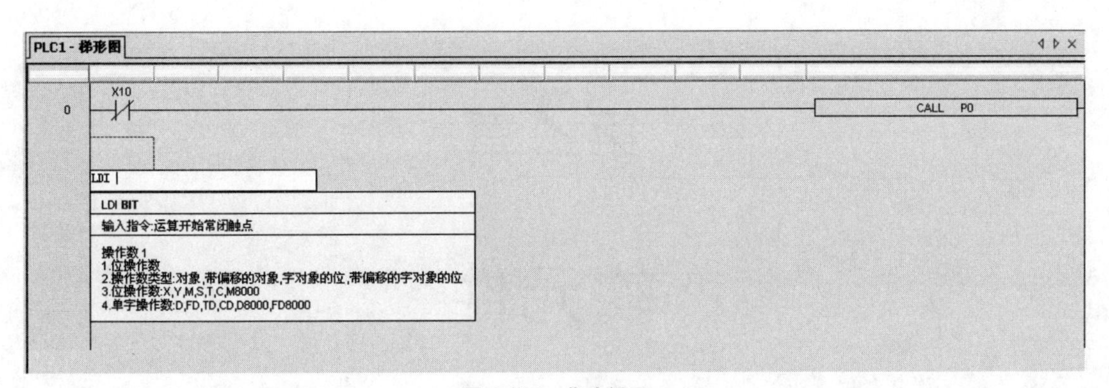

图 1-12-3 指令提示

出指令、本体 PID 指令等，XCPPro 编程软件中还特别提供了这些特殊指令的配置方式。在相应的配置面板中，只要按照自己的要求，输入参数、地址等即可。

第2章

软元件

2.1 软元件概述

在可编程控制器内有很多继电器、定时器与计数器，它们都具有无数的常开触点和常闭触点，将这些触点与线圈相连接构成了顺控回路。下面简单介绍一下这些软元件。

（1）输入继电器（X）

输入继电器是用于接收外部的开关信号的接口，以符号X表示。在基本单元中，按X0～X7，X10～X17……八进制数的方式分配输入继电器地址号。扩展模块的地址号，按第1路扩展从X100开始，第2路扩展从X200开始……一共可以带7个扩展模块。在输入继电器的输入滤波器中采用了数字滤波器，用户可以通过设置改变滤波参数。在可编程控制器的内部配备了足量的输入继电器，其多于输入点数的输入继电器与辅助继电器一样，作为普通的触点/线圈进行编程。

（2）输出继电器（Y）

输出继电器是用于驱动可编程控制器外部负载的接口，以符号Y表示。在基本单元中，按Y0～Y7，Y10～Y17……八进制数的方式分配输出继电器地址号。扩展模块的地址号，按第1路扩展从Y100开始，第2路扩展从Y200开始……一共可以带7个扩展模块。在可编程控制器的内部配备了足量的输出继电器，其多于输出点数的输出继电器与辅助继电器一样，作为普通的触点/线圈进行编程。

（3）辅助继电器（M）

辅助继电器是可编程控制器内部具有的继电器，以符号M表示。在基本单元中，按照十进制数分配辅助继电器的地址。这种继电器有别于输入输出继电器，它不能获取外部的输入，也不能直接驱动外部负载，只在程序中使用。断电保持用继电器在可编程控制器断电的情况下也能保存其ON/OFF的状态。

（4）状态继电器（S）

作为步进梯形图使用的继电器，以符号S表示。在基本单元中，按照十进制数分配状态继电器的地址。不作为工序号使用时，与辅助继电器一样，可作为普通的触点/线圈进行编程。另外，也可作为信号报警器，用于外部故障诊断。

（5）定时器（T）

定时器用于对可编程控制器内1ms、10ms、100ms等时间脉冲进行加法计算，当到达规定的设定值时，输出触点动作，以符号T表示。在基本单元中，按照十进制数分配定时器的地址，但又根据时钟脉冲、累计与否将地址划分为几块区域。定时器的时钟脉冲有1ms、10ms、100ms三种规格，若选用10ms的定时器，则将对10ms的时间脉冲进行加法计算。这些定时器又分为累计与不累计两种模式。累计定时器表示即使定时器线圈的驱动输入断开，仍保持当前值，等下一次驱动输入导通时继续累计动作；而不累计定时器当驱动输入断开时，计数自动清零。

（6）计数器（C）

计数器以不同的用途和目的可分为几种：内部计数用（一般使用/停电保持用）16位计数器：增计数用，计数范围1～32,76732位计数器；增计数用，计数范围1～2,147,483,647。这些计数器供可编程控制器的内部信号使用，其响应速度为一个扫描周期或以上。高速计数用（停电保持用）32位计数器：增/减计数用，计数范围－2,147,483,648～＋2,147,483,647（单相递增计数，单相增/减计数，AB相计数）分配给特定的输入点。高速计数可以进行频率80kHz以下的计数，而与可编程控制器的扫描周期无关。在基本单元中，计数器以十进制编址。

（7）数据寄存器（D）

数据寄存器是供存储数据用的软元件，以符号D表示。XC系列PLC的数据寄存器都是16位的（最高位为符号位），将两个寄存器组合可以进行32位（最高位为符号位）的数据处理；数据寄存器以十进制编址。跟其他软元件一样，数据寄存器也有供一般使用和停电保持用两种。

（8） FlashROM寄存器（FD）

FlashROM 寄存器用于存储数据的软元件，以符号FD表示。在基本单元中，FlashROM寄存器以十进制数进行编址。该存储区即使电池掉电，也能够记忆数据，因此可用于存储重要的工艺参数。FlashROM可写入约1,000,000次，且每次写入较费时，频繁写入将造成FD的永久损坏，因此不建议用户频繁写入。

（9）内部扩展寄存器（ED）

内部扩展寄存器，用于存储数据的软元件，以符号ED表示。在基本单元中，内部扩展寄存器以十进制数进行编址。该存储区出厂默认都为停电保持使用，其功能主要用于数据的存储，只适合MOV、BMOV、FMOV等数据传送的指令。

（10）常数（B）（K）（H）

在可编程控制器所使用的各种数值中，B表示二进制数值，K表示十进制整数值，H表示十六进制数值。它们被用作定时器与计数器的设定值和当前值，或应用指令的操作数。

2.2 软元件的构造

2.2.1 存储器的构造

在XC系列可编程控制器中，有许多的寄存器，除了一般的数据寄存器D、FlashROM

寄存器外，还可以通过组合位软元件来制造寄存器。

（1）数据寄存器D

一般用，16位。一般用，32位（通过组合两个16位寄存器，但必须连续）。保持用，可修改保持用区域范围。特殊用，系统占用，不可作一般指令的参数用。偏移量用（间接指定）。

格式：Dn[Dm]、Xn[Dm]、Yn[Dm]、Mn[Dm]等。

图2-2-1中，当D0=0时，此时D100=D10，Y0为ON。当M2由OFF→ON时，D0=5，此时D100=D15，Y5为ON。其中D10[D0]=D[10+D0]，Y0[D0]=Y[0+D0]。位软元件组成的字的偏移：DXn[Dm]表示DX[n+Dm]。带偏移的软元件，偏移量只可用软元件D表示。

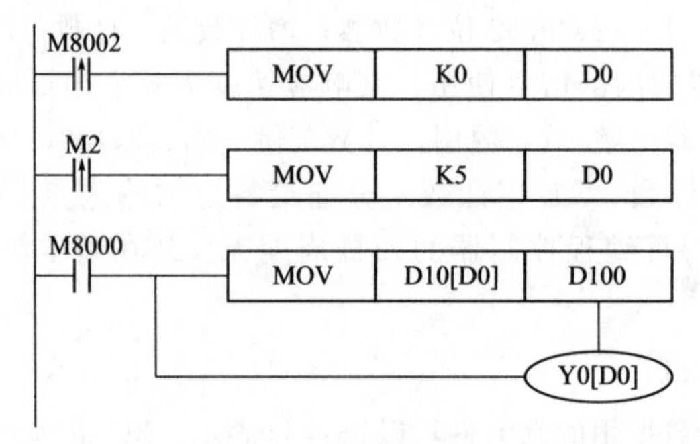

图2-2-1 数据寄存器应用示例

（2）定时器T/计数器C

一般用，16位，表示定时器/计数器的当前值。一般用，32位（通过组合两个16位寄存器，但必须连续，仅适用计数器C）。表示时，直接以字母加地址号即可，如T10、C11。

图2-2-2中，MOV T11 D0，T11表示字寄存器；LD T11，T11表示位寄存器。

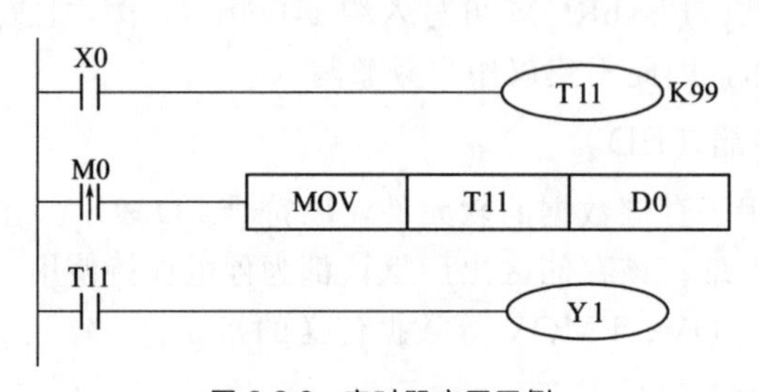

图2-2-2 定时器应用示例

（3） FlashROM寄存器FD

保持用，16位。保持用，32位（由连续两个16位寄存器组成）。特殊用，系统占用，不可作一般指令的参数用。

（4）内部扩展寄存器ED

一般用，16位。一般用，32位（通过组合两个连续的16位寄存器）。

（5）位软元件组合寄存器

一般用，16位（由连续的16个位元件组合而成）。支持组合成字的软元件有：X、Y、

M、S、T、C。格式：在软元件前加D，如DM10，表示由M10～M25组成的一个16位数。DXn往后取16个点，但不可超出软元件范围。由位软元件组合成的字，不可进行位寻址。

图2-2-3中，当M0由OFF→ON时，Y0～Y17组成的一个字DY0的数值等于21，即Y0、Y2、Y4变为ON状态。当M1未导通过之前，D0＝0时，DX2［D0］表示X2～X21组成的一个字。当M1由OFF→ON时，D0＝3，此时DX2［D0］表示X5～X24组成的一个字。

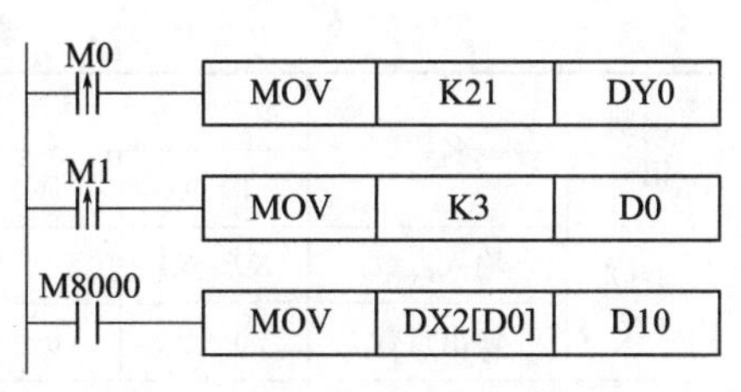

图2-2-3 位软元件组合寄存器应用示例

2.2.2 位软元件的构造

位软元件的种类相对简单，一般为常见的X、Y、M、S、T、C，除此之外，还可由寄存器中的某一位来表示。

(1) 继电器

输入继电器X，八进制表示法。输出继电器Y，八进制表示法。辅助继电器M、S，十进制表示法。辅助继电器T、C，十进制表示法，由于和寄存器表示方法一样，因此究竟是作为字寄存器还是位寄存器，需要根据指令判断。

(2) 寄存器的位

由寄存器中的位组成，支持寄存器D。

表示方法：Dn.m，其中0≤m≤15，表示Dn数据寄存器的第m位。带偏移的字软元件表示方法：Dn[Dm].x。字软元件的位，不可再组合成字软元件。

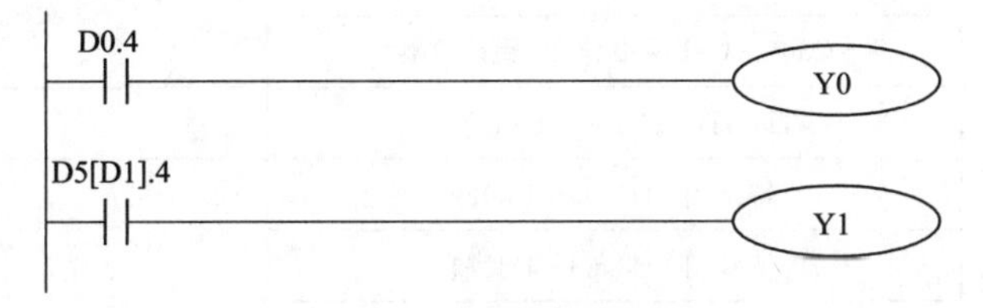

图2-2-4 寄存器的位应用示例

图2-2-4中D0.4表示D0的第4位为1时，Y0置ON。D5［D1］.4表示带偏移的字的位寻址，如果D1＝5，则D5［D1］.4表示寄存器D10中16个位的第4位。

2.3 软元件一览表

2.3.1 软元件一览表

2.3.1.1 XC1系列

XC1系列软元件如表2-3-1所示。

表 2-3-1　XC1 系列软元件

<table>
<tr><th rowspan="2">识别记号</th><th rowspan="2">名称</th><th colspan="4">I/O 范围</th><th colspan="4">点数</th></tr>
<tr><th>10 点</th><th>16 点</th><th>24 点</th><th>32 点</th><th>10</th><th>16</th><th>24</th><th>32</th></tr>
<tr><td rowspan="2">I/O点数①</td><td>输入点数</td><td>X0～X4</td><td>X0～X7</td><td>X0～X13</td><td>X0～X17</td><td>5</td><td>8</td><td>12</td><td>16</td></tr>
<tr><td>输出点数</td><td>Y0～Y4</td><td>Y0～Y7</td><td>Y0～Y13</td><td>Y0～Y17</td><td>5</td><td>8</td><td>12</td><td>16</td></tr>
<tr><td>X②</td><td>内部继电器</td><td colspan="4">X0～X77</td><td colspan="4">64</td></tr>
<tr><td>Y③</td><td>内部继电器</td><td colspan="4">Y0～Y77</td><td colspan="4">64</td></tr>
<tr><td rowspan="6">M</td><td rowspan="6">内部继电器</td><td colspan="4">M0～M199【M200～M319】④</td><td colspan="4">320</td></tr>
<tr><td colspan="4">特殊用⑤M8000～M8079</td><td colspan="4" rowspan="5">128</td></tr>
<tr><td colspan="4">特殊用⑤M8120～M8139</td></tr>
<tr><td colspan="4">特殊用⑤M8170～M8172</td></tr>
<tr><td colspan="4">特殊用⑤M8238～M8242</td></tr>
<tr><td colspan="4">特殊用⑤M8350～M8370</td></tr>
<tr><td>S</td><td>流程</td><td colspan="4">S0～S31</td><td colspan="4">32</td></tr>
<tr><td rowspan="6">T</td><td rowspan="6">定时器</td><td colspan="4">T0～T23:100ms 不累计</td><td colspan="4" rowspan="6">80</td></tr>
<tr><td colspan="4">T100～T115:100ms 累计</td></tr>
<tr><td colspan="4">T200～T223:10ms 不累计</td></tr>
<tr><td colspan="4">T300～T307:10ms 累计</td></tr>
<tr><td colspan="4">T400～T403:1ms 不累计</td></tr>
<tr><td colspan="4">T500～T503:1ms 累计</td></tr>
<tr><td rowspan="2">C</td><td rowspan="2">计数器</td><td colspan="4">C0～C23:16 位顺计数器</td><td colspan="4" rowspan="2">40</td></tr>
<tr><td colspan="4">C300～C314:32 位顺/倒计数器</td></tr>
<tr><td rowspan="7">D</td><td rowspan="7">数据寄存器</td><td colspan="4">D0～D99【D100～D149】④</td><td colspan="4">150</td></tr>
<tr><td colspan="4">特殊用⑤D8000～D8029</td><td colspan="4" rowspan="6">138</td></tr>
<tr><td colspan="4">特殊用⑤D8060～D8079</td></tr>
<tr><td colspan="4">特殊用⑤D8120～D8179</td></tr>
<tr><td colspan="4">特殊用⑤D8240～D8249</td></tr>
<tr><td colspan="4">特殊用⑤D8306～D8313</td></tr>
<tr><td colspan="4">特殊用⑤D8460～D8469</td></tr>
<tr><td rowspan="6">FD</td><td rowspan="6">FlashROM寄存器⑥</td><td colspan="4">FD0～FD411</td><td colspan="4">412</td></tr>
<tr><td colspan="4">特殊用⑤FD8000～FD8011</td><td colspan="4" rowspan="5">98</td></tr>
<tr><td colspan="4">特殊用⑤FD8202～FD8229</td></tr>
<tr><td colspan="4">特殊用⑤FD8306～FD8315</td></tr>
<tr><td colspan="4">特殊用⑤FD8323～FD8335</td></tr>
<tr><td colspan="4">特殊用⑤FD8350～FD8384</td></tr>
</table>

2.3.1.2 XC2系列

XC2 系列软元件如表 2-3-2 所示。

表 2-3-2 XC2 系列软元件

识别记号	名称	I/O 范围					点数				
		14 点	16 点	24/32 点	42 点	48/60 点	14	16	24/32	42	48/60
I/O 点数①	输入点数	X0～X7	X0～X7	X0～X15 X0～X21	X0～X27	X0～X33 X0～X43	8	8	14/18	24	28/36
	输出点数	Y0～Y5	Y0～Y7	Y0～Y11 Y0～Y15	Y0～Y21	Y0～Y23 Y0～Y27	6	8	10/14	18	20/24
X②	内部继电器	X0～X1037					544				
Y③	内部继电器	Y0～Y1037					544				
M	内部继电器	M0～M2999 【M3000～M7999】④					8000				
		特殊用⑤ M8000～M8767					768				
S	流程	S0～S511 【S512～S1023】④					1024				
T	定时器	T0～T99:100ms 不累计					640				
		T100～T199:100ms 累计									
		T200～T299:10ms 不累计									
		T300～T399:10ms 累计									
		T400～T499:1ms 不累计									
		T500～T599:1ms 累计									
		T600～T639:1ms 精确定时									
C	计数器	C0～C299:16 位顺计数器					640				
		C300～C598:32 位顺/倒计数器									
		C600～C618:单相高速计数器									
		C620～C628:双相高速计数器									
		C630～C638:AB 相高速计数器									
D	数据寄存器	D0～D999 【D4000～D4999】④					2000				
		特殊用⑤ D8000～D8511					612				
		特殊用⑤ D8630～D8729									
FD	FlashROM 寄存器⑥	FD0～FD111					112				
		特殊用⑤ FD8000～FD8383					384				
ED⑦	内部扩展寄存器	ED0～ED9					10				
FS⑧	保密寄存器	FS0～FS15					16				

2.3.1.3 XC3系列

XC3系列软元件如表2-3-3所示。

表2-3-3 XC3系列软元件

识别记号	名称	I/O范围			点数		
		14点	24/32/42点	48/60点	14	24/32/42	48/60
I/O点数①	输入点数	X0～X7	X0～X15 X0～X21 X0～X27	X0～X33 X0～X43	8	14/18/24	28/36
	输出点数	Y0～Y5	Y0～Y11 Y0～Y15 Y0～Y21	Y0～Y23 Y0～Y27	6	10/14/18	20/24
X②	内部继电器	X0～X1037			544		
Y③	内部继电器	Y0～Y1037			544		
M	内部继电器	M0～M2999 【M3000～M7999】④			8000		
		特殊用⑤ M8000～M8767			768		
S	流程	S0～S511 【S512～S1023】④			1024		
T	定时器	T0～T99:100ms不累计			640		
		T100～T199:100ms累计					
		T200～T299:10ms不累计					
		T300～T399:10ms累计					
		T400～T499:1ms不累计					
		T500～T599:1ms累计					
		T600～T639:1ms精确定时					
C	计数器	C0～C299:16位顺计数器			640		
		C300～C598:32位顺/倒计数器					
		C600～C618:单相高速计数器					
		C620～C628:双相高速计数器					
		C630～C638:AB相高速计数器					
D	数据寄存器	D0～D3999 【D4000～D7999】④			8000		
		特殊用⑤ D8000～D9023			1024		
FD	FlashROM寄存器⑥	FD0～FD3055			3056		
		特殊用⑤ FD8000～FD9023			1024		
ED⑦	内部扩展寄存器	ED0～ED16383⑨			16384		
FS⑧	保密寄存器	FS0～FS15			16		

2.3.1.4 XC5系列

XC5 系列软元件如表 2-3-4 所示。

表 2-3-4 XC5 系列软元件

识别记号	名称	I/O 范围		点数	
		24/32 点	48/60 点	24/32	48/60
I/O 点数①	输入点数	X0～X15 X0～X21	X0～X33 X0～X43	14/18	28/36
	输出点数	Y0～Y11 Y0～Y15	Y0～Y23 Y0～Y27	10/14	20/24
X②	内部继电器	X0～X1037		544	
Y③	内部继电器	Y0～Y1037		544	
M	内部继电器	M0～M3999 【M4000～M7999】④		8000	
		特殊用⑤M8000～M8767		768	
S	流程	S0～S511 【S512～S1023】④		1024	
T	定时器	T0～T99:100ms 不累计		640	
		T100～T199:100ms 累计			
		T200～T299:10ms 不累计			
		T300～T399:10ms 累计			
		T400～T499:1ms 不累计			
		T500～T599:1ms 累计			
		T600～T639:1ms 精确定时			
C	计数器	C0～C299:16 位顺计数器		640	
		C300～C598:32 位顺/倒计数器			
		C600～C618:单相高速计数器			
		C620～C628:双相高速计数器			
		C630～C638:AB 相高速计数器			
D	数据寄存器	D0～D3999 【D4000～D7999】④		8000	
		特殊用⑤D8000～D9023		1024	
FD	FlashROM 寄存器⑥	FD0～FD7151		7152	
		特殊用⑤FD8000～FD9023		1024	
ED⑦	内部扩展寄存器	ED0～ED36863		36864	
FS⑧	保密寄存器	FS0～FS15		16	

2.3.1.5 XCM 系列

XCM 系列软元件如表 2-3-5 所示。

表 2-3-5 XCM 系列软元件

识别记号	名称	I/O 范围	点数
		60 点	60
I/O 点数①	输入点数	X0～X43	36
	输出点数	Y0～Y27	24
X②	内部继电器	X0～X1037	544
Y③	内部继电器	Y0～Y1037	544
M	内部继电器	M0～M2999 【M3000～M7999】④	8000
		特殊用⑤ M8000～M8767	768
S	流程	S0～S511 【S512～S1023】④	1024
T	定时器	T0～T99:100ms 不累计	640
		T100～T199:100ms 累计	
		T200～T299:10ms 不累计	
		T300～T399:10ms 累计	
		T400～T499:1ms 不累计	
		T500～T599:1ms 累计	
		T600～T639:1ms 精确定时	
C	计数器	C0～C299:16 位顺计数器	640
		C300～C598:32 位顺/倒计数器	
		C600～C618:单相高速计数器	
		C620～C628:双相高速计数器	
		C630～C638:AB 相高速计数器	
D	数据寄存器	D0～D2999 【D4000～D4999】④	4000
		特殊用⑤ D8000～D9023	1024
FD	FlashROM 寄存器⑥	FD0～FD1519	1520
		特殊用⑤ FD8000～FD8349	460
		特殊用⑤ FD8890～FD8999	
ED⑦	内部扩展寄存器	ED0～ED36863	36864
FS⑧	保密寄存器	FS0～FS15	16

2.3.1.6 XCC 系列

XCC 系列软元件如表 2-3-6 所示。

表 2-3-6 XCC 系列软元件

识别记号	名称	I/O 范围	点数
		24/32 点	24/32
I/O 点数①	输入点数	X0～X15 X0～X21	14/18
	输出点数	Y0～Y11 Y0～Y15	10/14
X②	内部继电器	X0～X1037	544
Y③	内部继电器	Y0～Y1037	544
M	内部继电器	M0～M2999 【M3000～M7999】④	8000
		特殊用⑤ M8000～M8767	768
S	流程	S0～S511 【S512～S1023】④	1024
T	定时器	T0～T99:100ms 不累计	640
		T100～T199:100ms 累计	
		T200～T299:10ms 不累计	
		T300～T399:10ms 累计	
		T400～T499:1ms 不累计	
		T500～T599:1ms 累计	
		T600～T639:1ms 精确定时	
C	计数器	C0～C299:16 位顺计数器	640
		C300～C598:32 位顺/倒计数器	
		C600～C618:单相高速计数器	
		C620～C628:双相高速计数器	
		C630～C638:AB 相高速计数器	
D	数据寄存器	D0～D3999 【D4000～D7999】④	8000
		特殊用⑤ D8000～D9023	1024
FD	FlashROM 寄存器⑥	FD0～FD1007	1008
		特殊用⑤ FD8000～FD9023	1024
ED⑦	内部扩展寄存器	ED0～ED36863	36864
FS⑧	保密寄存器	FS0～FS15	16

表 2-3-1～表 2-3-6 中表注统一说明如下：

① I/O 点数，指用户可从外部接入、输出信号的端子数。

② X，指内部输入继电器，超出 I 点数的 X 可用作中间继电器。

③ Y，指内部输出继电器，超出 O 点数的 Y 可用作中间继电器。

④【 】内的储存器区域为缺省停电保持区域；软元件 D、M、S、T、C 可以通过设置，改变停电保持区域。

⑤ 特殊用，指被系统占用的特殊用途的寄存器，不可另作他用，详情参阅附录 1。

⑥ FlashROM 寄存器不用设停电保持，停电时（无电池）其数据不会丢失。

⑦ 内部扩展寄存器 ED，要求 PLC 硬件版本 V3.0 及以上。

⑧ 输入线圈、输出继电器的编号为八进制数，其他存储器的编号均为十进制数。

⑨ 没有与外设实连的 I/O 可作为快速内部继电器使用。

⑩ 扩展设备的软元件编号，请查阅相关设备手册。

⑪ XC3 系列 14 点机型，其 ED 个数为 0。

⑫ V3.3K 及以后的编程软件中新添加，FS 寄存器是挤占原先部分 FD 寄存器，故 V3.3K 及以后的编程软件中 FD 寄存器会有所减少。

2.3.2 停电保持区域及其设定方法

XC 系列 PLC 的断电保持区域的设置如表 2-3-7 所示，该区域可由用户自己重新设定范围。

表 2-3-7 XC 系列 PLC 的断电保持区域的设置

XC 系列	软元件	设置区域	功能	系统默认值	掉电记忆范围
XC1 系列	D	FD8202	D 断电保存区域起始标号	100	D100～D149
	M	FD8203	M 断电保存区域起始标号	200	M200～M319
	T	FD8204	T 断电保存区域起始标号	640	未设置
	C	FD8205	C 断电保存区域起始标号	320	C320～C631
	S	FD8206	S 断电保存区域起始标号	512	未设置
XC2 系列	D	FD8202	D 断电保存区域起始标号	4000	D4000～D4999
	M	FD8203	M 断电保存区域起始标号	3000	M3000～M7999
	T	FD8204	T 断电保存区域起始标号	640	未设置
	C	FD8205	C 断电保存区域起始标号	320	C320～C639
	S	FD8206	S 断电保存区域起始标号	512	S512～S1023
XC3 系列	D	FD8202	D 断电保存区域起始标号	4000	D4000～D7999
	M	FD8203	M 断电保存区域起始标号	3000	M3000～M7999
	T	FD8204	T 断电保存区域起始标号	640	未设置
	C	FD8205	C 断电保存区域起始标号	320	C320～C639
	S	FD8206	S 断电保存区域起始标号	512	S512～S1023
	ED	FD8207	ED 断电保存区域起始标号	0	ED0～ED16383

续表

XC 系列	软元件	设置区域	功能	系统默认值	掉电记忆范围
XC5 系列	D	FD8202	D 断电保存区域起始标号	4000	D4000～D7999
	M	FD8203	M 断电保存区域起始标号	4000	M4000～M7999
	T	FD8204	T 断电保存区域起始标号	640	未设置
	C	FD8205	C 断电保存区域起始标号	320	C320～C639
	S	FD8206	S 断电保存区域起始标号	512	S512～S1023
	ED	FD8207	ED 断电保存区域起始标号	0	ED0～ED36863
XCM 系列	D	FD8202	D 断电保存区域起始标号	4000	D4000～D4999
	M	FD8203	M 断电保存区域起始标号	3000	M3000～M7999
	T	FD8204	T 断电保存区域起始标号	640	未设置
	C	FD8205	C 断电保存区域起始标号	320	C320～C639
	S	FD8206	S 断电保存区域起始标号	512	S512～S1023
	ED	FD8207	ED 断电保存区域起始标号	0	ED0～ED36863
XCC 系列	D	FD8202	D 断电保存区域起始标号	4000	D4000～D7999
	M	FD8203	M 断电保存区域起始标号	3000	M3000～M7999
	T	FD8204	T 断电保存区域起始标号	620	未设置
	C	FD8205	C 断电保存区域起始标号	320	C320～C639
	S	FD8206	S 断电保存区域起始标号	512	S512～S1023
	ED	FD8207	ED 断电保存区域起始标号	0	ED0～ED36863

2.4 输入输出继电器（X、Y）

XC 系列 PLC 的输入输出继电器全部以八进制来进行编址，各系列的编号请参见表 2-4-1～表 2-4-6。

表 2-4-1 XC1 PLC 的输入输出继电器编号

系列	名称	范围				点数			
		10 点	16 点	24 点	32 点	10	16	24	32
XC1	X	X0～X4	X0～X7	X0～X13	X0～X17	5	8	12	16
	Y	Y0～Y4	Y0～Y7	Y0～Y13	Y0～Y17	5	8	12	16

表 2-4-2 XC2 PLC 的输入输出继电器编号

系列	名称	范围					点数				
		14 点	16 点	24/32 点	42 点	48/60 点	14	16	24/32	42	48/60
XC2	X	X0～X7	X0～X7	X0～X15 X0～X21	X0～X27	X0～X33 X0～X43	8	8	14/18	24	28/36
	Y	Y0～Y5	Y0～Y7	Y0～Y11 Y0～Y15	Y0～Y21	Y0～Y23 Y0～Y27	6	8	10/14	18	20/24

表 2-4-3 XC3 PLC 的输入输出继电器编号

系列	名称	范围			点数		
		14点	24/32/42点	48/60点	14	24/32/42	48/60
XC3	X	X0～X7	X0～X15 X0～X21 X0～X27	X0～X33 X0～X43	8	14/18/24	28/36
	Y	Y0～Y5	Y0～Y11 Y0～Y15 Y0～Y21	Y0～Y23 Y0～Y27	6	10/14/18	20/24

表 2-4-4 XC5 PLC 的输入输出继电器编号

系列	名称	范围		点数	
		24/32点	48/60点	24/32	48/60
XC5	X	X0～X15 X0～X21	X0～X33 X0～X43	14/18	28/36
	Y	Y0～Y11 Y0～Y15	Y0～Y23 Y0～Y27	10/14	20/24

表 2-4-5 XCM PLC 的输入输出继电器编号

系列	名称	范围	点数
		60点	60
XCM	X	X0～X43	36
	Y	Y0～Y27	24

表 2-4-6 XCC PLC 的输入输出继电器编号

系列	名称	范围		点数	
		24点	32点	24	32
XCC	X	X0～X15	X0～X21	14	18
	Y	Y0～Y11	Y0～Y15	10	14

如图2-4-1所示，PLC的输入端子用于接收外部信号的输入，而输入继电器则是PLC内部与输入端子相连的一种光绝缘的电子继电器。输入继电器具有无数的常开触点与常闭触点，它们可被随意使用。没有与外设实连的输入继电器可作为快速内部继电器使用。

PLC的输出端子用于向外部负载发送信号，在PLC内部，输出继电器的外部输出触点(包括继电器触点、晶体管触点）与输出端子相连。输出继电器具有无数的常开触点与常闭触点，它们可被随意使用。没有与外设实连的输出继电器可作为快速内部继电器使用。

输入处理：外部信号从输入端子接入，PLC在执行程序前，首先将输入端子的ON/OFF状态读取到输入映像区。程序执行的过程也是不断进行扫描的过程，在本次扫描未结束前，即使输入端子状态发生变化，映像区中的内容也保持不变，直到下一个扫描周期来临，变化才被写入。

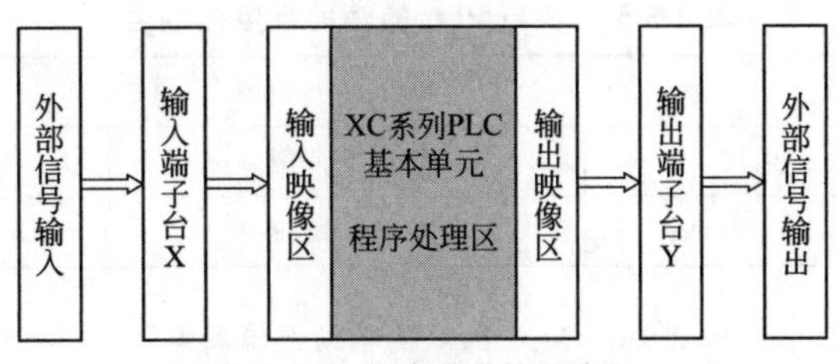

图 2-4-1 PLC 信号处理过程

输出处理：当所有指令执行完毕，输出 Y 的映像区中的 ON/OFF 状态将被传送到输出锁存存储区，即是 PLC 的实际输出状态。PLC 内的外部输出用触点，按照输出软元件的响应滞后时间动作。

2.5 辅助继电器（M）

XC 系列 PLC 的辅助继电器 M 全部以十进制来进行编址，各系列的编号请参考对应表 2-5-1～表 2-5-6。

表 2-5-1 XC1 PLC 的辅助继电器编号

系列	名称	范围		
		一般用	停电保持用	特殊用
XC1	M	M000～M199	M200～M319	M8000～M8079
				M8120～M8139
				M8170～M8172
				M8238～M8242
				M8350～M8370

表 2-5-2 XC2 PLC 的辅助继电器编号

系列	名称	范围		
		一般用	停电保持用	特殊用
XC2	M	M000～M2999	M3000～M7999	M8000～M8767

表 2-5-3 XC3 PLC 的辅助继电器编号

系列	名称	范围		
		一般用	停电保持用	特殊用
XC3	M	M000～M2999	M3000～M7999	M8000～M8767

表 2-5-4 XC5 PLC 的辅助继电器编号

系列	名称	范围		
		一般用	停电保持用	特殊用
XC5	M	M000～M3999	M4000～M7999	M8000～M8767

表 2-5-5　XCM PLC 的辅助继电器编号

系列	名称	范围		
		一般用	停电保持用	特殊用
XCM	M	M000～M2999	M3000～M7999	M8000～M8767

表 2-5-6　XCC PLC 的辅助继电器编号

系列	名称	范围		
		一般用	停电保持用	特殊用
XCC	M	M000～M2999	M3000～M7999	M8000～M8767

在 PLC 内部，常常需要用到辅助继电器 M，该类继电器的线圈与输出继电器一样，由 PLC 内的各种软元件的触点驱动。

辅助继电器 M 有无数的常开、常闭触点，在 PLC 内部可随意使用，但该类触点不能直接驱动外部负载。

此类辅助继电器只能作为普通的辅助继电器使用，即当 PLC 运行过程中停电，继电器将断开。一般用继电器不可用作停电保持，但可修改该段区域范围。

停电保持用的辅助继电器，即使 PLC 断电后，也仍然保持断电前的 ON/OFF 状态。停电保持区域可以由用户自己修改。停电保持用继电器通常用于需要记忆停电前的状态，上电后能够重现该状态的场合。

特殊用继电器指已经被系统赋予了特殊意义或功能的一部分继电器，通常从 M8000 开始。特殊继电器的用途：一是用于自动驱动线圈；二是用于特定的运行。如 M8002 为初始脉冲，仅在运行开始的瞬间接通；M8034 为所有输出禁止。特殊用辅助继电器不可作为普通继电器 M 使用。

2.6　状态继电器（S）

XC 系列 PLC 的状态继电器 S 全部以十进制来进行编址，各系列的编号见表 2-6-1～表 2-6-6。

表 2-6-1　XC1 PLC 的状态继电器编号

系列	名称	范围	
		一般用	停电保持用
XC1	S	S000～S031	—

表 2-6-2　XC2 PLC 的状态继电器编号

系列	名称	范围	
		一般用	停电保持用
XC2	S	S000～S511	S512～S1023

表 2-6-3　XC3 PLC 的状态继电器编号

系列	名称	范围	
		一般用	停电保持用
XC3	S	S000～S511	S512～S1023

表 2-6-4　XC5 PLC 的状态继电器编号

系列	名称	范围	
		一般用	停电保持用
XC5	S	S000～S511	S512～S1023

表 2-6-5　XCM PLC 的状态继电器编号

系列	名称	范围	
		一般用	停电保持用
XCM	S	S000～S511	S512～S1023

表 2-6-6　XCC PLC 的状态继电器编号

系列	名称	范围	
		一般用	停电保持用
XCC	S	S000～S511	S512～S1023

状态继电器 S 是对梯形图编程非常重要软元件，通常与指令 STL 配合使用，以流程的方式，可以使程序变得结构清晰易懂，并且易于修改。

一般用的状态继电器 S 在 PLC 运行断电后，都将变为 OFF 状态。

停电保持用的状态继电器 S，即使 PLC 断电后，还可记忆停电前的 ON/OFF 状态。停电保持用的状态继电器 S 的范围，可由用户自己设定。

状态继电器 S 也有着无数的常开、常闭触点，因此，可在程序中随意使用。XC1 系列不支持对流程 S 的偏移使用，如 S0[D0]。

2.7　定时器（T）

XC 系列 PLC 的定时器 T 全部以十进制来进行编址，各系列的编号见表 2-7-1。

表 2-7-1　XC 系列 PLC 的定时器编号

系列	名称	范围	
		一般用	点数
XC1	T	T0～T23:100ms 不累计	80
		T100～T115:100ms 累计	
		T200～T223:10ms 不累计	
		T300～T307:10ms 累计	
		T400～T403:1ms 不累计	
		T500～T503:1ms 累计	

续表

系列	名称	范围	
		一般用	点数
XC2 XC3 XC5 XCM XCC	T	T0～T99：100ms 不累计	640
		T100～T199：100ms 累计	
		T200～T299：10ms 不累计	
		T300～T399：10ms 累计	
		T400～T499：1ms 不累计	
		T500～T599：1ms 累计	
		T600～T639：1ms 带中断精确定时	

定时器累计可编程控制器内的 1ms、10ms、100ms 等的时钟脉冲，当达到所定的设定值时输出触点动作。

普通定时器不设专用指令，使用 OUT 指令进行定时；采用程序存储器内的常数（K）为设定值，也可用数据寄存器（D）的内容进行间接指定。

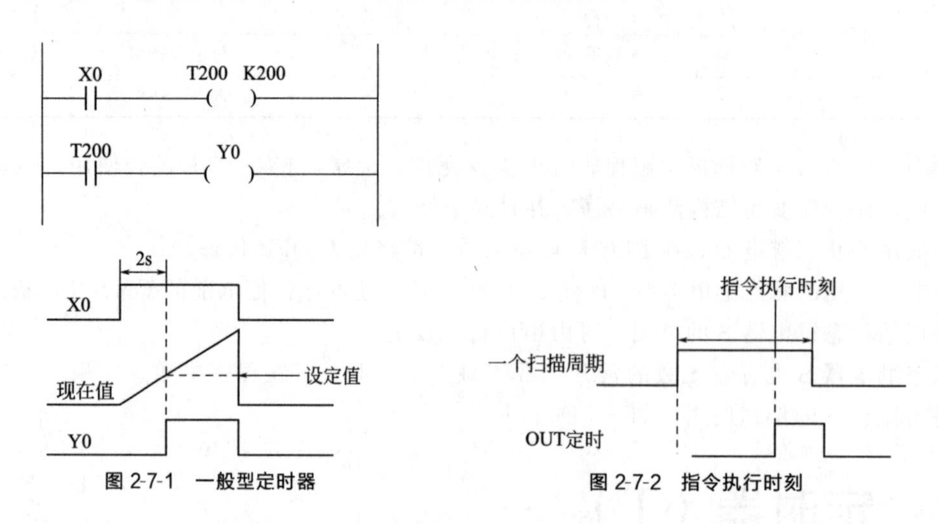

图 2-7-1 一般型定时器　　图 2-7-2 指令执行时刻

如图 2-7-1 和图 2-7-2 所示，一般型定时器 T200，如果定时器线圈 T200 的驱动输入 X0 为 ON，T200 用当前值计数器累计 10ms 的时钟脉冲。如果该值等于设定值 K200 时，定时器的输出触点动作。也就是说输出触点在线圈驱动 2s 后动作。驱动输入 X0 断开或停电，定时器复位，输出触点复位。

如图 2-7-3 所示积累型定时器，如果定时器线圈 T300 的驱动输入 X1 为 ON，则 T300 用当前值计数将累计 10ms 的时钟脉冲。如果该值达到设定值 K2000 时，定时器的输出触点动作。在计算过程中，即使输入 X1 断开或停电时，再重新启动 X1 时，继续计算，其累计计算动作时间为 20s。如果复位输入 X2 为 ON 时，定时器复位，输出触点也复位。

如图 2-7-4 所示，T10 是以 100ms 为单位的定时器。将 100 指定为常数，则 0.1s×100＝10s 的定时器工作。

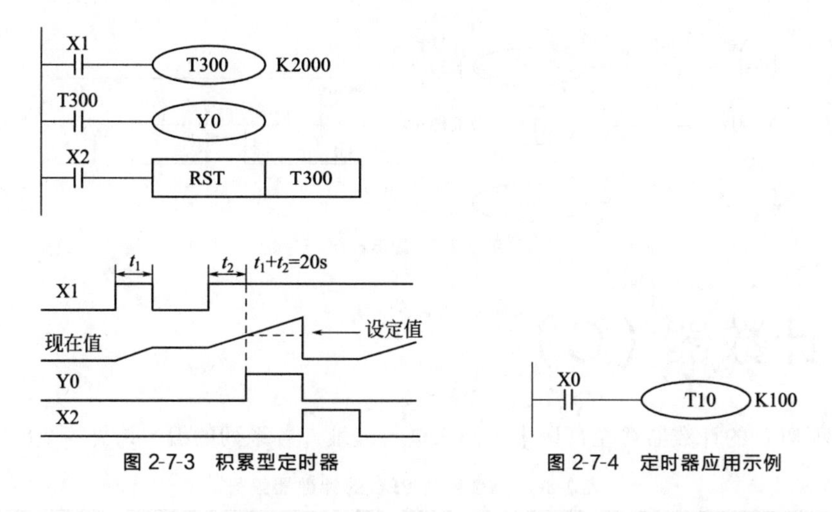

图 2-7-3 积累型定时器　　图 2-7-4 定时器应用示例

如图 2-7-5 所示，将间接指定数据寄存器的内容预先写入程序或通过数值开关输入。在指定为停电保持用寄存器时，请注意电池电压不足会造成设定值不稳定的情况。

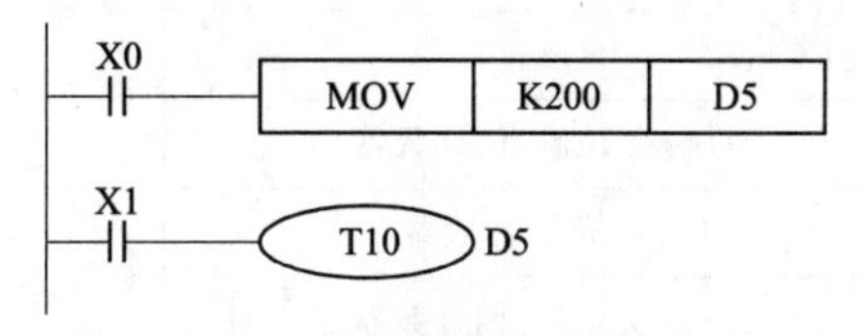

图 2-7-5 间接指定定时器设定值

计数值数据存放在定时器 T 相对应的 TD 寄存器内。定时器 T0～T599 的计数模式是 16 位线性递增模式（0～K32,767），当定时器的计数值（寄存器 TD 的值）达到最大值 K32,767 会停止计时，计时器的状态保持不变。

如图 2-7-6 所示，以上两条指令是等价的。在左边指令中 T0 作为寄存器处理，而右边指令中 TD0 则为对应定时器 T 的数据寄存器。TD 和 T 是一一对应的。

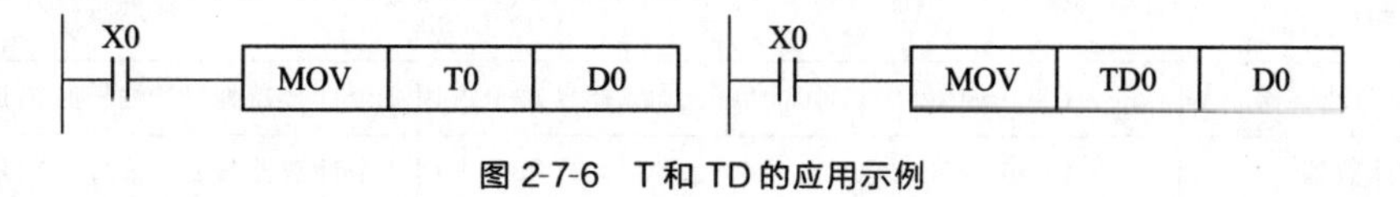

图 2-7-6 T 和 TD 的应用示例

输出延时关断定时器：

如图 2-7-7 所示，X0 为 ON 时，输出 Y0；当 X0 由 ON→OFF 时，将延时 T2（20s）时间，输出 Y0 才断开。

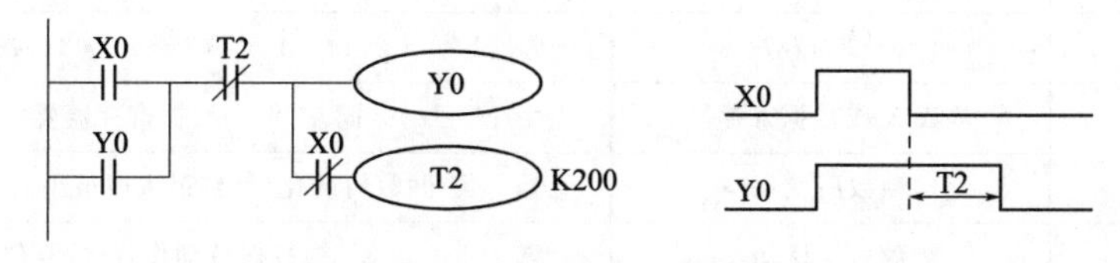

图 2-7-7 输出延时关断定时器

如图 2-7-8 所示，当 X0 闭合后，Y0 开始闪烁输出。T1 控制 Y0 的断开时间，T2 控制 Y0 的闭合时间。

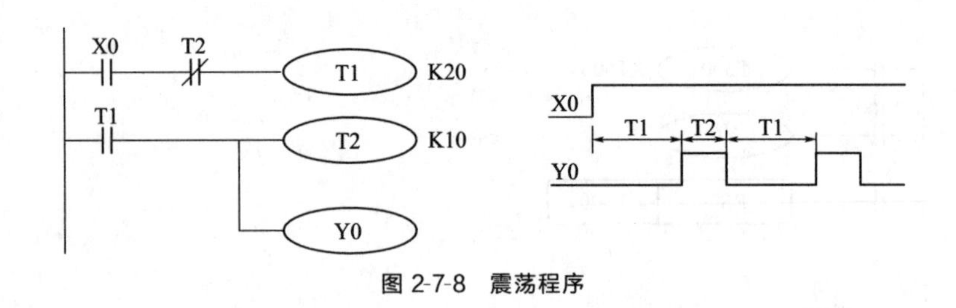

图 2-7-8 震荡程序

2.8 计数器（C）

XC 系列 PLC 的计数器 C 全部以十进制来进行编址，各系列的编号请见表 2-8-1～表 2-8-3。

表 2-8-1 XC 系列 PLC 的计数器编号

系列	名称	范围	
		一般用	点数
XC1	C	C0～C23:16 位顺计数器	48
		C300～C314:32 位顺/倒计数器	
XC2	C	C0～C299:16 位顺计数器	640
XC3		C300～C598:32 位顺/倒计数器	
XC5		C600～C618:单相高速计数器	
XCM		C620～C628:双相高速计数器	
XCC		C630～C638:AB 相高速计数器	

表 2-8-2 XC 系列 PLC 的计数器编号原则

类型	说明
16 位顺计数器	C0～C299
32 位顺/倒计数器	C300～C599 (C300,C302...C598)(每个占用 2 个计数器编号) 编号必须是偶数
高速计数器	C600～C634 (C600,C602...C634)(每个占用 2 个计数器编号) 编号必须是偶数

表 2-8-3 16 位计数器与 32 位计数器的特点

项目	16 位计数器	32 位计数器
计数方向	顺数	顺/倒数
设定值	1～32,767	－2,147,483,648～＋2,147,483,647
指定的设定值	常数 K 或数据寄存器	同左,但是数据寄存器要一对
当前值的变化	顺数后变化	顺/倒数后变化(计到最大或最小值时,将保持)
输出接点	顺数后保持动作	顺数保持动作,倒数复位
复位动作	执行 RST 命令时,计数器的当前值为零,输出接点恢复	
当前值寄存器	16 位	32 位

一般用计数器和停电保持用计数器的分配，可通过外围设备改变 FD 参数设定进行变更。

如图 2-8-1 所示，16 位二进制增计数器，其有效设定值为 K1～K32,767（十进制常数）。设定值 K0 和 K1 具有相同的含义，即在第一次计数开始时输出触点就动作。

如果切断可编程控制器的电源，则一般用计数器的计数值被清除，而停电保持用的计数器则可储存停电前的计数值，因此计数器可按上一次数值累计计数。计数输入 X1 每驱动 C0 线圈一次，计数器的当前值就加 1，在执行第十次的线圈指令时，输出触点动作。以后计数器输入 X1 再动作，计数器的当前值将继续加 1。如果复位输入 X0 为 ON，则执行 RST 指令，计数器的当前值为 0，输出触点复位。计数器的设定值，除上述常数 K 设定外，还可由数据寄存器编号指定。例如，指定 D10，如果 D10 的内容为 123，则与设定 K123 时一样的。在以 MOV 等指令将设定值以上的数据写入当前值寄存器时，则在下次输入时，输出线圈接通，当前值寄存器变为设定值。

如图 2-8-2 所示，32 位二进制增/减计数器设定值有效范围为 K+2,147,483,648～K−2,147,483,647（十进制常数）。利用特殊的辅助继电器 M8238 指定所有 32 位增计数/减计数器（C300～C498）的方向。

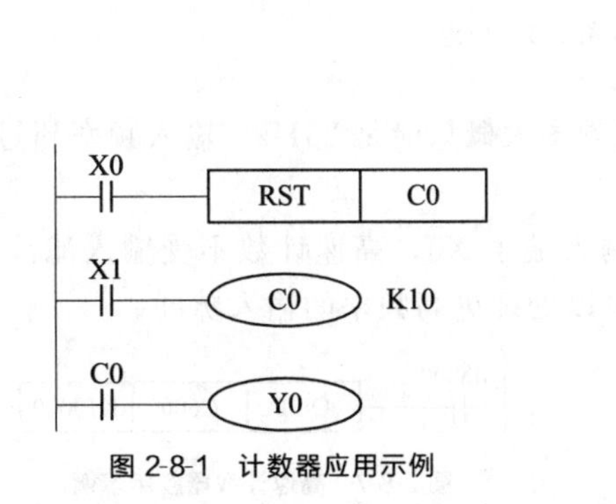

图 2-8-1　计数器应用示例

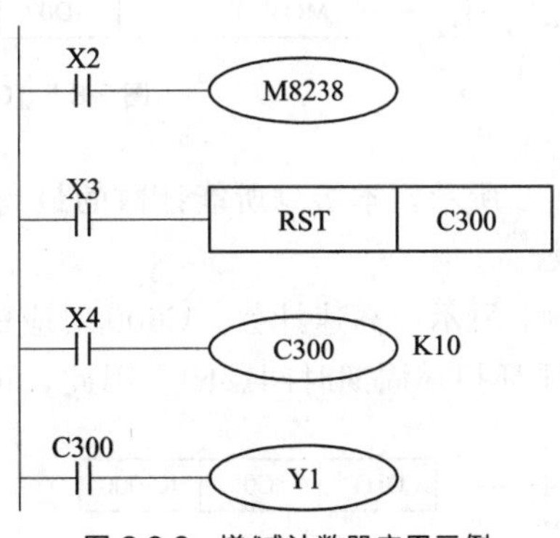

图 2-8-2　增/减计数器应用示例

如果 X2 驱动 M8238，则为减计数；不驱动时则为增计数。根据常数 K 或数据寄存器 D 的内容，设定值为正。将连号的数据寄存器的内容视为一对，作为 32 位的数据处理。因此，在指定 D0 时，D1 和 D0 两项作为 32 位设定值处理。利用计数输入 X004 驱动 C300 线圈时，进行增/减计数。

如果复位输入 X3 为 ON，则执行 RST 指令，计数器的当前值变为 0，输出触点也复位。使用供停电保持用的计数器时，计数器的当前值、输出触点动作与复位状态停电保持。32 位计数器也可作为 32 位数据寄存器使用。

如图 2-8-3 和图 2-8-4 所示，计数值的指定，分为 16 位数和 32 位数两种情况讨论。

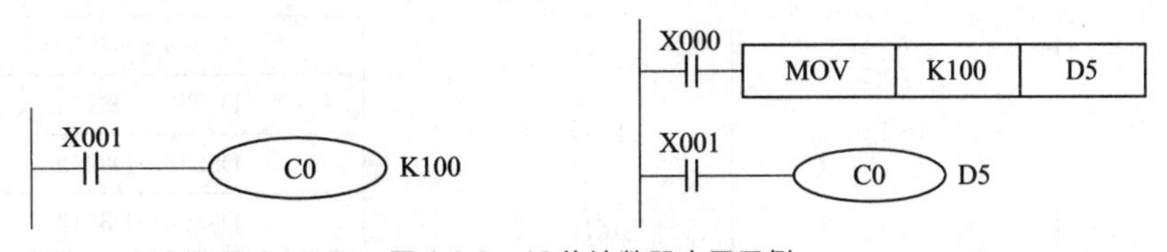

图 2-8-3　16 位计数器应用示例

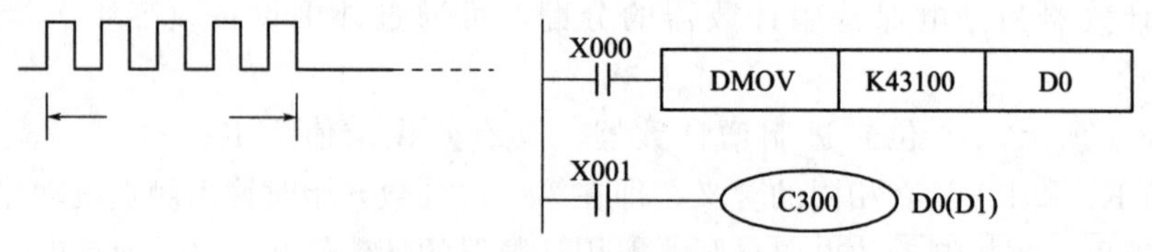

图 2-8-4　32 位计数器应用示例

计数器 C0～C299 的计数模式是 16 位线性递增模式（0～K32,767），当计数器的计数值 CD 达到最大值 K32,767 会停止计时，计数器的状态保持不变。

计数器 C300～C599 的计数模式是 32 位线性增/减模式（－2,147,483,648 ～＋2,147,483,647），当计数器的计数值递增达到最大值，K＋2,147,483,647 会变成 K－2,147,483,648，当计数器的计数值递减达到最小值，K－2,147,483,648 会变成 K＋2,147,483,647，计数器的 ON/OFF 状态也随计数值的变化而变化。

如图 2-8-5 所示，两条指令是等价的。在左边指令中 C0 作为寄存器处理，而右边指令中 CD0 则为对应定时器 C 的数据寄存器。CD 和 C 是一一对应的。

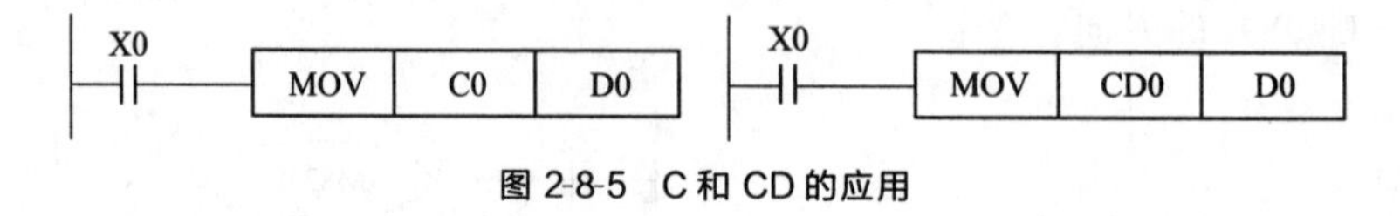

图 2-8-5　C 和 CD 的应用

如图 2-8-6 所示，本指令所能计数的最高频率大概只能是 25Hz；输入频率超过 25Hz 建议用高速计数。

如图 2-8-7 所示，高速计数，C600 对应输入端子 X0，高速计数不受输入滤波器的响应滞后时间和循环扫描周期时间影响。因此，可以处理更高频率的输入脉冲。

图 2-8-6　计数频率应用示例　　　图 2-8-7　高速计数器应用示例

2.9 数据寄存器（D）

XC 系列 PLC 的数据寄存器 D 全部以十进制来进行编址，各系列的编号请参见表 2-9-1。

表 2-9-1　XC 系列 PLC 的数据寄存器编号

<table>
<tr><th rowspan="2">系列</th><th rowspan="2">名称</th><th colspan="4">范围</th></tr>
<tr><th>一般用</th><th>停电保持用</th><th colspan="2">特殊用</th></tr>
<tr><td rowspan="6">XC1</td><td rowspan="6">D</td><td rowspan="6">D0～D99</td><td rowspan="6">D100～D149</td><td>D8000～D8029</td><td rowspan="6">138</td></tr>
<tr><td>D8060～D8079</td></tr>
<tr><td>D8120～D8179</td></tr>
<tr><td>D8240～D8249</td></tr>
<tr><td>D8306～D8313</td></tr>
<tr><td>D8460～D8469</td></tr>
</table>

续表

系列	名称	范围			
		一般用	停电保持用	特殊用	
XC2	D	D0～D999	D4000～D4999	D8000～D8511 D8630～D8729	612
XC3 XC5	D	D0～D3999	D4000～D7999	D8000～D9023	1024
XCM	D	D0～D2999	D4000～D4999	D8000～D9023	1024
XCC	D	D0～D3999	D4000～D7999	D8000～D9023	1024

数据寄存器是用于存储数据的软元件，包括 16 位（最高位为符号位）、32 位（由两个数据寄存器组合，最高位为符号位）两种类型。

如图 2-9-1 所示，一个 16 位的数据寄存器，其处理的数值范围为 K－32,768～K＋32,767。

数据寄存器的数值的读写一般采用应用指令。另外，也可通过其他设备，如人机界面向 PLC 写入或读取数值。

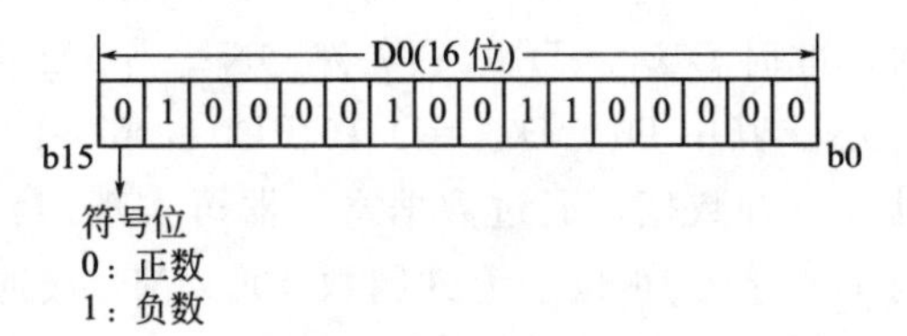

图 2-9-1　16 位数据寄存器

由两个相邻的数据寄存器组成的 32 位数据（高字在后，低字在前，如 D1D0 组成的双字，D0 为下位，D1 为上位）。处理的数值范围为 K－2,147,483,648～K＋2,147,483,647。

如图 2-9-2 所示，在指定 32 位数据寄存器时，如果指定了低位，如 D0，则默认其高位为后继的 D1。低位可用奇数或偶数的任意一种软元件来指定，但为方便起见，建议低位采用偶数软元件编号。

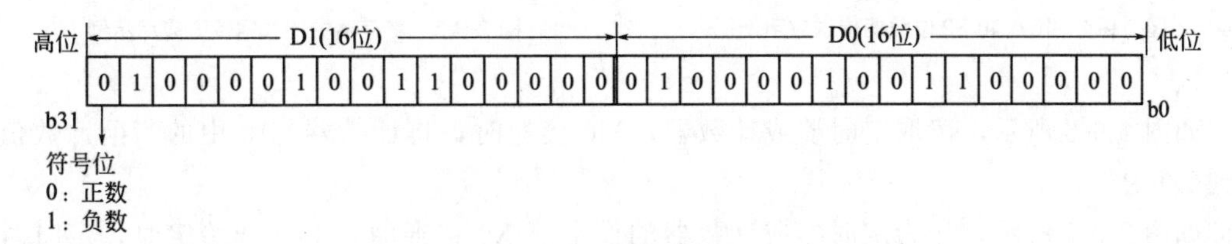

图 2-9-2　32 位数据寄存器

一般用时，当向数据寄存器中成功写入数据后，只要不再重新写入，那么该寄存器中的数据将保持不变。当 PLC 由 RUN 转为 STOP 或由 STOP 转为 RUN 时，所有数据将被清零。

停电保持用时，停电保持区的数据寄存器在 PLC 由 RUN 转为 STOP 或停电后，仍然保持其中的数据不变。停电保持区域的范围，可以由用户自行设定。

特殊用时，特殊用寄存器用于写入特定目的的数据，或已由系统写入特定内容的数据。

部分特殊寄存器中的数据，在PLC上电时，被初始化。

作为偏移量（间接指定）时，数据寄存器D可用作软元件的偏移量，使得软元件的使用更加简单和便于控制。格式：Dn[Dm]、Xn[Dm]、Yn[Dm]、Mn[Dm] 等。位软元件组成的字的偏移：DXn[Dm] 表示 DX[n+Dm]。带偏移的软元件，偏移量只可用软元件D表示。

如图2-9-3所示，D100[D10]，表示为D[100+D10]，如果D10的数据为5，则D100[D10] 表示为寄存器D105。如果D10的数据为50，则D100[D10] 表示为寄存器D150。

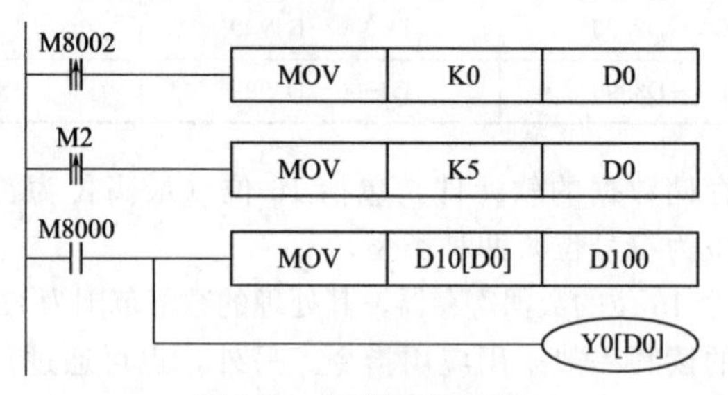

图2-9-3　偏移量应用示例

上例中，当D0=0时，此时D100=D10，Y0为ON；当M2由OFF→ON时，D0=5，此时D100=D15，Y5为ON。其中D10[D0]=D[10+D0]，Y0[D0]=Y[0+D0]。

数据寄存器D可以处理各种数据，通过数据寄存器可实现多种控制。如图2-9-4所示，数据存储M0接通时，向D0写入16位、十进制数100。M1接通时，向D11D10写入32位、十进制数41100。由于数值41100为32位数（超过32767），因此在存储数据时，虽指定为D10，但D11也被自动占用。

如图2-9-5所示，数据传送，M0接通时，将D0中的数据传送给D10。

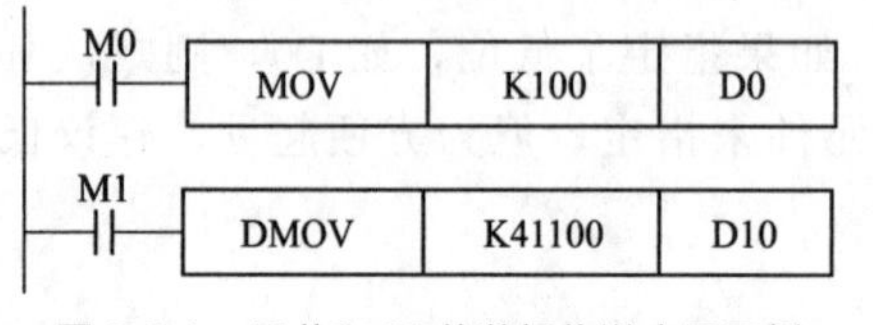

图2-9-4　16位和32位数据传送应用示例

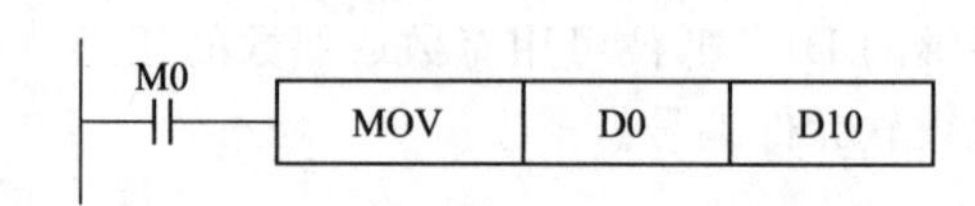

图2-9-5　寄存器中的数据传送应用示例

如图2-9-6所示，读取定时器或计数器，M0接通时，将计数器C10中的当前计数值读取到D0中。

如图2-9-7所示，作为定时器或计数器的设定值X0接通时，T10开始定时，定时时间由D0中的数值决定。X1每次接通时，C300开始计数，计数值由D1决定。

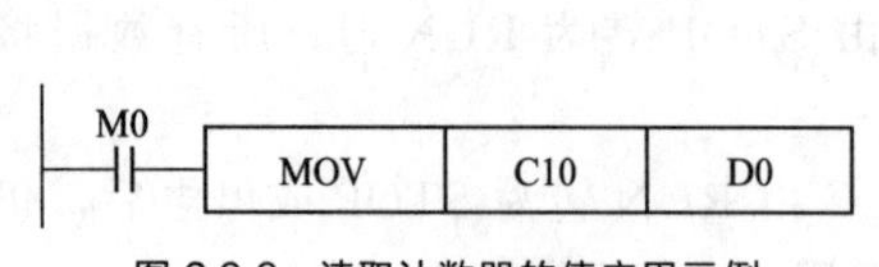

图2-9-6　读取计数器的值应用示例

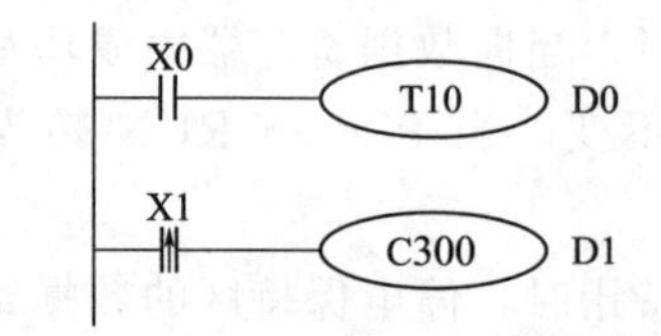

图2-9-7　数据寄存器作为定时器和计数器的设定值应用示例

2.9.1 位软元件组成字的应用举例

【例 1】以下两种编程方式的结果是等效的，当 X0 到 X17 这 16 个线圈中有任一线圈为 ON 时，输出 Y0。

方法一：如图 2-9-8 所示，对位软元件组成字的应用。

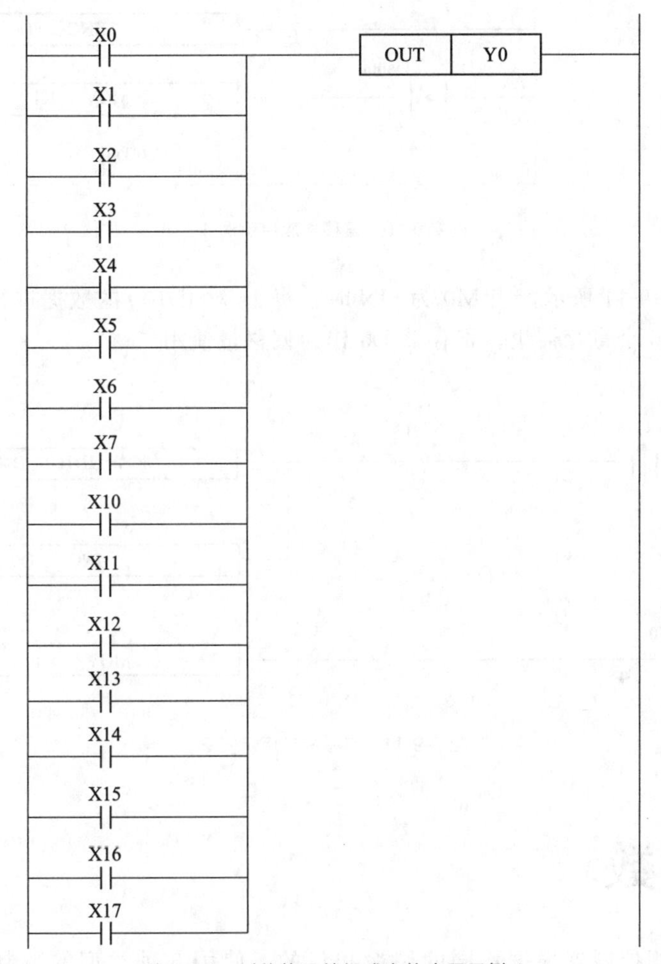

图 2-9-8 对位软元件组成字的应用示例 1

方法二：如图 2-9-9 所示，对位软元件组成字的应用。

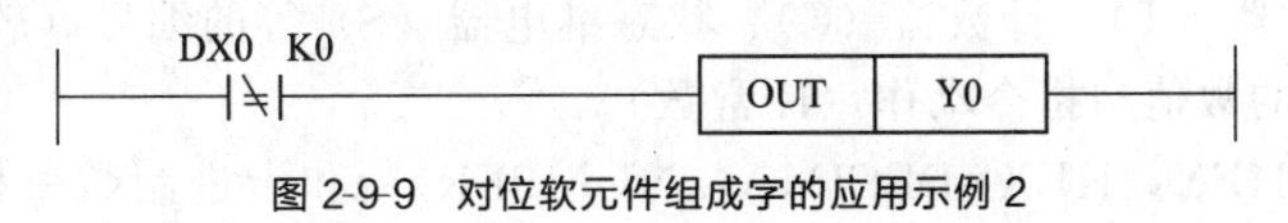

图 2-9-9 对位软元件组成字的应用示例 2

2.9.2 偏移量应用举例

【例 2】如图 2-9-10 所示为跑马灯应用，D0 作为偏移地址。当 M0 启动，输出 Y1 至 Y7

依次点亮。如果输出点数很多，可以使用M代替Y，然后将所有的M对应到输出Y。

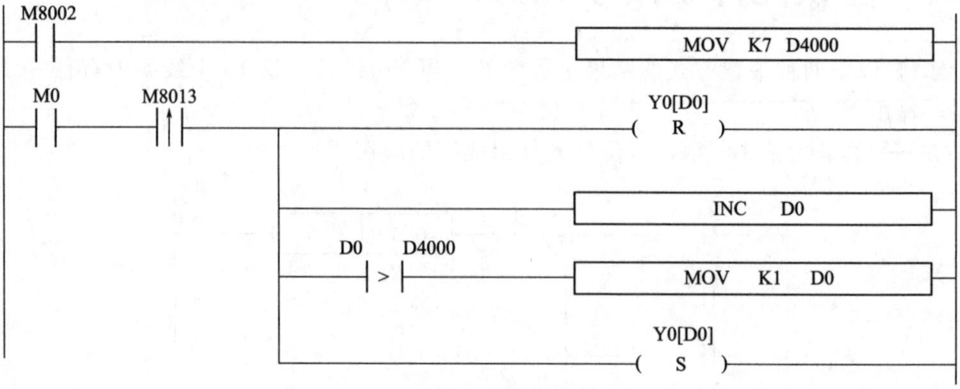

M8002
MOV K7 D4000
M0
M8013
Y0[D0]
R
INC D0
D0 > D4000
MOV K1 D0
Y0[D0]
S

图2-9-10 偏移量应用示例1

【例3】如图2-9-11所示，当M0为ON时，每1s对ID100的数据进行一次保存，存放在D4000开始的50个寄存器里。寄存器D0作为偏移量使用。

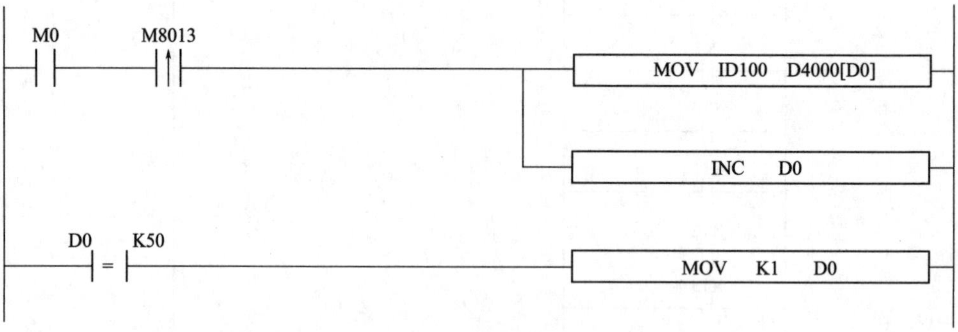

M0
M8013
MOV ID100 D4000[D0]
INC D0
D0 = K50
MOV K1 D0

图2-9-11 偏移量应用示例2

2.10 常数

XC系列可编程控制器根据不同的用途和目的，使用5种类型的数制。其作用和功能如下。

十进制数（DEC：DECIMAL NUMBER）：定时器和计数器的设定值（K常数）；辅助继电器（M）、定时器（T）、计数器（C）、状态继电器（S）等的编号（软元件编号）；指定应用指令操作数中的数值与指令动作（K常数）。

十六进制数（HEX：HEXADECIMAL NUMBER）：和十进制数一样，用于指定应用指令操作数中的数值与指令动作（H常数）。

二进制数（BIN：BINARY NUMBER）：如前所述，以十进制数或是十六进制数对定时器、计数器或数据寄存器进行数值指定，但在可编程控制器内部，这些数字都用二进制数处理。而且，在外围设备上进行监控时，这些软元件将自动变换为十进制数（也可切换为十六进制）。

八进制数（OCT：OCTAL NUMBER）：XC系列可编程控制器的输入继电器、输出继电器的软元件编号以八进制数值进行分配，因此，可进行［0～7，10～17，…，70～77，100～107］的进位。

BCD码（BCD：BINARY CODE DECIMAL）：BCD是用4位二进制数来表示1位十进制数中的0～9这10个的方法。每个位的处理很容易，因此，BCD码可用于以BCD形式输出的数字式开关或七段码的显示器控制等方面。

其他数值（浮点数）：XC可编程控制器具有可进行高精度浮点运算的功能。用二进制浮点数进行浮点运算，同时用十进制浮点值实施监视。

PLC的程序进行数值处理时，必须使用常数K、H。一般使用K指代十进制数，H指代十六进制数，但PLC的输入、输出继电器使用八进制编号。

常数K：K是表示十进制整数的符号，如K10，表示十进制数10。其主要用于指定定时器、计数器的设定值，以及应用指令中的操作数等。

常数H：H是表示十六进制数的符号，如HA，表示十六进制数10。主要用于指定应用指令的操作数的数值（注意：作为指令操作数时，地址首位如果是字母，需要在前面加0，如：HA要写作H0A）。

2.11 编程原则（中断、子程序、响应滞后、双线圈）

标记P、I：标记P用于分支或子程序。标记I用于中断（外部中断、定时中断、高速计数中断、精确定时中断等）。分支或子程序用的标记（P）用于条件跳转或子程序的跳转目标。中断用的标记（I）用于指定输入中断、定时中断等中断程序标志。

XC系列PLC的标记P、I全部以十进制来进行编址，各系列的编号如表2-11-1～表2-11-6所示。

表2-11-1　XC1 PLC的标记编号

系列	名称	范围
XC1	P	P0～P9999

表2-11-2　XC2 PLC的标记编号

<table>
<tr><td rowspan="3">系列</td><td rowspan="3">名称</td><td colspan="4">范围</td></tr>
<tr><td colspan="3">外部中断用</td><td rowspan="2">定时中断用</td></tr>
<tr><td>输入端子</td><td>上升中断</td><td>下降中断</td></tr>
<tr><td rowspan="3">XC2</td><td rowspan="3">I</td><td>X2</td><td>I0000</td><td>I0001</td><td rowspan="3">共有10路定时中断,表示方法为:I40＊＊～I49＊＊。其中‘＊＊’表示定时中断的时间,单位ms</td></tr>
<tr><td>X5</td><td>I0100</td><td>I0101</td></tr>
<tr><td>X10</td><td>I0200</td><td>I0201</td></tr>
</table>

表 2-11-3　XC3 PLC 的标记编号

<table>
<tr><th rowspan="3">系列</th><th rowspan="3">名称</th><th rowspan="3">点数</th><th colspan="4">范围</th></tr>
<tr><th colspan="3">外部中断用</th><th rowspan="2">定时中断用</th></tr>
<tr><th>输入端子</th><th>上升中断</th><th>下降中断</th></tr>
<tr><td rowspan="7">XC3</td><td rowspan="7">I</td><td>14</td><td>X7</td><td>I0000</td><td>I0001</td><td rowspan="7">共有 10 路定时中断，表示方法为：I40＊＊～I49＊＊。其中‘＊＊’表示定时中断的时间，单位 ms</td></tr>
<tr><td rowspan="3">24
32
42</td><td>X2</td><td>I0000</td><td>I0001</td></tr>
<tr><td>X5</td><td>I0100</td><td>I0101</td></tr>
<tr><td>X10</td><td>I0200</td><td>I0201</td></tr>
<tr><td rowspan="3">19
48
60</td><td>X10</td><td>I0000</td><td>I0001</td></tr>
<tr><td>X7</td><td>I0100</td><td>I0101</td></tr>
<tr><td>X6</td><td>I0200</td><td>I0201</td></tr>
</table>

表 2-11-4　XC5 PLC 的标记编号

<table>
<tr><th rowspan="3">系列</th><th rowspan="3">名称</th><th rowspan="3">点数</th><th colspan="4">范围</th></tr>
<tr><th colspan="3">外部中断用</th><th rowspan="2">定时中断用</th></tr>
<tr><th>输入端子</th><th>上升中断</th><th>下降中断</th></tr>
<tr><td rowspan="3">XC5</td><td rowspan="3">I</td><td rowspan="3">24
32
48
60</td><td>X2</td><td>I0000</td><td>I0001</td><td rowspan="3">共有 10 路定时中断，表示方法为：I40＊＊～I49＊＊。其中‘＊＊’表示定时中断的时间，单位 ms</td></tr>
<tr><td>X5</td><td>I0100</td><td>I0101</td></tr>
<tr><td>X10</td><td>I0200</td><td>I0201</td></tr>
</table>

表 2-11-5　XCM PLC 的标记编号

<table>
<tr><th rowspan="3">系列</th><th rowspan="3">名称</th><th rowspan="3">点数</th><th colspan="4">范围</th></tr>
<tr><th colspan="3">外部中断用</th><th rowspan="2">定时中断用</th></tr>
<tr><th>输入端子</th><th>上升中断</th><th>下降中断</th></tr>
<tr><td rowspan="10">XCM</td><td rowspan="10">I</td><td rowspan="6">24
32</td><td>X2</td><td>I0000</td><td>I0001</td><td rowspan="10">共有 10 路定时中断，表示方法为：I40＊＊～I49＊＊。其中‘＊＊’表示定时中断的时间，单位 ms
注意：XCM-24T3-E 机型的外部中断输入端子仅为 X2、X5、X10</td></tr>
<tr><td>X5</td><td>I0100</td><td>I0101</td></tr>
<tr><td>X10</td><td>I0200</td><td>I0201</td></tr>
<tr><td>X11</td><td>I0300</td><td>I0301</td></tr>
<tr><td>X12</td><td>I0400</td><td>I0401</td></tr>
<tr><td>X13</td><td>I0500</td><td>I0501</td></tr>
<tr><td rowspan="4">60</td><td>X2</td><td>I0000</td><td>I0001</td></tr>
<tr><td>X3</td><td>I0100</td><td>I0101</td></tr>
<tr><td>X4</td><td>I0200</td><td>I0201</td></tr>
<tr><td>X5</td><td>I0300</td><td>I0301</td></tr>
</table>

表 2-11-6　XCC PLC 的标记编号

系列	名称	点数	范围			
			外部中断用			定时中断用
			输入端子	上升中断	下降中断	
XCC	I	24	X14	I0000	I0001	共有 10 路定时中断,表示方法为:I40 * *～I49 * *。其中'* *'表示定时中断的时间,单位 ms
			X15	I0100	I0101	
		32	X14	I0000	I0001	
			X15	I0100	I0101	
			X16	I0200	I0201	
			X17	I0300	I0301	

标记 P 通常用于流程中，一般与 CJ（条件跳转）、CALL（子程序调用）等指令配合使用。

条件跳转 CJ 如图 2-11-1 所示，当线圈 X0 接通时，跳转到 P1 标记的后一步，不执行中间部分程序。当线圈 X0 未接通时，不执行跳转动作，仍然按照原步骤执行。

子程序调用 CALL 如图 2-11-2 所示，当线圈 X0 接通时，由主程序跳转到子程序；当线圈 X0 未接通时，仍然执行主程序。当子程序执行完毕后，返回主程序，继续执行下面的程序。

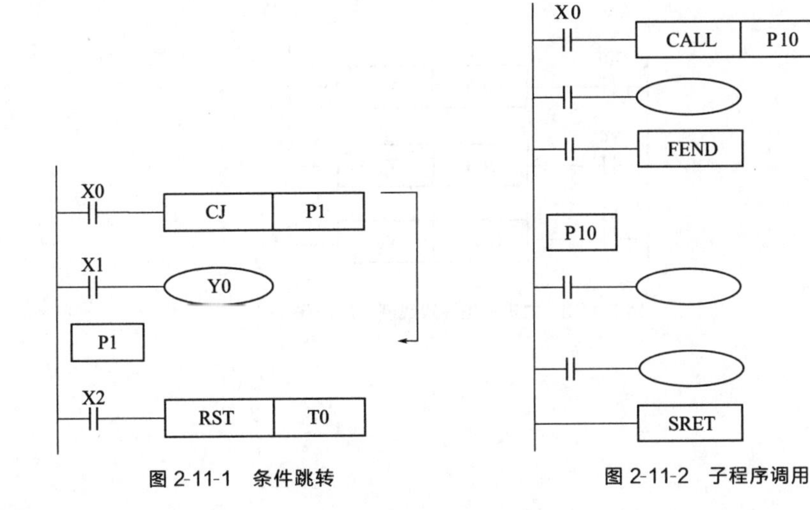

图 2-11-1　条件跳转

图 2-11-2　子程序调用

子程序调用，写程序时必须以 Pn 作为一段子程序的开始，以 SRET 作为一段子程序的结束。用 CALL Pn 调用子程序。其中 n 可以为 0～9999 中的任意整数。

标记 I 一般用于中断功能，包括外部中断、定时中断等场合，通常与 IRET（中断返回）、EI（允许中断）、DI（禁止中断）等指令配合使用。

外部中断：接收来自特定的输入端子的输入信号，不受扫描周期的影响。触发输入信号，执行中断子程序。通过外部中断可处理比扫描周期更短的信号，因而可在顺控过程中作为必要的优先处理或短时脉冲处理控制中使用。

定时中断：在各指定的中断循环时间执行中断子程序。在需要有别于PLC的运算周期的循环中断处理控制中使用。

输入处理：可编程控制器在执行程序之前，将可编程控制器的所有输入端子的ON/OFF状态读入输入映像区。在执行程序的过程中，即使输入变化，输入映像区的内容也不变化，而在下一个扫描周期的输入处理时，读入该变化。

输出处理：一旦所有指令执行结束，将输出Y的映像存储区的ON/OFF状态传至输出锁存存储区，这成了可编程控制器的实际输出。可编程控制器内的外部输出用触点，按照输出用软元件的响应滞后时间动作。

采用这种成批输入输出方式时，输入滤波器和输出软元件的驱动时间及运算周期也会出现响应滞后的情况。

不接受宽度窄的输入脉冲信号：可编程控制器输入的ON/OFF的时间宽度应比可编程控制器的循环时间长。若考虑输入滤波器的响应滞后为10ms，循环时间为10ms，则ON/OFF的时间分别需要20ms。因此，不能处理1,000/(20+20)=25Hz以上的输入脉冲。但是，若采用可编程控制器的特殊功能与应用指令（如高速计数功能、输入中断功能、输入滤波器值调整等）可改进这方面的情况。

二重输出（双线圈）的动作如图2-11-3所示，考虑在多处使用同一个线圈Y0的情况：例如，取X0=ON，X1=OFF。最初的Y0由于X0为ON，其映像存储区为ON，输出Y1也为ON。但是，第二次的Y0，由于X1为OFF，因此，其映像存储区被修改为OFF。因此，实际外部输出为Y0=OFF，Y1=ON。据此可知，执行二重输出时（使用双线圈），后侧的优先动作。

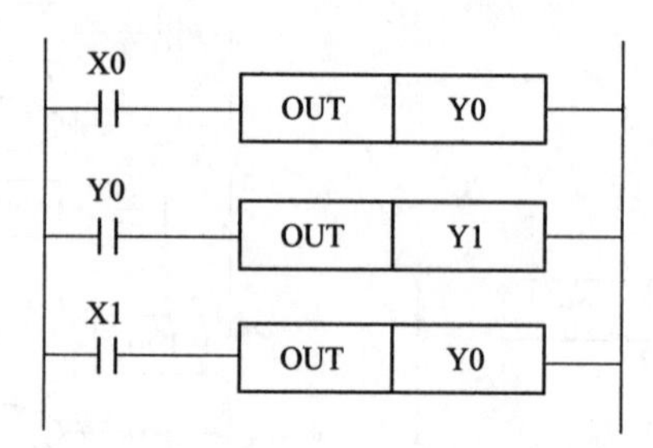

图2-11-3　二重输出（双线圈）的动作

第3章

基本指令

本章主要介绍 XC 系列可编程控制器共用的基本指令种类及其功能。

3.1 基本指令一览表

XC1、XC2、XC3、XC5、XCM、XCC 全系列均支持基本指令，如表 3-1-1 所示。

表 3-1-1 基本指令

助记符	功能及可用软元件	回路表示
LD	运算开始常开触点 X、Y、M、S、T、C、Dn. m、FDn. m	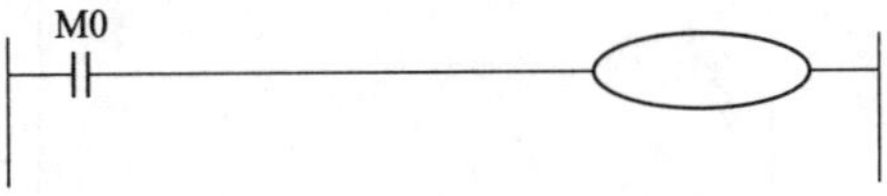 M0
LDD	直接从触点读取状态 X	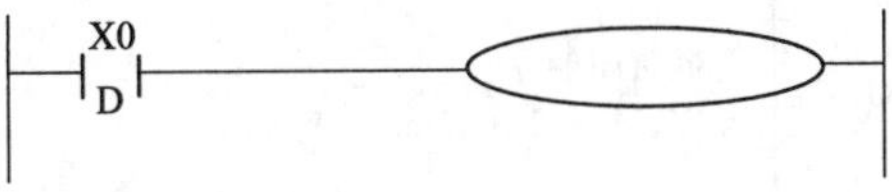 X0 D
LDI	运算开始常闭触点 X、Y、M、S、T、C、Dn. m、FDn. m	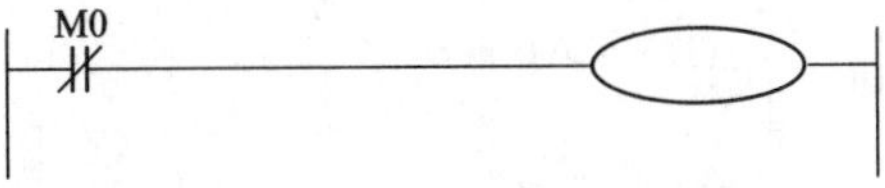 M0
LDDI	直接读取常闭触点 X	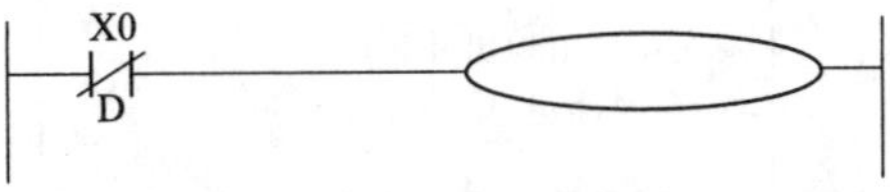 X0 D
LDP	上升沿检出运算开始 X、Y、M、S、T、C、Dn. m、FDn. m	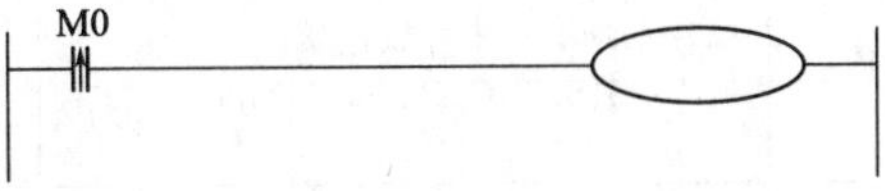 M0
LDF	下降沿检出运算开始 X、Y、M、S、T、C、Dn. m、FDn. m	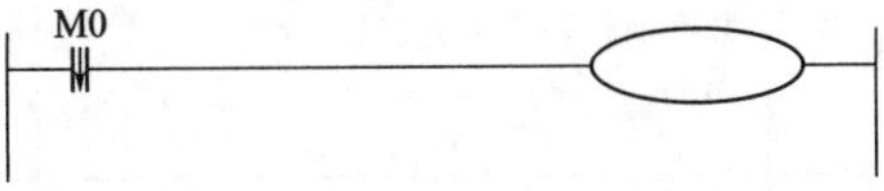 M0
AND	串联常开触点 X、Y、M、S、T、C、Dn. m、FDn. m	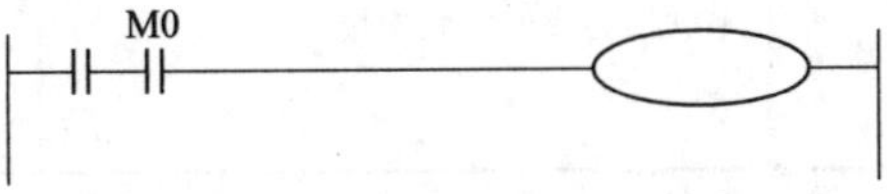 M0

续表

助记符	功能及可用软元件	回路表示
ANDD	直接从触点读取状态 X	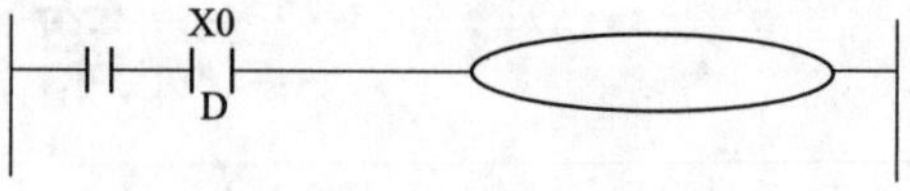 X0 D
ANI	串联常闭触点 X、Y、M、S、T、C、Dn. m、FDn. m	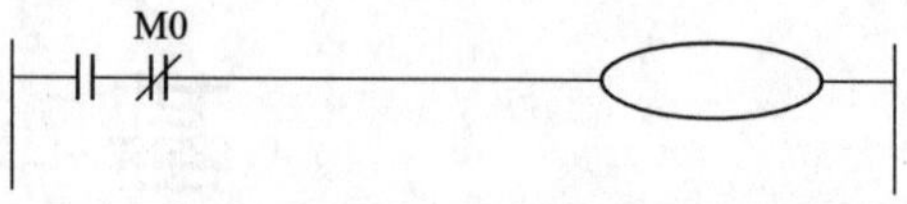 M0
ANDDI	直接读取常闭触点 X	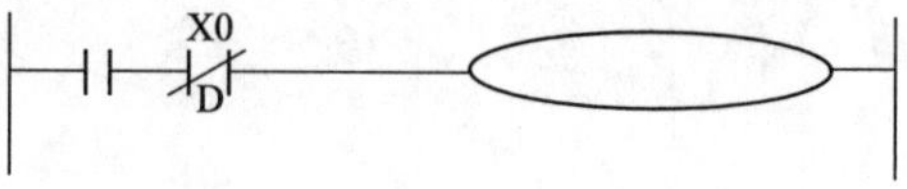 X0 D
ANDP	上升沿检出串联连接 X、Y、M、S、T、C、Dn. m、FDn. m	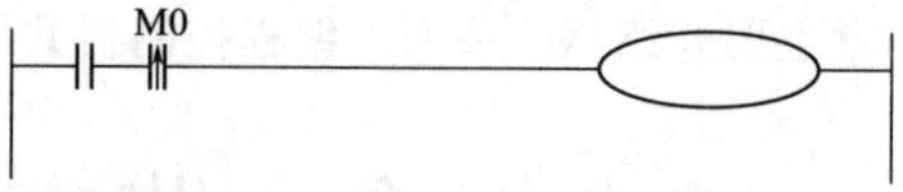 M0
ANDF	下降沿检出串联连接 X、Y、M、S、T、C、Dn. m、FDn. m	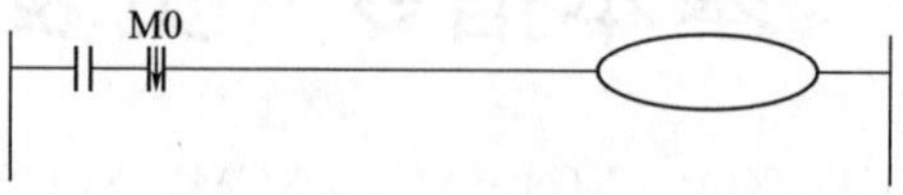 M0
OR	并联常开触点 X、Y、M、S、T、C、Dn. m、FDn. m	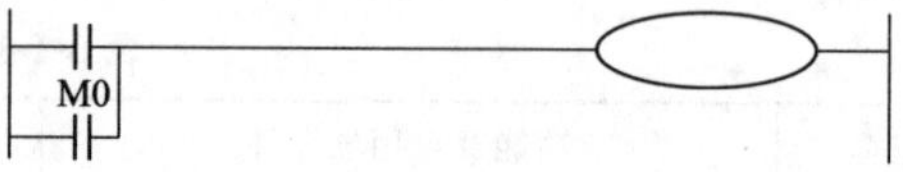 M0
ORD	直接从触点读取状态 X	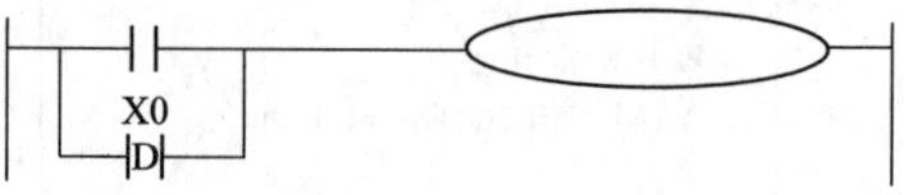 X0 D
ORI	并联常闭触点 X、Y、M、S、T、C、Dn. m、FDn. m	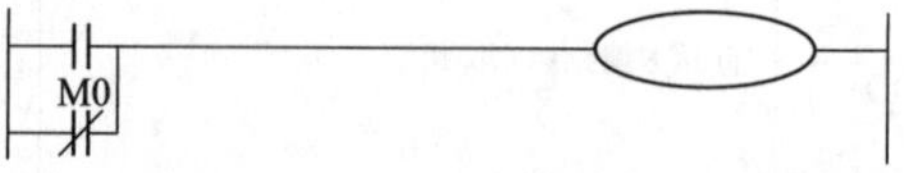 M0
ORDI	直接读取常闭触点 X	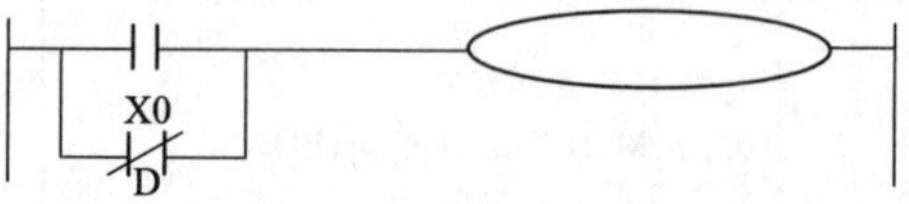 X0 D
ORP	脉冲上升沿检出并联连接 X、Y、M、S、T、C、Dn. m、FDn. m	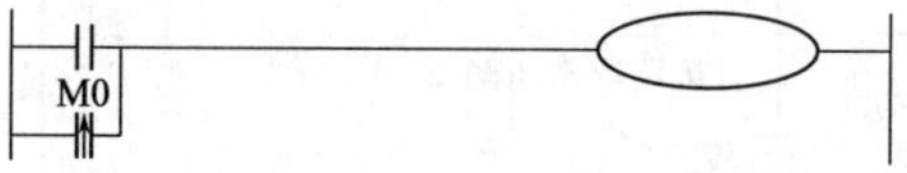 M0
ORF	脉冲下降沿检出并联连接 X、Y、M、S、T、C、Dn. m、FDn. m	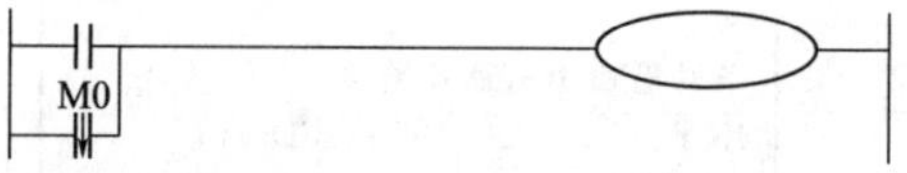 M0
ANB	并联回路块的串联连接 无	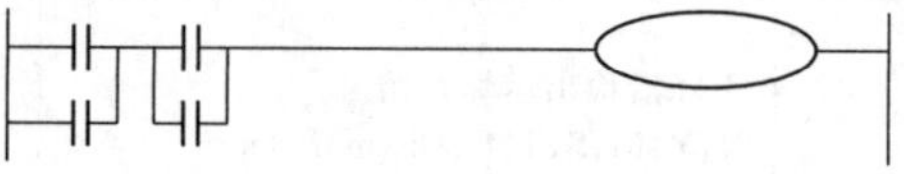
ORB	串联回路块的并联连接 无	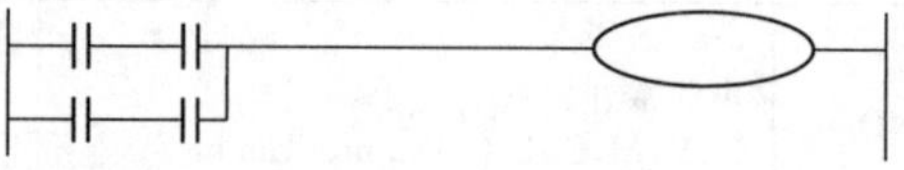

续表

助记符	功能及可用软元件	回路表示
OUT	线圈驱动指令 Y、M、S、T、C、Dn. m	Y0
OUTD	直接输出到触点 Y	Y0 D
SET	线圈接通保持指令 Y、M、S、T、C、Dn. m	SET Y0
RST	线圈接通清除指令 Y、M、S、T、C、Dn. m	RST Y0
PLS	上升沿时接通一个扫描周期指令 X、Y、M、S、T、C、Dn. m	PLS Y0
PLF	下降沿时接通一个扫描周期指令 X、Y、M、S、T、C、Dn. m	PLF Y0
MCS	公共串联点的连接线圈指令 无	Y0
MCR	公共串联点的清除指令 无	Y0
ALT	线圈取反指令 X、Y、M、S、T、C、Dn. m	ALT M0
END	顺控程序结束 无	END
GROUP	指令块折叠开始 无	GROUP
GROUPE	指令块折叠结束 无	GROUPE
TMR	定时	T0 K10

3.2 [LD]、[LDI]、[OUT]

LD、LDI、OUT指令

助记符、名称	功能	回路表示和可用软元件
LD取	运算开始常开触点	M0 操作元：X、Y、M、S、T、C、Dn. m、FDn. m
LDI取反	运算开始常闭触点	M0 操作元：X、Y、M、S、T、C、Dn. m、FDn. m
OUT输出	线圈驱动	Y0 操作元：X、Y、M、S、T、C、Dn. m

LD、LDI指令用于将触点连接到母线上。其他用法与后续的ANB指令组合，在分支起点处也可使用。OUT指令是对输出继电器、辅助继电器、状态、定时器、计数器的线圈驱动指令，对输入继电器不能使用。

对于定时器的计时线圈T或计数器的计数线圈C，使用OUT指令后，必须设定常数K或寄存器D。常数K的设定范围、实际的定时器常数、相对于OUT指令的程序步数（包括设定值），如表3-2-1所示。

表3-2-1 定时器

定时器，计数器	K的设定范围	实际的设定值
1ms定时器	1～32,767	0.001～32.767s
10ms定时器		0.01～327.67s
100ms定时器		0.1～3276.7s
16位计数器	1～32,767	同左
32位计数器	1～2,147,483,647	同左

定时器应用梯形图及指令如图3-2-1所示。

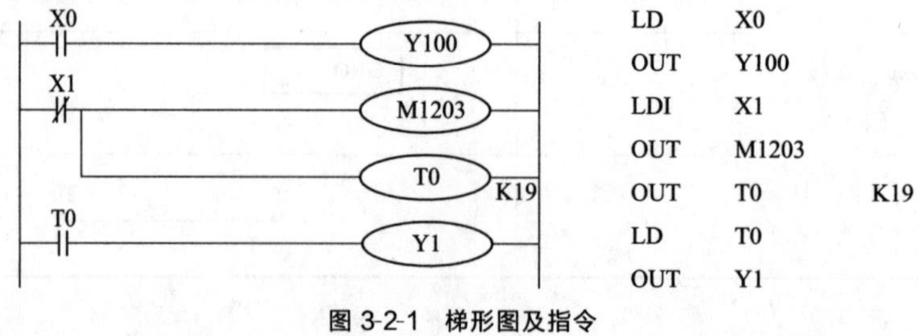

图3-2-1 梯形图及指令

3.3 [AND]、[ANI]

AND、ANI 指令

助记符、名称	功能	回路表示和可用软元件
AND 与	串联常开触点	M0 操作元:X、Y、M、S、T、C、Dn. m、FDn. m
ANI 与反转	串联常闭触点	M0 操作元:X、Y、M、S、T、C、Dn. m、FDn. m

如图 3-3-1 所示，用 AND、ANI 指令可串联连接一个触点。串联触点数量不受限制，该指令可多次使用。OUT 指令后，通过触点对其他线圈使用 OUT 指令，称之为纵接输出（图 3-3-1 的 OUT M2 与 OUT Y3）。这样的纵接输出如果顺序不错，可重复多次。串联触点数量和纵接输出次数不受限制。

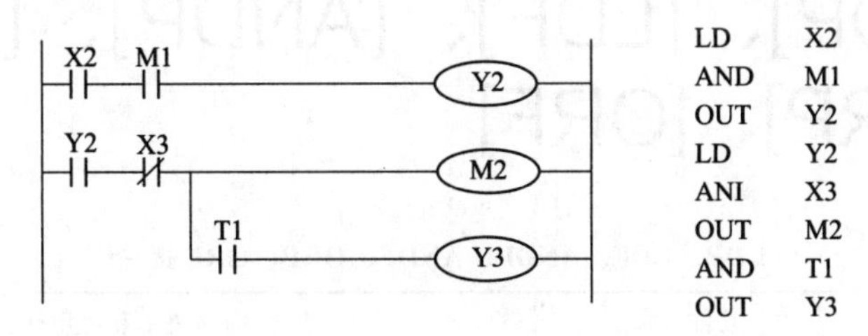

图 3-3-1　纵接输出梯形图及指令

3.4 [OR]、[ORI]

OR、ORI 指令

助记符、名称	功能	回路表示和可用软元件
OR 或	并联常开触点	M0 操作元:X、Y、M、S、T、C、Dn. m、FDn. m
ORI 或反转	并联常闭触点	M0 操作元:X、Y、M、S、T、C、Dn. m、FDn. m

如图 3-4-1 所示，OR、ORI 被用作一个触点的并联连接指令。如果有两个以上的触点串联连接，并将这种串联回路块与其他回路并联连接时，采用后述的 ORB 指令。OR、ORI 是指从该指令的步开始，与前述的 LD、LDI 指令步，进行并联连接。并联连接的次数不受限制。

OR、ORI 指令应用如图 3-4-1 和图 3-4-2 所示。

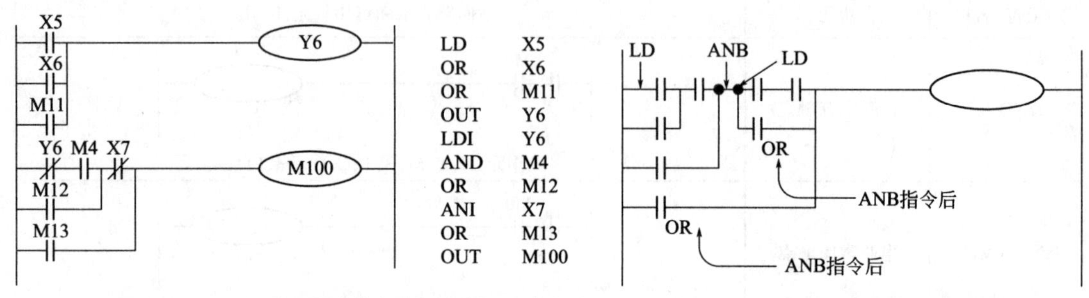

图 3-4-1　OR、 ORI 指令的应用示例 1　　　图 3-4-2　OR、 ORI 指令的应用示例 2

使用 OR、ORI 指令所作的并联连接，原则上是与前述的 LD、LDI 连接，但在后述的 ANB 指令后，则可在前面加一条 LD 或 LDI 指令连接。

3.5　[LDP]、[LDF]、[ANDP]、[ANDF]、[ORP]、[ORF]

LDP、LDF、ANDP、ANDF、ORP、ORF 指令

助记符、名称	功能	回路表示和可用软元件
LDP 取脉冲上升沿	上升沿检出运算开始	M0 操作元：X、Y、M、S、T、C、Dn. m、FDn. m
LDF 取脉冲下降沿	下降沿检出运算开始	M0 操作元：X、Y、M、S、T、C、Dn. m、FDn. m
ANDP 与脉冲上升沿	上升沿检出串联连接	M0 操作元：X、Y、M、S、T、C、Dn. m、FDn. m
ANDF 与脉冲下降沿	下降沿检出串联连接	M0 操作元：X、Y、M、S、T、C、Dn. m、FDn. m

续表

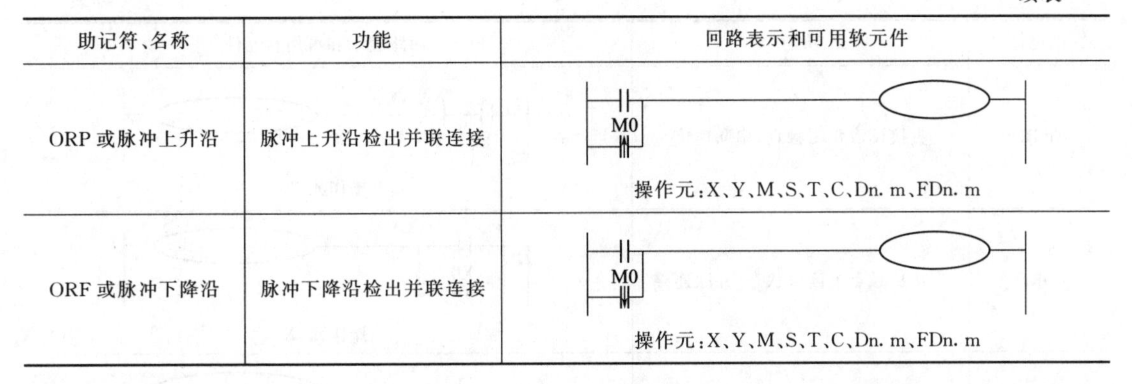

助记符、名称	功能	回路表示和可用软元件
ORP 或脉冲上升沿	脉冲上升沿检出并联连接	M0 操作元：X、Y、M、S、T、C、Dn. m、FDn. m
ORF 或脉冲下降沿	脉冲下降沿检出并联连接	M0 操作元：X、Y、M、S、T、C、Dn. m、FDn. m

如图 3-5-1 所示，LDP、ANDP、ORP 指令是进行上升沿检出的触点指令，仅在指定位软元件的上升沿时（OFF→ON 变化时）接通一个扫描周期。LDF、ANDF、ORF 指令是进行下降沿检出的触点指令，仅在指定位软元件的下降沿时（ON→OFF 变化时）接通一个扫描周期。

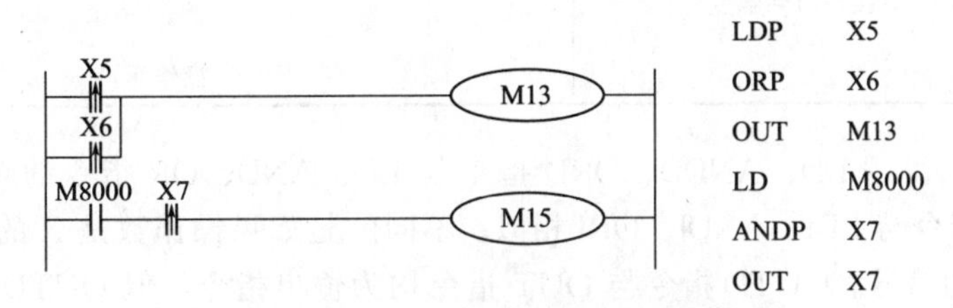

图 3-5-1　上升沿/下降沿检出的触点指令

3.6　[LDD]、[LDDI]、[ANDD]、[ANDDI]、[ORD]、[ORDI]、[OUTD]

LDD、LDDI、ANDD、ANDDI、ORD、ORDI、OUTD 指令

助记符	功能	回路表示和可用软元件
LDD	直接从触点上读取状态	X0 D 操作元：X
LDDI	直接读取常闭触点	X0 D 操作元：X
ANDD	直接从触点上读取状态，串联连接	X0 D 操作元：X

续表

助记符	功能	回路表示和可用软元件
ANDDI	直接读取常闭触点，串联连接	操作元：X
ORD	直接从触点上读取状态，并联连接	操作元：X
ORDI	直接读取常闭触点，并联连接	操作元：X
OUTD	直接输出到触点	操作元：Y

如图 3-6-1 所示，LDD、ANDD、ORD 指令与 LD、AND、OR 指令的功能相似；LDDI、ANDDI、ORDI 指令与 LDI、ANDI、ORI 相似；不同的是如果操作数是 X 的时候，前者直接读取端子台上面的信号。OUTD 指令与 OUT 指令均为输出指令，但 OUTD 在条件达到时将立即输出，无需等待下一个扫描周期。XC1 系列不支持 LDDI、ANDDI、ORDI 指令。

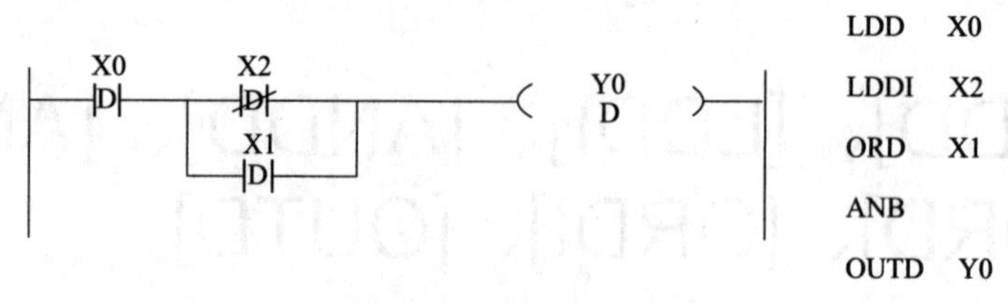

图 3-6-1 梯形图及指令

3.7 [ORB]

ORB 指令

助记符、名称	功能	回路表示和可用软元件
ORB 回路块或	串联回路块的并联连接	操作元：无

如图 3-7-1 所示，由 2 个以上的触点串联连接的回路被称为串联回路块。将串联回路块并联连接时，分支开始用 LD、LDI 指令，分支结束用 ORB 指令。如后述的 ANB 指令一

样，ORB 指令是不带软元件编号的独立指令。有多个并联回路时，如对每个回路块使用 ORB 指令，则并联回路没有限制。

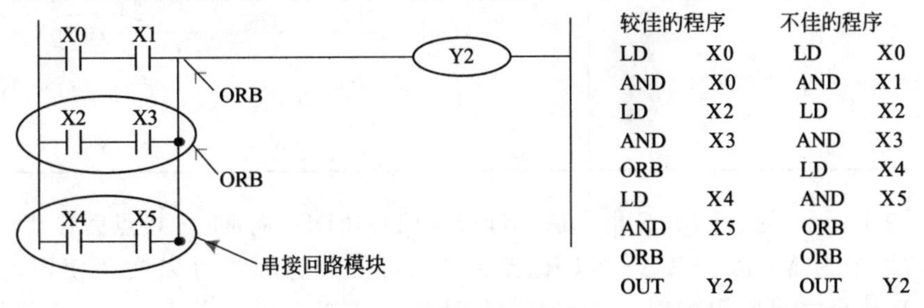

图 3-7-1 梯形图及指令

3.8 [ANB]

ANB 指令

助记符、名称	功能	回路表示和可用软元件
ANB 回路块与	并联回路块的串联连接	操作元：无

如图 3-8-1 所示，当分支回路（并联回路块）与前面的回路串联连接时，使用 ANB 指令。分支的起点用 LD、LDI 指令，并联回路块结束后，使用 ANB 指令与前面的回路串联连接。若多个并联回路块按顺序和前面的回路串联时，ANB 指令的使用次数没有限制。

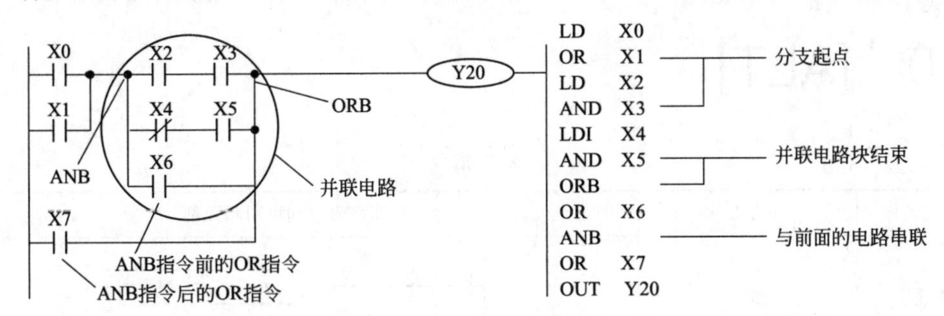

图 3-8-1 梯形图及指令

3.9 [MCS]、[MCR]

MCS、MCR 指令

助记符、名称	功能	回路表示和可用软元件
MCS 主控	新母线开始	Y0 操作元：无

续表

助记符、名称	功能	回路表示和可用软元件
MCR 主控复位	母线复归	Y0 操作元：无

如图 3-9-1 所示，执行 MCS 指令后，母线（LD、LDI）向 MCS 接点后移动，将其返回到原母线的指令为 MCR。MCS、MCR 指令需配对使用。母线可以嵌套使用，在配对的 MCS、MCR 指令之间使用配对的 MCS、MCR 指令，嵌套级随着 MCS 的使用逐个增加，嵌套级最大为 10 级。执行 MCR 指令时，返回到上一级母线。在使用流程程序时，母线管理只能用于同一个流程中；在结束某个流程时，必须返回到主母线。

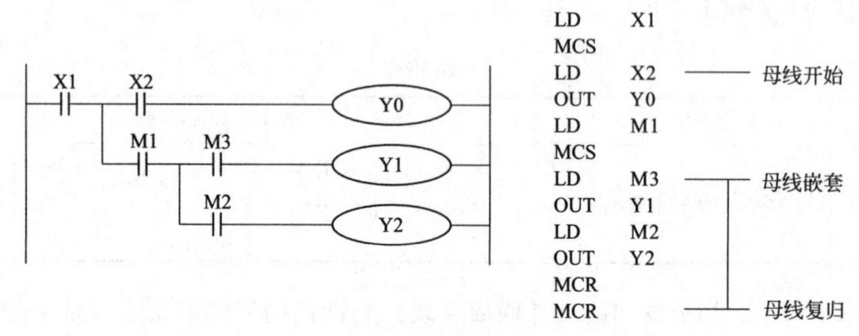

图 3-9-1 梯形图及指令

3.10 [ALT]

ALT 指令

助记符、名称	功能	回路表示和可用软元件
ALT 取反	线圈取反	ALT M0 操作元：Y、M、S、T、C、Dn. m

如图 3-10-1 所示，执行 ALT 后可以将线圈的状态取反。由原来的 ON 状态变成 OFF 状态，或由原来的 OFF 状态变成 ON 状态。

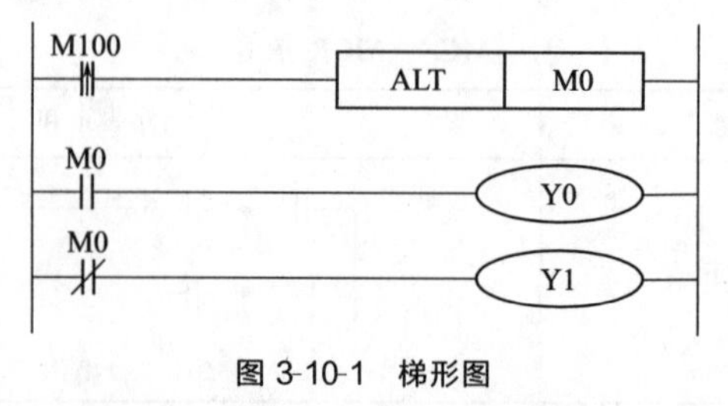

图 3-10-1 梯形图

3.11 [PLS]、[PLF]

PLS、PLF 指令

助记符、名称	功能	回路表示和可用软元件
PLS 上升沿脉冲	上升沿时接通一个扫描周期指令	PLS Y0 操作元：Y、M、S、T、C、Dn. m
PLF 下降沿脉冲	下降沿时接通一个扫描周期指令	PLF Y0 操作元：Y、M、S、T、C、Dn. m

如图 3-11-1 和图 3-11-2 所示，使用 PLS 指令时，仅在驱动输入为 ON 后的一个扫描周期内，软元件 Y、M 动作。使用 PLF 指令时，仅在驱动输入为 OFF 后的一个扫描周期内，软元件 Y、M 动作。

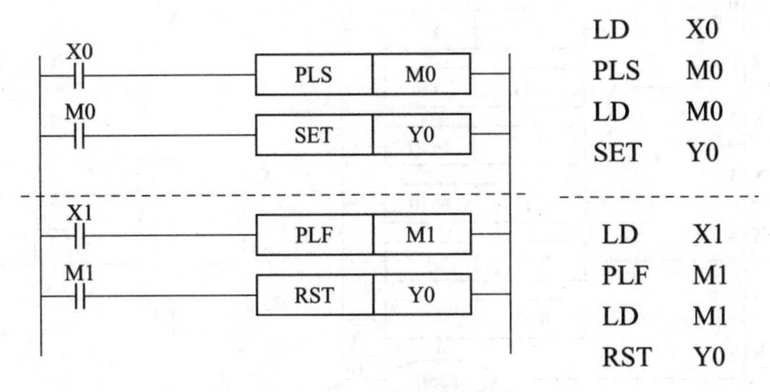

图 3-11-1 梯形图及指令

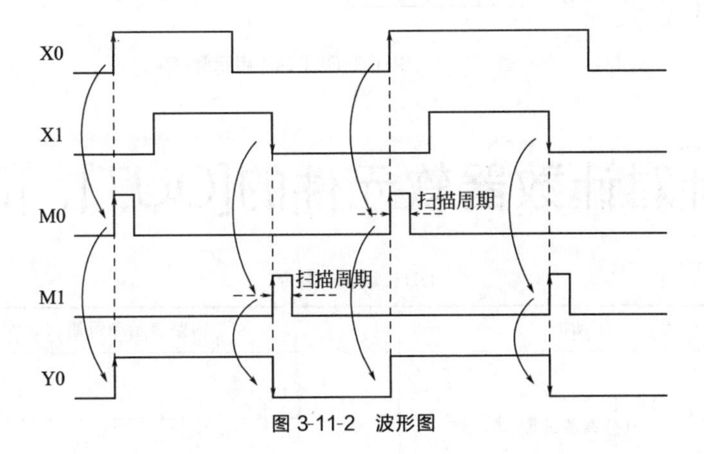

图 3-11-2 波形图

3.12 [SET]、[RST]

SET、RST 指令

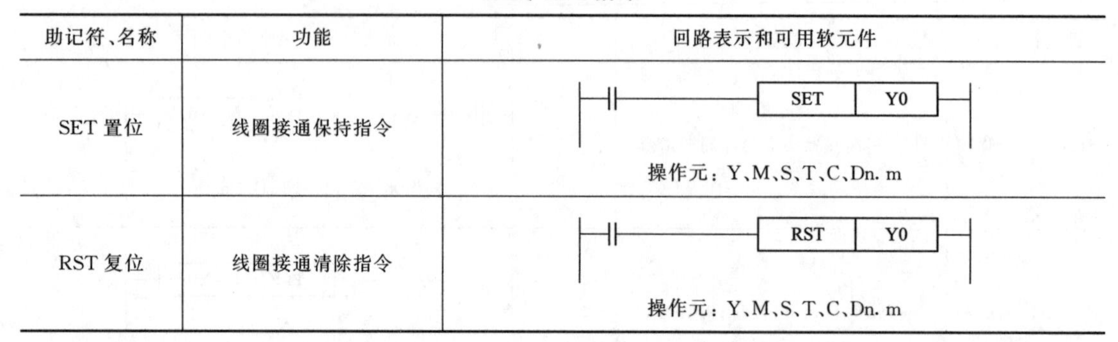

助记符、名称	功能	回路表示和可用软元件
SET 置位	线圈接通保持指令	SET Y0 操作元：Y、M、S、T、C、Dn. m
RST 复位	线圈接通清除指令	RST Y0 操作元：Y、M、S、T、C、Dn. m

如图 3-12-1 所示，X10 一旦接通后，即使它再断开，Y0 仍继续动作。X11 一旦接通时，即使它断开，Y0 仍保持不被驱动。对于 M、S 也是一样的。对于同一软元件，SET、RST 可多次使用，顺序也可随意，但最后执行者有效。此外，定时器、计数器当前值的复位以及触点复位也可使用 RST 指令。使用 SET、RST 指令时，避免与 OUT 指令使用同一定义号。

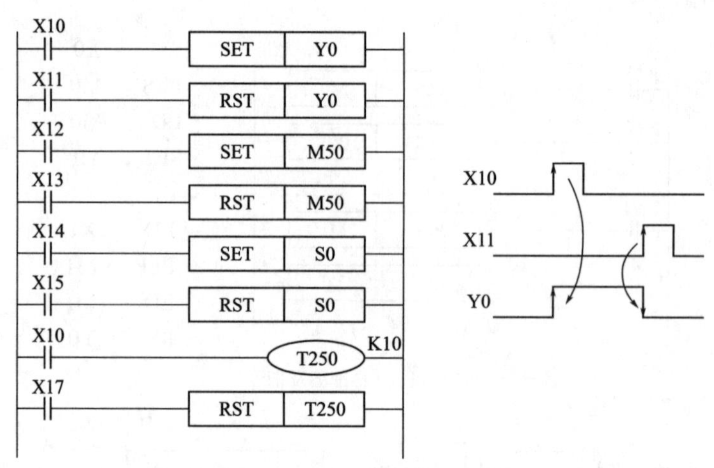

图 3-12-1 SET 和 RST 的应用示例

3.13 针对计数器软元件的[OUT]、[RST]

OUT、RST 指令

助记符、名称	功能	回路表示和可用软元件
OUT 输出	计数线圈的驱动	T0 K10 操作元：K、D

续表

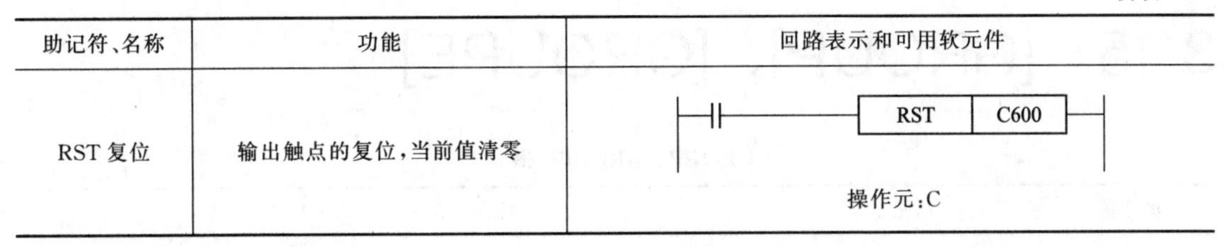

助记符、名称	功能	回路表示和可用软元件
RST 复位	输出触点的复位，当前值清零	RST C600 操作元:C

如图 3-13-1 所示，C0 对 X11 的 OFF→ON 次数进行增计数，当 C0 达到设定值 K10 时，输出触点 C0 动作，即 C0 的状态由 OFF 转变为 ON。此后，当 X11 继续由 OFF→ON 变化时，计数器的当前值会继续自加，输出触点仍保持动作。为了将此清除，令 X10 为接通状态，使输出触点复位。有必要在 OUT C0 指令后面指定常数 K 或间接设定用数据寄存器的编号。

停电保持用计数器，即使在停电时，仍保持当前值以及输出触点的动作状态和复位状态。

如图 3-13-2 所示，对 M0 的 OFF→ON 进行增计数。计数器的当前值增加，在达到设定值（K 或 D 的内容）时，输出触点被置位。M1 为 ON 时，计数器 C600 的输出触点复位，计数器的当前值也变为 0。

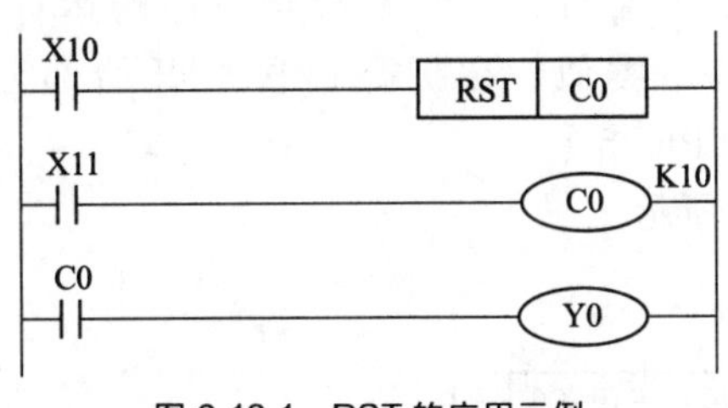

图 3-13-1　RST 的应用示例

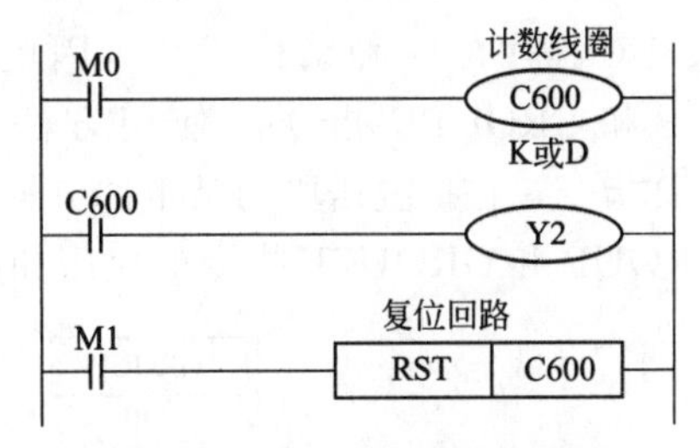

图 3-13-2　高速计数器的应用示例

3.14　[END]

END 指令

助记符、名称	功能	回路表示和可用软元件
END 结束	输入输出处理以及返回到第 0 步	END 操作元:无

如图 3-14-1 所示，可编程控制器反复进行输入处理、程序执行和输出处理。若在程序的最后写入 END 指令，则 END 以后的其余程序步不再执行，而直接进行输出处理。在程序中没有 END 指令时，XC 可编程控制器一直处理到最终的程序步，然后从 0 步开始重复处理。

在调试阶段，在各程序段插入 END 指令，可依次检出各程序段的动作。这时，在确认前面回路块动作正确无误后，依次删去 END 指令。

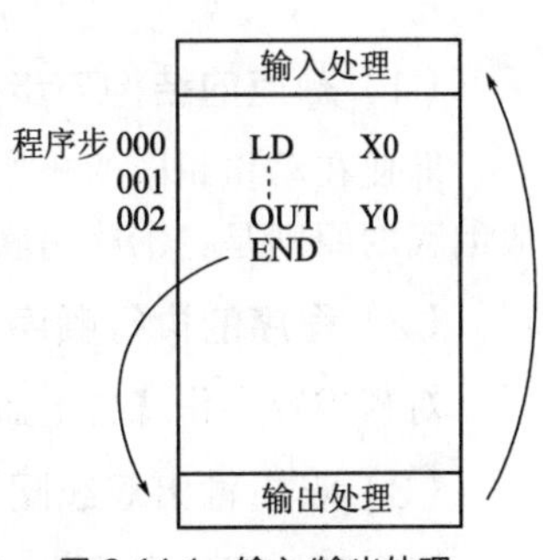

图 3-14-1　输入/输出处理

3.15 [GROUP]、[GROUPE]

GROUP、GROUPE 指令

助记符	功能	回路表示和可用软元件
GROUP	指令块折叠开始	GROUP 操作元：无
GROUPE	指令块折叠结束	GROUPE 操作元：无

GROUP 和 GROUPE 指令必须成对使用。GROUP 和 GROUPE 指令并不具有实际意义，仅是对程序的一种结构优化，因此该组指令添加与否，并不影响程序的运行效果。GROUP 和 GROUPE 指令的使用方法与流程指令类似，在折叠语段的开始部分输入 GROUP 指令，在折叠语段的结束部分输入 GROUPE 指令。

GROUP 和 GROUPE 指令的应用如图 3-15-1 所示。

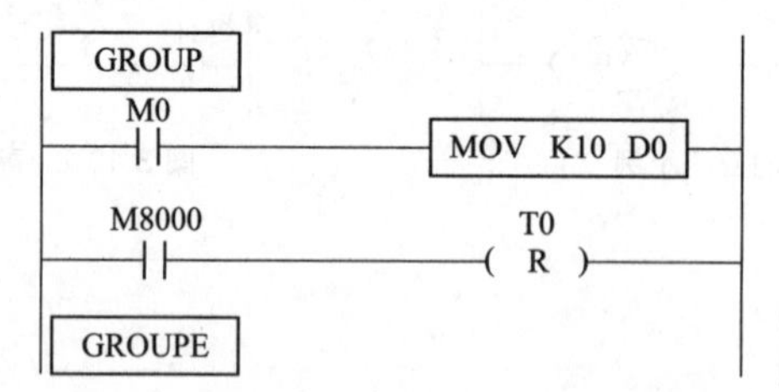

图 3-15-1 GROUP 和 GROUPE 指令的应用示例

GROUP 和 GROUPE 指令一般可根据指令段的功能的不同进行编组，同时，被编入的程序可以折叠或展开显示，对于程序冗长的工程，该组指令将特别适用。

3.16 编程注意事项

（1）触点的结构与步数

即使在动作相同的顺控回路中，根据触点的构成方法也可简化程序与节省程序步数。一般编程的原则是：①将串联触点多的回路写在上方；②将并联触点多的回路写在左方。

（2）程序的执行顺序

对顺控程序作【自上而下】和【自左向右】的处理。顺控指令清单也沿着此流程编码。

（3）双重输出双线圈动作及其对策

若在顺控程序中进行线圈的双重输出（双线圈），则后面的动作优先执行。双重输出

（双线圈）在程序方面并不违反输入规则，但是由于上述的动作十分复杂，因此请按图3-16-1所示，改变程序。

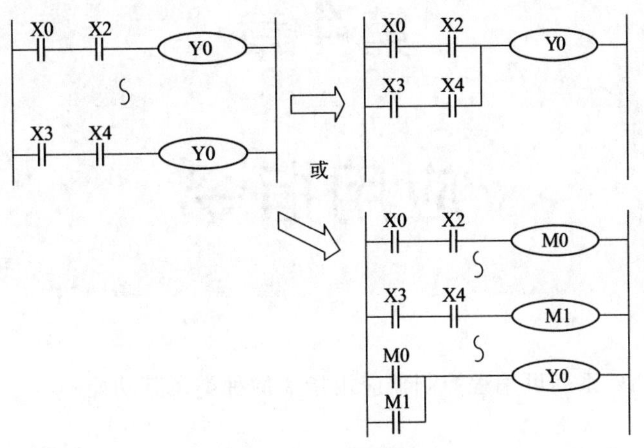

图3-16-1　双重输出

还有其他的方法，如采用跳转指令或流程指令，不同状态控制同一输出线圈编程的方法。

第4章

应用指令

本章主要介绍XC系列可编程控制器应用指令的种类及其功能。

4.1 应用指令一览表

应用指令如表4-1-1所示。

表4-1-1 应用指令

指令助记符	功能	回路表示及可用软元件
程序流程		
CJ	条件跳转	CJ Pn
CALL	子程序调用	CALL Pn
SRET	子程序返回	SRET
STL	流程开始	STL Sn
STLE	流程结束	STLE
SET	打开指定流程,关闭所在流程	SET Sn
ST	打开指定流程,不关闭所在流程	ST Sn
FOR	循环范围开始	FOR S
NEXT	循环范围结束	NEXT

续表

指令助记符	功能	回路表示及可用软元件
FEND	主程序结束	FEND
END	程序结束	END
数据比较		
LD＝	开始(S1)＝(S2)时导通	LD= S1 S2
LD＞	开始(S1)＞(S2)时导通	LD> S1 S2
LD＜	开始(S1)＜(S2)时导通	LD< S1 S2
LD＜＞	开始(S1)≠(S2)时导通	LD< > S1 S2
LD＜＝	开始(S1)≤(S2)时导通	LD<= S1 S2
LD＞＝	开始(S1)≥(S2)时导通	LD>= S1 S2
AND＝	串联(S1)＝(S2)时导通	AND= S1 S2
AND＞	串联(S1)＞(S2)时导通	AND> S1 S2
AND＜	串联(S1)＜(S2)时导通	AND< S1 S2
AND＜＞	串联(S1)≠(S2)时导通	AND< > S1 S2
AND＜＝	串联(S1)≤(S2)时导通	AND<= S1 S2
AND＞＝	串联(S1)≥(S2)时导通	AND> = S1 S2
OR＝	并联(S1)＝(S2)时导通	OR= S1 S2
OR＞	并联(S1)＞(S2)时导通	OR> S1 S2

续表

指令助记符	功能	回路表示及可用软元件
OR<	并联(S1)<(S2)时导通	OR< S1 S2
OR<>	并联(S1)≠(S2)时导通	OR<> S1 S2
OR<=	并联(S1)≤(S2)时导通	OR<= S1 S2
OR>=	并联(S1)≥(S2)时导通	OR>= S1 S2
数据传送		
CMP	数据的比较	CMP S1 S D
ZCP	数据的区间比较	ZCP S1 S2 S D
MOV	传送	MOV S D
BMOV	数据块传送	BMOV S D n
PMOV	数据块传送	PMOV S D n
FMOV	多点重复传送	FMOV S D n
EMOV	浮点数传送	EMOV S D
FWRT	FlashROM 的写入	FWRT S D
MSET	批次置位	MSET D1 D2
ZRST	批次复位	ZRST D1 D2
SWAP	高低字节交换	SWAP S
XCH	两个数据交换	XCH D1 D2

续表

指令助记符	功能	回路表示及可用软元件
数据运算		
ADD	加法	ADD S1 S2 D
SUB	减法	SUB S1 S2 D
MUL	乘法	MUL S1 S2 D
DIV	除法	DIV S1 S2 D
INC	加1	INC D
DEC	减1	DEC D
MEAN	求平均值	MEAN S D n
WAND	逻辑与	WAND S1 S2 D
WOR	逻辑或	WOR S1 S2 D
WXOR	逻辑异或	WXOR S1 S2 D
CML	取反	CML S D
NEG	求负	NEG D
数据移位		
SHL	算术左移	SHL D n
SHR	算术右移	SHR D n
LSL	逻辑左移	LSL D n
LSR	逻辑右移	LSR D n

续表

指令助记符	功能	回路表示及可用软元件
ROL	循环左移	ROL D n
ROR	循环右移	ROR D n
SFTL	位左移	SFTL S D n1 n2
SFTR	位右移	SFTR S D n1 n2
WSFL	字左移	WSFL S D n1 n2
WSFR	字右移	WSFR S D n1 n2
数据转换		
WTD	单字整数转双字整数	WTD S D
FLT	16位整数转浮点	FLT S D
DFLT	32位整数转浮点	DFLT S D
FLTD	64位整数转浮点	FLTD S D
INT	浮点转整数	INT S D
BIN	BCD转二进制	BIN S D
BCD	二进制转BCD	BCD S D
ASCI	十六进制转ASCII	ASCI S D n
HEX	ASCII转十六进制	HEX S D n
DECO	译码	DECO S D n
ENCO	高位编码	ENCO S D n

续表

指令助记符	功能	回路表示及可用软元件
ENCOL	低位编码	ENCOL S D n
GRY	二进制转格雷码	GRY S D
GBIN	格雷码转二进制	GBIN S D
时钟		
TRD	时钟数据读取	TRD D
TWR	时钟数据写入	TWR S

4.2 应用指令的阅读方法

本书中的应用指令按以下形式进行说明，如表4-2-1～表4-2-5所示。

表4-2-1 加法运算指令

加法运算[ADD]			
16位	ADD	32位	DADD
执行条件	常开/闭、边沿触发	适用机型	XC1、XC2、XC3、XC5、XCM、XCC
硬件要求	—	软件要求	—

表4-2-2 操作数

操作数	作用	数据类型
S1	指定进行加法运算的数据或软元件地址编号	16位/32位,BIN
S2	指定进行加法运算的数据或软元件地址编号	16位/32位,BIN
D	指定保存加法结果的软元件地址编号	16位/32位,BIN

表4-2-3 字软元件

操作数	系统									常数	模块	
	D	FD	ED	TD	CD	DX	DY	DM	DS	K/H	ID	QD
S1	●	●		●	●	●	●	●	●	●		
S2	●	●		●	●	●	●	●	●	●		
D	●	●		●	●		●	●	●			

表 4-2-4　位软元件

操作数	系统						
	X	Y	M	S	T	C	Dn. m

表 4-2-5　软元件

软元件	名称	作用
M8020	零	ON:运算结果为 0 时 OFF:运算结果为 0 以外时
M8021	借位	ON:运算结果超出－32,767(16 位运算)或是－2,147,483,647(32 位运算)时,借位标志位动作 OFF:运算结果不到－32,768(16 位运算)或是－2,147,483,648(32 位运算)时
M8022	进位	ON:运算结果超出 32,767(16 位运算)或是 2,147,483,647(32 位运算)时,进位标志位动作 OFF:运算结果不到 32,767(16 位运算)或是 2,147,483,647(32 位运算)时

16 位加法指令表示形式如图 4-2-1 所示，32 位加法指令表示形式如图 4-2-2 所示。

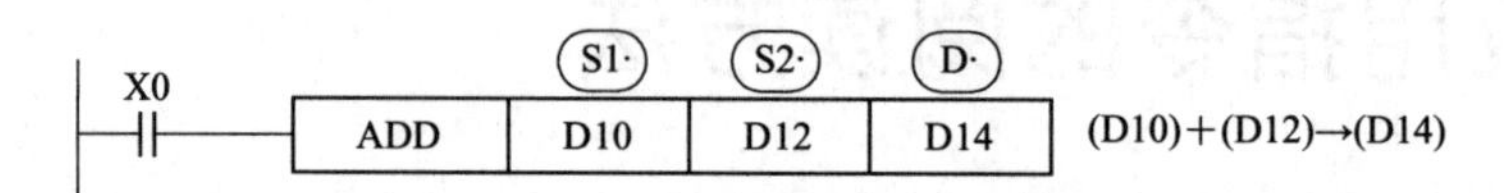

图 4-2-1　16 位加法指令表示形式

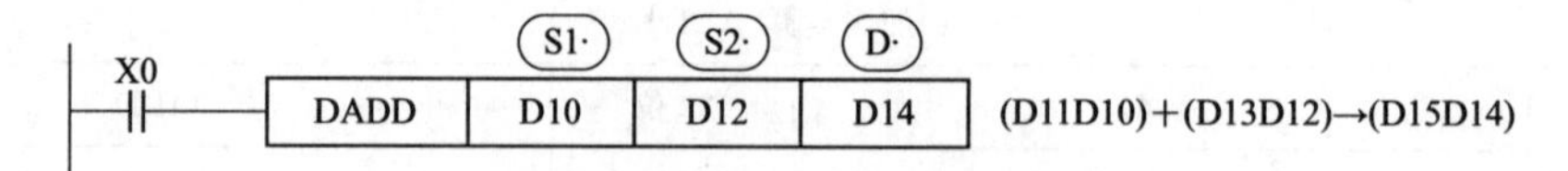

图 4-2-2　32 位加法指令表示形式

两个源数据进行二进制加法后传递到目标处。各数据的最高位是正（0）、负（1）符号位，这些数据以代数形式进行加法运算（5+(－8)=－3)。

运算结果为 0 时，0 标志会动作。如运算结果超过 32,767（16 位运算）或 2,147,483,647（32 位运算）时，进位标志会动作。如运算结果超过－32,768（16 位运算）或－2,147,483,648（32 位运算）时，借位标志会动作。

进行 32 位运算时，字软元件的低 16 位侧的软元件被指定，紧接着上述软元件编号后的软元件将作为高位，为了防止编号重复，建议将软元件指定为偶数编号。可以将源操作数和目标操作数指定为相同的软元件编号。

图 4-2-2 中驱动输入 X0 为 ON 时，每个扫描周期执行一次加法运算，请务必注意。标志位的作用（动作及数值含义）。

数据的指定：如图 4-2-3 所示，XC 可编程控制器的数据寄存器为单字（16 位）数据寄存器，单字数据只占用一个数据寄存器，为单字对象指令指定的数据寄存器，处理范围为十进制－32,768～32,767 或十六进制 0000～FFFF。

如图 4-2-4 所示，双字（32 位）占用 2 个数据寄存器，由双字对象指令指定的数据寄存器及其下一个编号的数据寄存器组成，处理范围为十进制−2,147,483,648～2,147,483,647或十六进制00000000～FFFFFFFF。

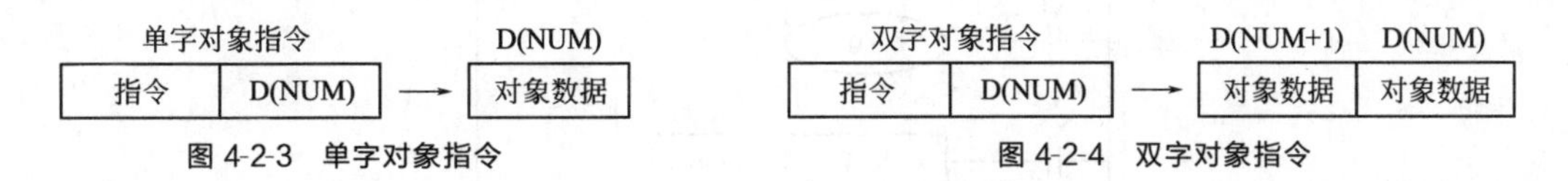

图4-2-3 单字对象指令　　图4-2-4 双字对象指令

32位指令的表示方法：对于16位指令，其相应的32位指令的表示方法就是在该指令前面加“D”。例如：ADD D0 D2 D4表示两个16位的数据相加；DADD D10 D12 D14则表示两个32位的数据相加。

4.3 程序流程指令

4.3.1 条件跳转[CJ]

CJ作为执行序列一部分的指令，可以缩短运算周期及使用双线圈，条件跳转指令及操作数、软元件如表4-3-1～表4-3-3所示。

表4-3-1 条件跳转指令

条件跳转[CJ]			
16位指令	CJ	32位指令	—
执行条件	常开/闭线圈触发	适用机型	全系列
硬件要求	—	软件要求	—

表4-3-2 操作数

操作数	作用	类型
Pn	跳转到目标标记的指针编号P(P0～P9999)	指针编号

表4-3-3 软元件

指针	
P	I
●	

在图4-3-1的示例中，如果X0“ON”，则从第1步跳转到标记P6的后一步。X0“OFF”时，不执行跳转指令。

Y0变成双线圈输出，但是，X0＝OFF时采用X1动作。X0＝ON时采用X5动作。CJ不可以从一个STL跳转到另一个STL。程序定时器T0～T640及高速计数C600～C640如果在驱动后执行了CJ指令，则继续工作，输出接点也动作。使用跳转指令时注意标号一定要匹配。

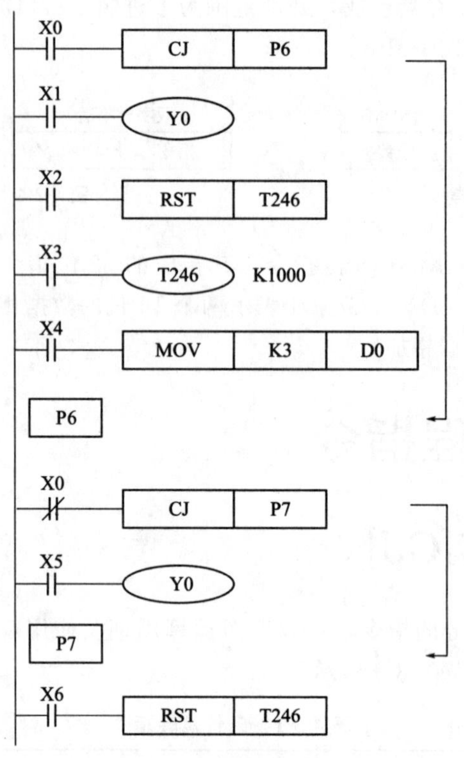

图 4-3-1　跳转指令应用示例

4.3.2　子程序调用[CALL]/子程序返回[SRET]

调用要共同处理的程序，可减少程序的步数。CALL、SRET 指令及操作数、软元件如表 4-3-4～表 4-3-6 所示。

表 4-3-4　CALL、SRET 指令

子程序调用[CALL]			
16 位	CALL	32 位	—
执行条件	常开/闭、边沿触发	适用机型	全系列
硬件要求	—	软件要求	—
子程序返回[SRET]			
16 位	SRET	32 位	—
执行条件	—	适用机型	全系列
硬件要求	—	软件要求	—

表 4-3-5　操作数

操作数	作用	类型
Pn	跳转到目标标记的指针编号 P(P0～P9999)	指针编号

表 4-3-6 软元件

指针	
P	I
●	

如图 4-3-2 所示，如果 X0＝ON，则执行调用指令，跳转到标记为 P10 的子程序步。在这里，执行子程序后，通过执行 SRET 指令后，返回到原来的主程序步，接着继续执行后续的主程序。在后述的 FEND 指令后对标记编程。在子程序内可以允许有 9 次调用指令，整体而言可做 10 层嵌套。调用子程序时，主程序所属的 OUT、PLS、PLF、定时器等均保持。

子程序返回时，子程序所属的 OUT、PLS、PLF、定时器等均保持。请勿将脉冲、定时、计数等一个扫描周期内无法完成的指令放在子程序中。

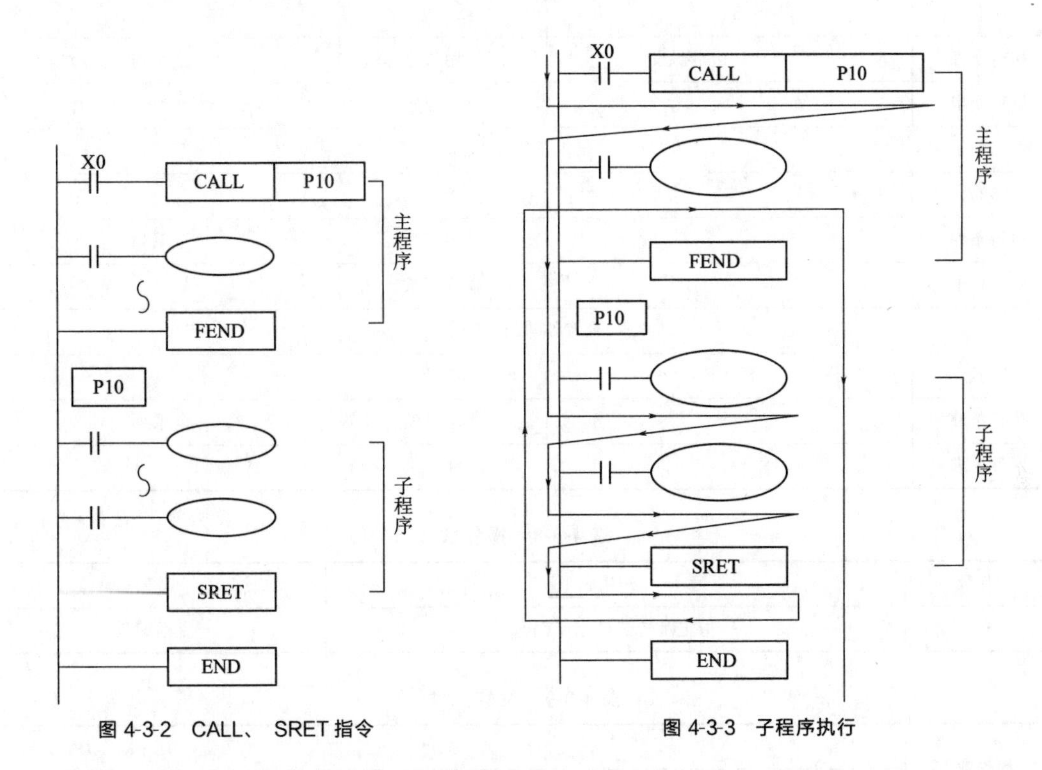

图 4-3-2 CALL、SRET 指令

图 4-3-3 子程序执行

如图 4-3-3 所示，子程序执行图示说明：如果 X0＝ON，则按照图示箭头方向执行。如果 X0＝OFF，则不执行（CALL 指令）调用指令，只执行主程序部分。

子程序使用，写程序时注意格式：必须在 FEND 指令后对标记编程。Pn 作为一段子程序的开始，以 SRET 作为一段子程序的结束。用 CALL Pn 调用子程序。其中 n 可以为 0～9999 中的任一值。

使用子程序调用，可以简化编程，可以将几个地方需要用的公共部分写在子程序中，再调用子程序即可实现。

4.3.3 流程 [SET]、[ST] 、[STL]、 [STLE]

用于指定流程开始、结束、打开、关闭的指令及操作数、位软元件如表4-3-7～表4-3-9所示。

表4-3-7 SET、ST 、STL、STLE 指令

打开指定流程，关闭所在流程[SET]			
16位	SET	32位	—
执行条件	常开/闭、边沿触发	适用机型	全系列
硬件要求	—	软件要求	—
打开指定流程，不关闭所在流程[ST]			
16位	ST	32位	—
执行条件	常开/闭、边沿触发	适用机型	全系列
硬件要求	—	软件要求	—
流程开始[STL]			
16位	STL	32位	—
执行条件	—	适用机型	全系列
硬件要求	—	软件要求	—
流程结束[STLE]			
16位	STLE	32位	—
执行条件	—	适用机型	全系列
硬件要求	—	软件要求	—

表4-3-8 操作数

操作数	作用	类型
Sn	指定跳转到目标流程S	流程编号

表4-3-9 位软元件

操作数	系统						
	X	Y	M	S	T	C	Dn. m
Sn				●			

STL与STLE必需配对使用。STL表示一个流程的开始，STLE表示一个流程的结束。每一个流程书写都是独立的，写法上不能嵌套书写。在流程执行时，不一定要按S0、S1、S2……的顺序执行，流程执行的顺序在程序中可以按需求任意指定。可以先执行S10再执行S5，再执行S0。

执行SET Sxxx指令后，这些指令指定的流程为ON。执行RST Sxxx指令后，指定的流程为OFF。在流程S0中，SET S1将所在的流程S0关闭，并将流程S1打开。在流程S0

中，ST S2 将流程 S2 打开，但不将流程 S0 关闭。流程从 ON 变为 OFF 时，将流程所属的 OUT、PLS、PLF、不累计定时器等 OFF 或复位，SET、累计定时器等保持原有状态。关闭流程前，需要先把流程里执行 SET 的线圈复位，且不允许在关闭流程后再对线圈进行复位。ST 指令一般在程序需要同时运行多个流程时使用；在流程中执行 SET Sxxx 指令后，跳转到下一个流程，原流程中的脉冲指令也会关掉（包括单段、多段、相对绝对、原点回归），如图 4-3-4 所示。

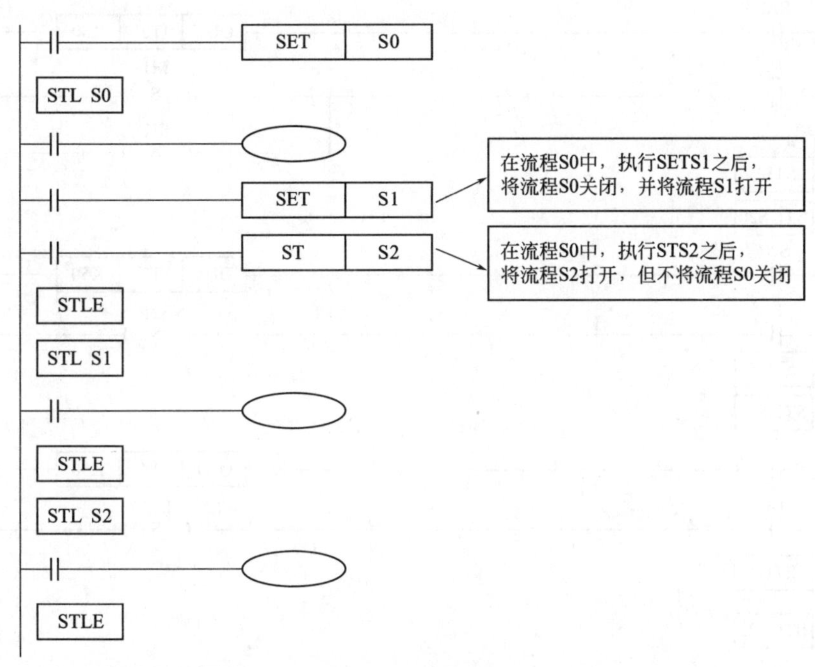

图 4-3-4　流程指令

【例 1】流程分支运行再合并到一个流程，如图 4-3-5 所示。

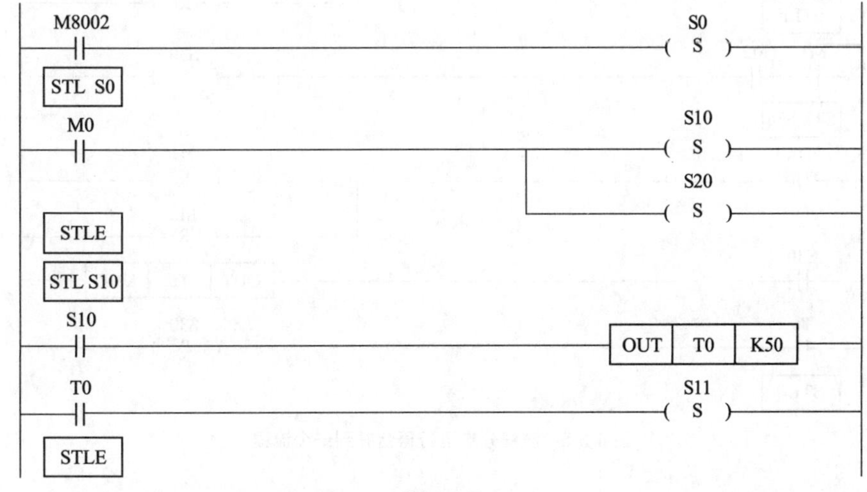

图 4-3-5

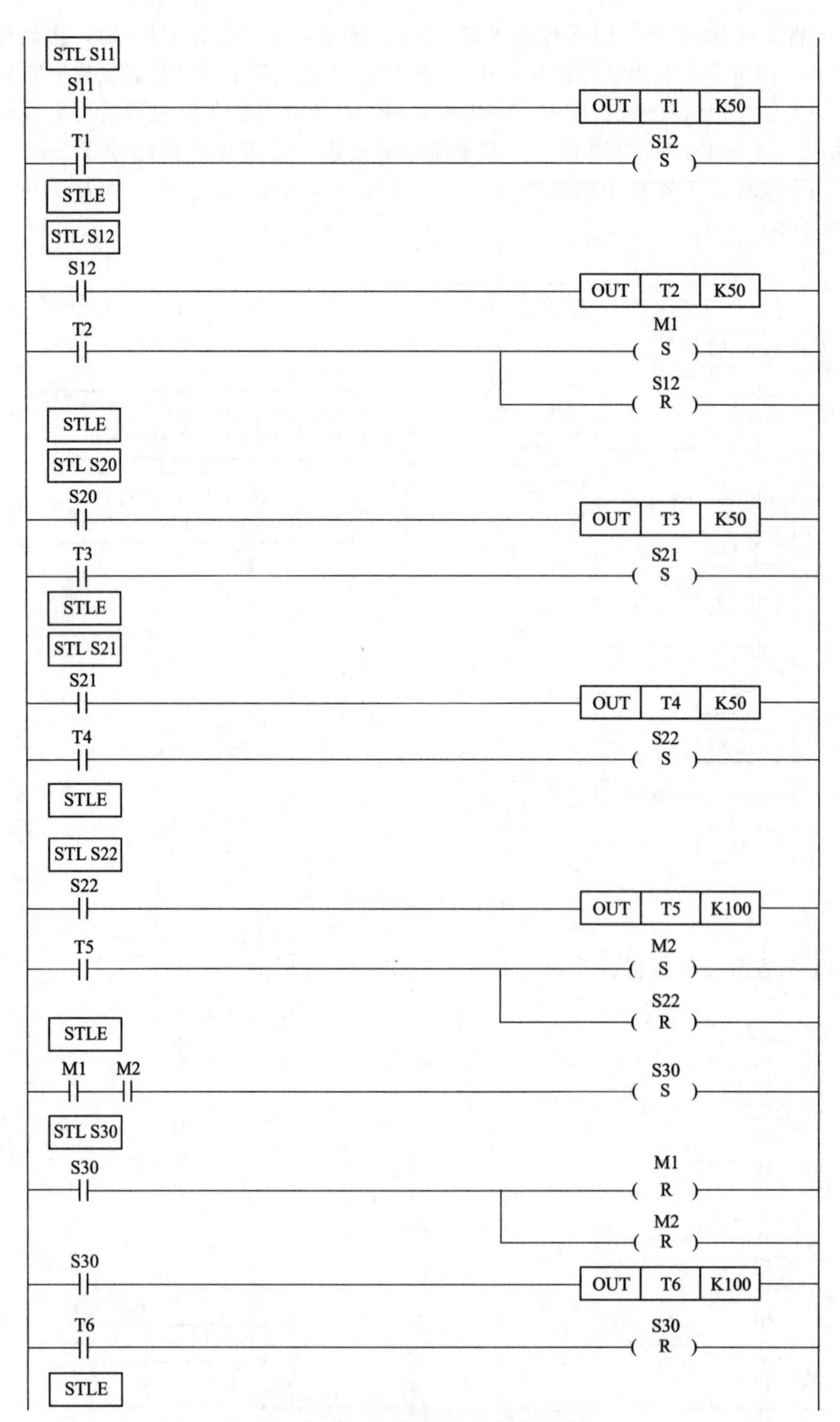

图 4-3-5 流程分支运行再合并到一个流程

PLC 运行程序就开始执行流程 S0，然后分支运行流程 S10 和 S20，直到 S10、S11、S12 这一分支流程运行结束，而且 S20、S21、S22 这一分支流程也运行结束之后，然后再合并运行流程 S30。

程序说明，见图 4-3-6。

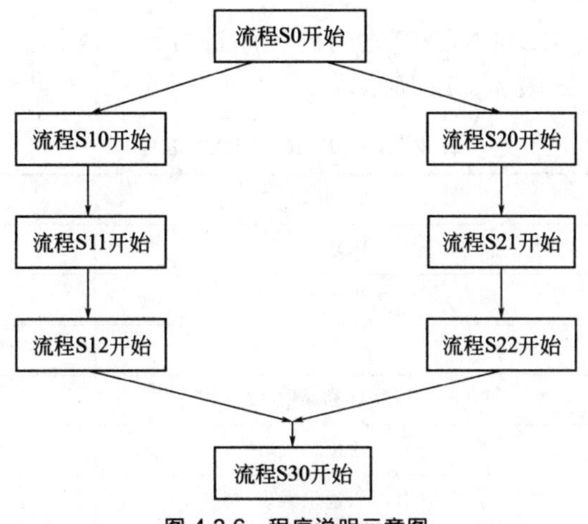

图 4-3-6 程序说明示意图

程序开始运行，由特殊辅助线圈 M8002 置位 S0 线圈，流程 S0 开始运行。当手动置位线圈 M0 时，从流程 S0 分支到流程 S10 和 S20。分支流程 1：从流程 S10 开始，依次运行流程 S11，流程 S12。当这部分的分支流程运行结束，置位线圈 M1 作为分支流程 1 完成标志位。同时，分支流程 2：从流程 S20 开始，依次运行流程 S21，流程 S22。当这部分的分支流程运行结束，置位线圈 M2 作为分支流程 2 完成标志位。当两部分分支流程都运行结束，然后合并置位线圈 S30，流程 S30 开始运行。当流程 S30 结束则跳出流程，结束流程 S30。

【例 2】 流程嵌套使用。如图 4-3-7 所示，流程 S0 开始运行一段时间后，S1、S2 流程开始执行，并保持 S1 流程运行状态。当流程 S0 运行设定的时间后，关闭流程 S0。当 S0 流程关闭时，强制关闭流程 S1、S2。

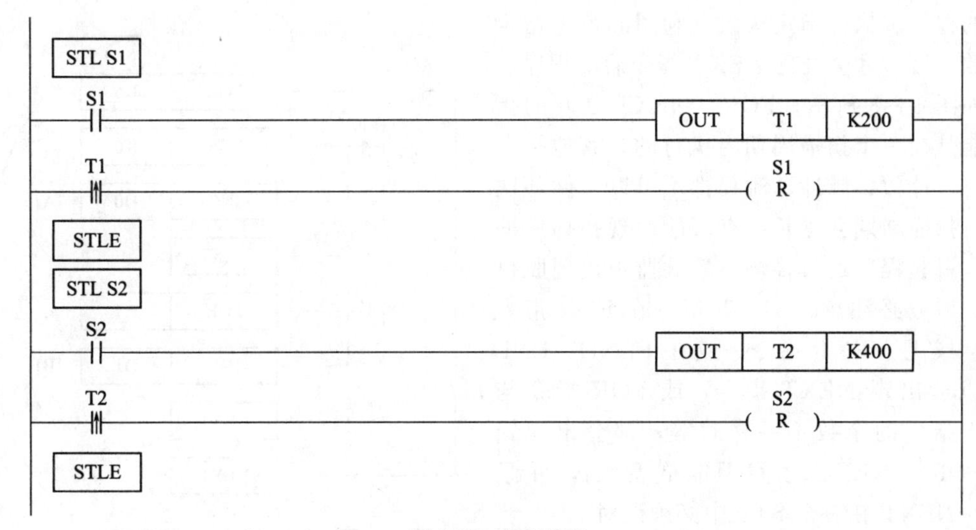

图 4-3-7 流程嵌套

4.3.4 循环 [FOR]、[NEXT]

以指定的次数对由 FOR 到 NEXT 之间的程序进行循环执行。FOR、NEXT 指令及操作数、软元件如表 4-3-10～表 4-3-12 所示。

表 4-3-10 FOR、NEXT 指令

循环开始[FOR]			
16 位	FOR	32 位	—
执行条件	边沿触发	适用机型	全系列
硬件要求	—	软件要求	—
循环结束[NEXT]			
16 位	NEXT	32 位	—
执行条件	常开/闭、边沿触发	适用机型	全系列
硬件要求	—	软件要求	—

表 4-3-11 操作数

作用	数据类型
FOR～NEXT 之间程序循环执行的次数	16 位，二进制

表 4-3-12 软元件

操作数	系统									常数	模块	
	D	FD	ED	TD	CD	DX	DY	DM	DS	K/H	ID	QD
S	●									●		

FOR、NEXT 必须配对使用，可以嵌套，嵌套层数最多为 8 层。当 FOR～NEXT 指令之间的程序被执行指定次数（利用源数据指定的次数）后，才会处理 NEXT 指令后的程序。

如图 4-3-8 所示，FOR～NEXT 之间的指令只能是在一个扫描周期内执行的，其他指令如定时、计数、脉冲、流程都不可以。循环次数多时扫描周期会延长，有可能出现扫描周期过长，引起程序运行很慢，软件监视出现脱机状态，请务必注意。NEXT 指令在 FOR 指令之前，或无 NEXT 指令，或在 FEND、END 指令以后出现 NEXT 指令，或 FOR 指令与 NEXT 指令的个数不一样时等，都会出现错误。FOR～NEXT 之间不能嵌套 CJ，并且 FOR～NEXT 在一个 STL 中必须配对。

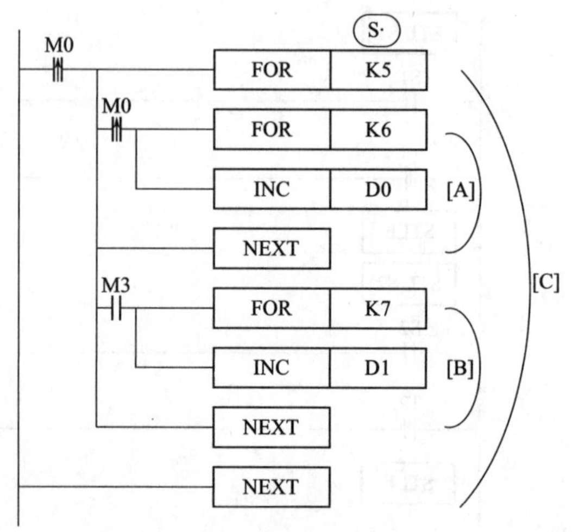

图 4-3-8 FOR、NEXT 指令

FOR、NEXT 循环应用举例：

【例 3】如图 4-3-9 所示，当 M0 置 ON 时，FOR 语句开始循环，实现对寄存器 D1 到 D20 内的数据从小到大排序。应用 D21 作为偏移量，很灵活地实现数据比较和排序（注意：如果程序中需要用到比较多的排序功能，建议用 C 语言功能块编写程序，这样可以节省程序的运算过程，缩短扫描周期时间，从而提高 PLC 的处理能力）。

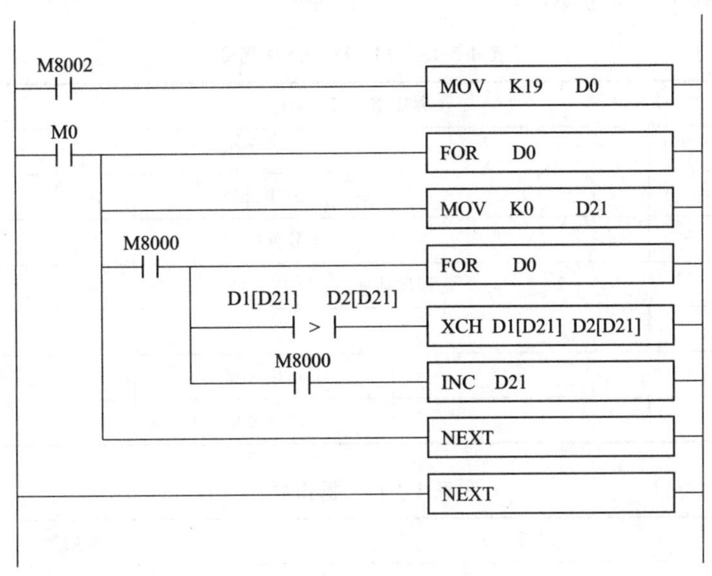

图 4-3-9 FOR、 NEXT 应用示例

梯形图转换为命令语句如下：

```
LD M8002                    //M8002 为初始正脉冲线圈
MOV  K19 D0                 //将需要排序数据个数减 1 之后存入 D0，作为 FOR 循环的
次数
LD  M0                      //FOR 循环触发条件 M0
MCS                         //新的母线开始
FOR  D0                     //嵌入内部 FOR 循环，循环次数也为 D0
MOV  K0  D21                //将偏移量设为从 0 开始
LD  M8000                   //M8000 为常 ON 线圈
MCS                         //另一条母线嵌套
FOR  D0                     //嵌套 FOR 循环，循环的次数也为 D0
LD> D1[D21]  D2[D21]        //比较相邻两个数据大小，如果前一个大于后一个则导通
XCH  D1[D21]  D2[D21]       //交换相邻两个数据的位置
LD  M8000                   //M8000 为常 ON 线圈
INC  D21                    //将偏移量 D21 自加 1
MCR                         //母线回归
NEXT                        //与第二个 FOR 匹配
MCR                         //母线回归
NEXT                        //与第一个 FOR 匹配
```

4.3.5 结束 [FEND]、[END]

FEND 表示主程序结束，而 END 则表示程序结束。FEND、END 指令及操作数、软元件如表 4-3-13～表 4-3-15 所示。

表 4-3-13　FEND、END 指令

主程序结束[FEND]			
指令形式	FEND		
执行条件	—	适用机型	全系列
硬件要求	—	软件要求	—
程序结束[END]			
指令形式	END		
执行条件	—	适用机型	全系列
硬件要求	—	软件要求	—

表 4-3-14　操作数

操作数	作用	数据类型
无	—	—

表 4-3-15　适用软元件

无

如图 4-3-10 所示，虽然 FEND 指令表示主程序的结束，但若执行此指令，则与 END 指令同样，执行输出处理、输入处理、监视定时器的刷新、向 0 步程序返回。

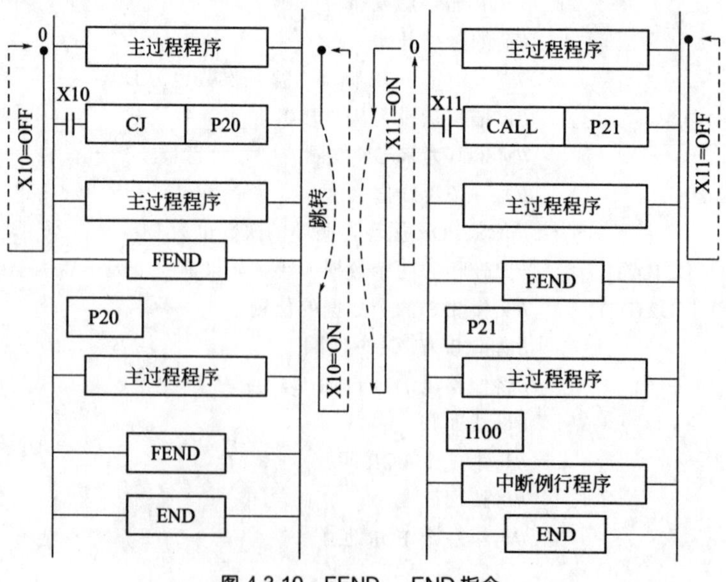

图 4-3-10　FEND、END 指令

CALL 指令的标签在 FEND 指令后编程，必须要有 SRET 指令。中断用指针也在 FEND 指令后编程，必须要有 IRET 指令。在执行 CALL 指令后，SRET 指令执行前，如果执行了 FEND 指令；或者在 FOR 指令执行后，NEXT 指令执行前执行了 FEND 指令，则程序会出错。即不能在子程序中间或 FOR 和 NEXT 指令之间写 FEND 指令。

4.4 触点比较指令

4.4.1 开始比较[LD]

LD 是连接母线的触点比较指令。LD 指令及操作数、字软元件、导通/非导通条件如表 4-4-1～表 4-4-4 所示。

表 4-4-1 LD 指令

开始比较[LD]			
16 位指令	下述	32 位指令	下述
执行条件	—	适用机型	全系列
硬件要求	—	软件要求	—

表 4-4-2 操作数

操作数	作用	类型
S1	指定被比较数的数值或软元件地址编号	16/32 位，BIN
S2	指定比较数的数值或软元件地址编号	16/32 位，BIN

表 4-4-3 字软元件

操作数	系统									常数	模块	
	D	FD	ED	TD	CD	DX	DY	DM	DS	K/H	ID	QD
S1	●	●		●	●	●	●	●	●	●		
S2	●	●		●	●	●	●	●	●	●		

表 4-4-4 16/32 位指令导通/非导通条件

16 位指令	32 位指令	导通条件	非导通条件
LD=	DLD=	(S1)=(S2)	(S1)≠(S2)
LD>	DLD>	(S1)>(S2)	(S1)≤(S2)
LD<	DLD<	(S1)<(S2)	(S1)≥(S2)
LD<>	DLD<>	(S1)≠(S2)	(S1)=(S2)
LD<=	DLD<=	(S1)≤(S2)	(S1)>(S2)
LD>=	DLD>=	(S1)≥(S2)	(S1)<(S2)

触点比较指令应用如图 4-4-1 所示。

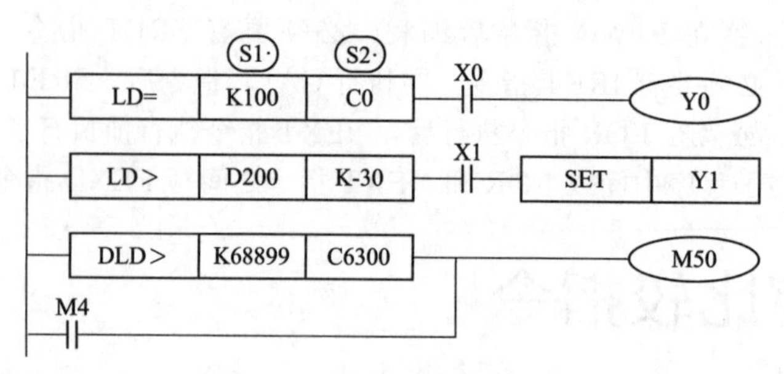

图 4-4-1　触点比较指令应用示例

当源数据的最高位（16 位指令：b15，32 位指令：b31）为 1 时，将该数值作为负数进行比较。32 位计数器（C300～）的比较，必须以 32 位指令来进行。若指定 16 位指令时，会导致程序出错或运算错误。

4.4.2　串联比较[AND]

AND 是与其他接点串联的比较指令。AND 指令及操作数、字软元件、导通/非导通条件如表 4-4-5～表 4-4-8 所示。

表 4-4-5　AND 指令

串联比较[AND]			
16 位指令	下述	32 位指令	下述
执行条件	常开/闭线圈触发	适用机型	全系列
硬件要求	—	软件要求	—

表 4-4-6　操作数

操作数	作用	类型
S1	指定被比较数的数值或软元件地址编号	16/32 位，BIN
S2	指定比较数的数值或软元件地址编号	16/32 位，BIN

表 4-4-7　字软元件

操作数	系统									常数	模块	
	D	FD	ED	TD	CD	DX	DY	DM	DS	K/H	ID	QD
S1	●	●		●	●	●	●	●	●	●		
S2	●	●		●	●	●	●	●	●	●		

表 4-4-8　16/32 位指令导通/非导通条件

16 位指令	32 位指令	导通条件	非导通条件
AND=	DAND=	(S1)=(S2)	(S1)≠(S2)
AND＞	DAND＞	(S1)＞(S2)	(S1)≤(S2)
AND＜	DAND＜	(S1)＜(S2)	(S1)≥(S2)

续表

16位指令	32位指令	导通条件	非导通条件
AND＜＞	DAND＜＞	(S1)≠(S2)	(S1)=(S2)
AND＜=	DAND＜=	(S1)⩽(S2)	(S1)＞(S2)
AND＞=	DAND＞=	(S1)⩾(S2)	(S1)＜(S2)

串联比较指令应用如图4-4-2所示。

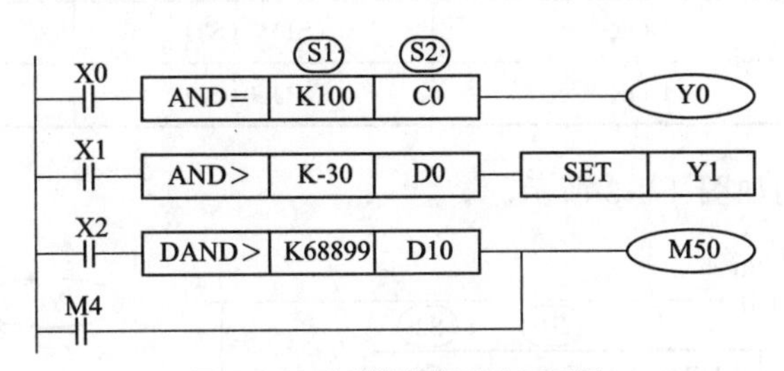

图4-4-2　串联比较指令应用示例

当源数据的最高位（16位指令：b15，32位指令：b31）为1时，将该数值作为负数进行比较。32位计数器（C300～）的比较，必须以32位指令来进行。若指定16位指令时，会导致程序出错或运算错误。

4.4.3　并联比较[OR]

OR是与其他接点并联的触点比较指令。OR指令及操作数、字软元件、导通/非导通条件如表4-4-9～表4-4-12所示。

表4-4-9　OR指令

并联比较[OR]			
16位指令	下述	32位指令	下述
执行条件	—	适用机型	全系列
硬件要求	—	软件要求	—

表4-4-10　操作数

操作数	作用	类型
S1	指定被比较数的数值或软元件地址编号	16/32位,BIN
S2	指定比较数的数值或软元件地址编号	16/32位,BIN

表4-4-11　字软元件

操作数	系统									常数	模块	
	D	FD	ED	TD	CD	DX	DY	DM	DS	K/H	ID	QD
S1	●	●		●	●	●	●	●	●	●		
S2	●	●		●	●	●	●	●	●	●		

表 4-4-12　16/32 位指令导通/非导通条件

16 位指令	32 位指令	导通条件	非导通条件
OR＝	DOR＝	(S1)＝(S2)	(S1)≠(S2)
OR＞	DOR＞	(S1)＞(S2)	(S1)≤(S2)
OR＜	DOR＜	(S1)＜(S2)	(S1)≥(S2)
OR＜＞	DOR＜＞	(S1)≠(S2)	(S1)＝(S2)
OR＜＝	DOR＜＝	(S1)≤(S2)	(S1)＞(S2)
OR＞＝	DOR＞＝	(S1)≥(S2)	(S1)＜(S2)

并联比较指令应用如图 4-4-3 所示。

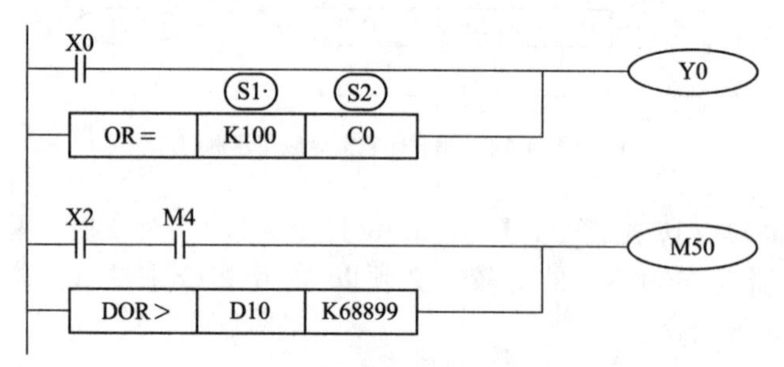

图 4-4-3　并联比较指令应用示例

当源数据的最高位（16 位指令：b15，32 位指令：b31）为 1 时，将该数值作为负数进行比较。32 位计数器（C300～）的比较，必须以 32 位指令来进行，不可指定 16 位指令形式。

【例】 如图 4-4-4 所示，到达特定时间禁止输出。下例是当时间到 2011 年 7 月 30 日之后就禁止所有输出，1234 作为密码，用双字的 D4000（D4001）作为存放密码的寄存器，当密码正确时恢复所有输出。

```
LD M8000                          //M8000 位常 ON 线圈
TRD         D0                    //读取时钟信息存入 D0~D6
LD> =       D2 K30                //时钟日期大于或等于 30
AND> =      D1 K7                 //时钟月份大于或等于 7
AND> =      D0 K11                //时钟年份大于或等于 11
LD> =       D1 K8                 //或者时钟月份大于或等于 8
AND> =      D0 K11                //时钟年份大于或等于 11
ORB                               //或者
OR> =       D0 K12                //时钟年份大于或等于 12
DAND< >     D4000 K1234           //而且当密码不等于 K1234 时
SET         M8034                 //置位 M8034，所有输出禁止
DLD=        D4000 K1234           //当密码等于 K1234 时，则密码正确
RST M8034                         //复位 M8034，恢复所有输出正常工作
```

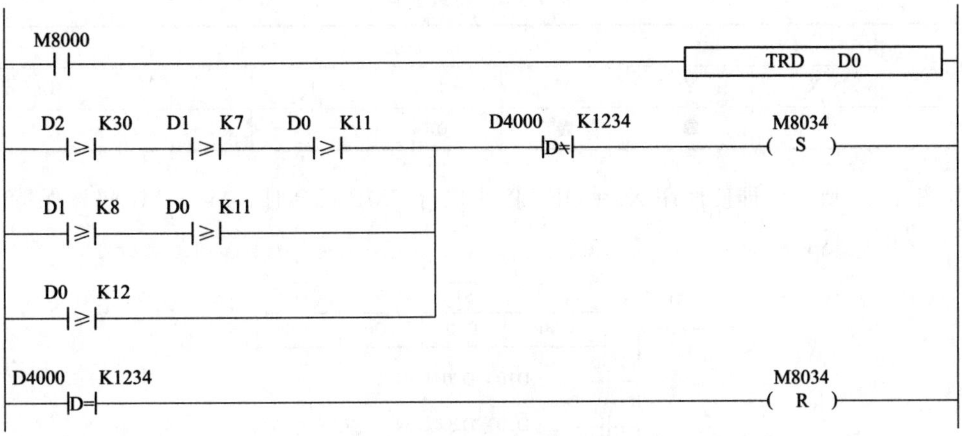

图 4-4-4 到达特定时间禁止输出

4.5 数据传送指令

4.5.1 数据比较[CMP]

将指定的两个数据进行大小比较，并输出结果的指令。CMP 指令及操作数、字软元件、位软元件如表 4-5-1～表 4-5-4 所示。

表 4-5-1 CMP 指令

数据比较[CMP]			
16 位指令	CMP	32 位指令	DCMP
执行条件	常开/闭、边沿触发	适用机型	全系列
硬件要求	—	软件要求	—

表 4-5-2 操作数

操作数	作用	类型
S1	指定被比较的数据或软元件地址编号	16 位,BIN
S	指定比较源的数据或软元件地址编号	16 位,BIN
D	指定输出比较结果的软元件地址编号	位

表 4-5-3 字软元件

操作数	系统									常数	模块	
	D	FD	ED	TD	CD	DX	DY	DM	DS	K/H	ID	QD
S1	●	●		●	●	●	●	●	●	●		
S	●	●		●	●	●	●	●	●	●		

表 4-5-4　位软元件

操作数	系统						
	X	Y	M	S	T	C	Dn. m
D		●	●	●			

如图 4-5-1 所示，即使使用 X0=OFF 停止执行 CMP 指令时，M0～M2 仍然保持 X0 变为 OFF 以前的状态。

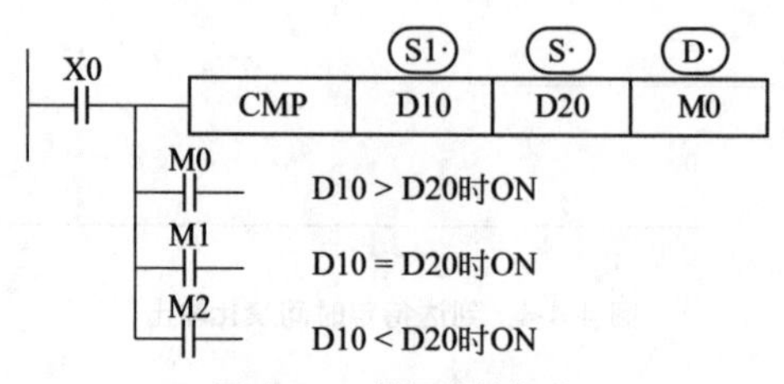

图 4-5-1　数据比较指令

将数据(S1·)与(S1·)相比较，根据大小一致输出以(D·)起始的 3 点 ON/OFF 状态。(D·)、(D·)+1、(D·)+2：根据比较结果位软元件 3 点 ON/OFF 输出。

4.5.2　数据区间比较[ZCP]

将 2 点指定数据与当前数据进行大小比较，并输出结果的指令。ZCP 指令及操作数、字软元件、位软元件如表 4-5-5～表 4-5-8 所示。

表 4-5-5　ZCP 指令

数据区间比较[ZCP]			
16 位指令	ZCP	32 位指令	DZCP
执行条件	常开/闭、边沿触发	适用机型	全系列
硬件要求	—	软件要求	—

表 4-5-6　操作数

操作数	作用	类型
S1	指定比较基准下限的数据或软元件地址编号	16 位，BIN
S2	指定比较基准上限的数据或软元件地址编号	16 位，BIN
S	指定当前数据或软元件地址编号	16 位，BIN
D	指定比较结果的数据或软元件地址编号	位

表 4-5-7　字软元件

操作数	系统									常数	模块	
	D	FD	ED	TD	CD	DX	DY	DM	DS	K/H	ID	QD
S1	●	●		●	●	●	●	●	●	●		
S2	●	●		●	●	●	●	●	●	●		
S	●	●		●	●	●	●	●	●	●		

表 4-5-8　位软元件

操作数	系统						
	X	Y	M	S	T	C	Dn. m
D		●	●	●			

如图 4-5-2 所示，即使使用 X0＝OFF 停止执行 ZCP 指令时，M0～M2 仍然保持 X0 变为 OFF 以前的状态；D20 的值必须要小于 D30。

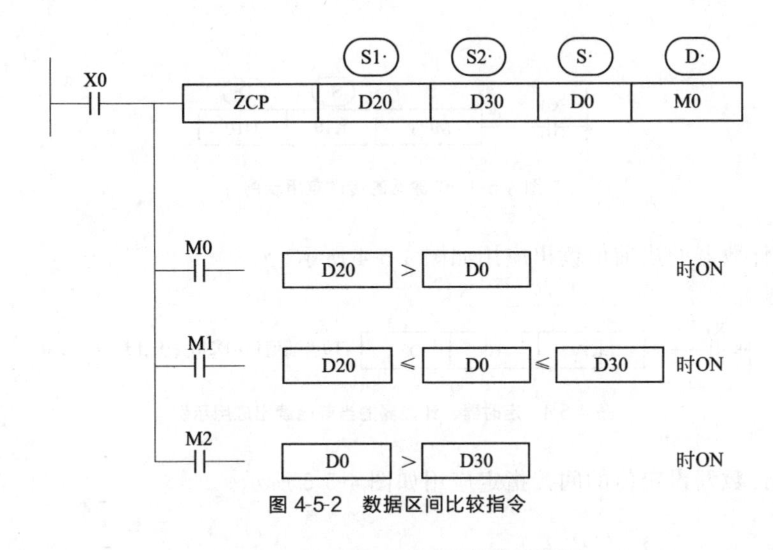

图 4-5-2　数据区间比较指令

将(S·)数据同上下两点的数据比较范围相比较，(D·)根据区域大小输出起始的 3 点 ON/OFF 状态。(D·)、(D·)+1、(D·)+2 ：根据比较结果的区域位软元件 3 点 ON/OFF 输出。

4.5.3　传送[MOV]

使指定软元件的数据照原样传送到其他软元件中。MOV 指令及操作数、字软元件如表 4-5-9～表 4-5-11 所示。

表 4-5-9　MOV 指令

传送[MOV]			
16 位指令	MOV	32 位指令	DMOV
执行条件	常开/闭、边沿触发	适用机型	全系列
硬件要求	—	软件要求	—

表 4-5-10　操作数

操作数	作用	类型
S	指定传送源的数据或保存数据的软元件编号	16/32 位，BIN
D	指定传送的目标软元件地址编号	16/32 位，BIN

表 4-5-11 字软元件

操作数	系统									常数	模块	
	D	FD	ED	TD	CD	DX	DY	DM	DS	K/H	ID	QD
S	●	●	●	●	●	●	●	●	●	●	●	
D	●		●	●	●		●	●	●			●

如图 4-5-3 所示，将源的内容向目标传送。X0 为 OFF 时，数据不变化。将常数 K10 传送到 D10。

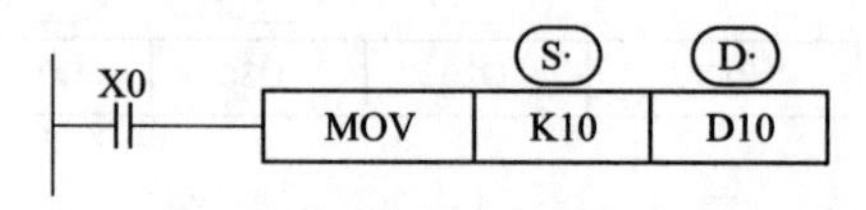

图 4-5-3 位数据的传送应用示例

定时器、计数器的当前值读出应用如图 4-5-4 所示。

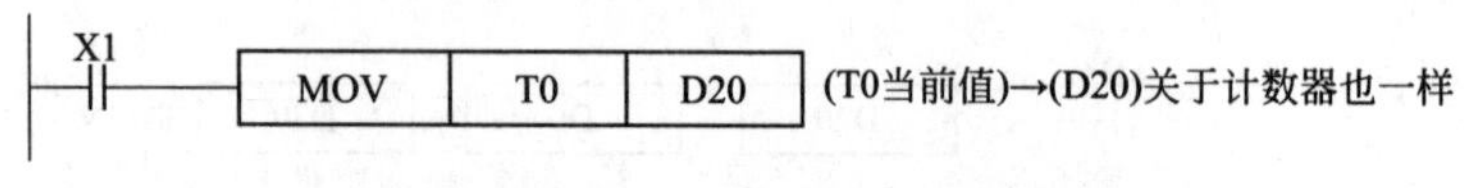

图 4-5-4 定时器、计数器的当前值读出应用示例

定时器、计数器设定值的间接指定应用如图 4-5-5 所示。

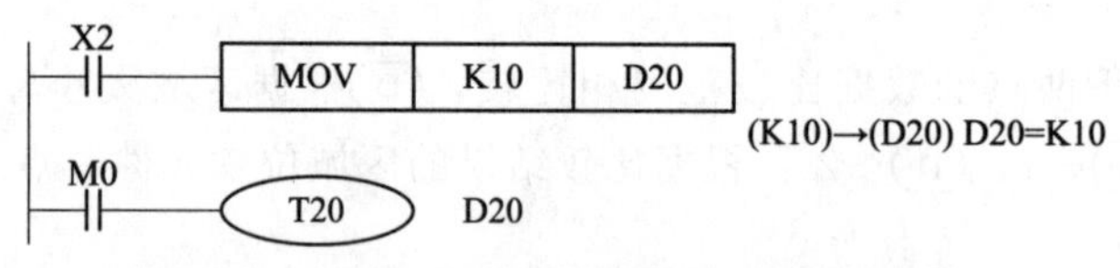

图 4-5-5 定时器、计数器设定值的间接指定应用示例

32 位数据的传送指令如图 4-5-6 所示。

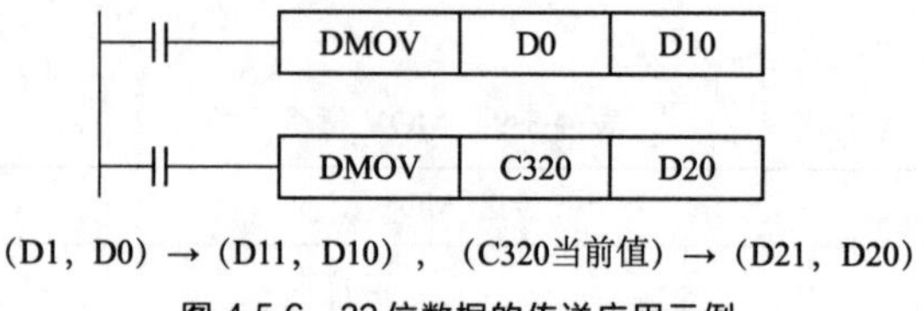

（D1，D0）→（D11，D10），（C320当前值）→（D21，D20）

图 4-5-6 32 位数据的传送应用示例

运算结果以 32 位输出的应用指令（MUL 等）、32 位数值或 32 位软元件的高速计数器当前值等数据的传送，必须使用 DMOV 指令。

4.5.4 数据块传送[BMOV]

使指定软元件的数据照原样传送到其他软元件中。BMOV 指令及操作数、字软元件、位软元件如表 4-5-12～表 4-5-15 所示。

表 4-5-12　BMOV 指令

数据块传送[BMOV]			
16 位指令	BMOV	32 位指令	—
执行条件	常开/闭线圈、边沿触发	适用机型	全系列
硬件要求	—	软件要求	—

表 4-5-13　操作数

操作数	作用	类型
S	指定传送源的数据或保存数据的软元件编号	16 位,BIN;位
D	指定传送的目标软元件地址编号	16 位,BIN;位
n	指定传送点数的数值	16 位,BIN

表 4-5-14　字软元件

操作数	系统									常数	模块	
	D	FD	ED	TD	CD	DX	DY	DM	DS	K/H	ID	QD
S	●	●	●	●	●	●	●	●	●			
D	●		●	●	●		●	●	●			
n	●			●	●	●		●	●	●		

表 4-5-15　位软元件

操作数	系统						
	X	Y	M	S	T	C	Dn. m
S	●	●	●				
D	●	●	●				

将以源指定的软元件为开头的 n 点数据向以目标指定的软元件为开头的 n 点软元件以数据块的形式传送（在超过软元件编号范围时，在可能的范围内传送）。

数据块指令应用如图 4-5-7、图 4-5-8 所示。

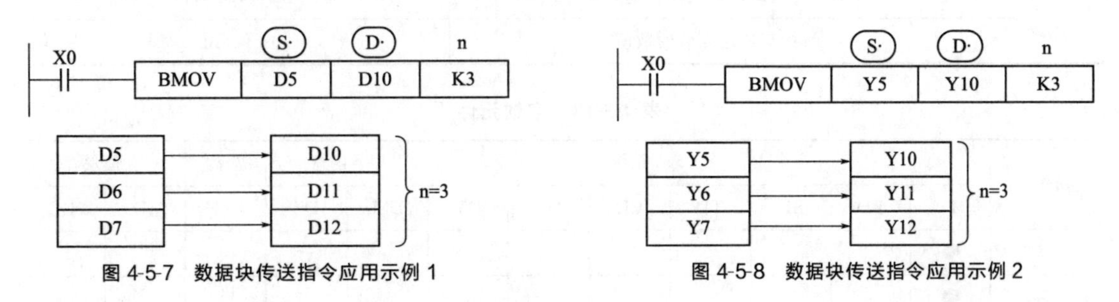

图 4-5-7　数据块传送指令应用示例 1

图 4-5-8　数据块传送指令应用示例 2

如图 4-5-9 所示，传送编号范围有重叠时，为了防止输送源数据没传送就改写，根据编号重叠的方法，该指令会按①～③的顺序进行自动传送。

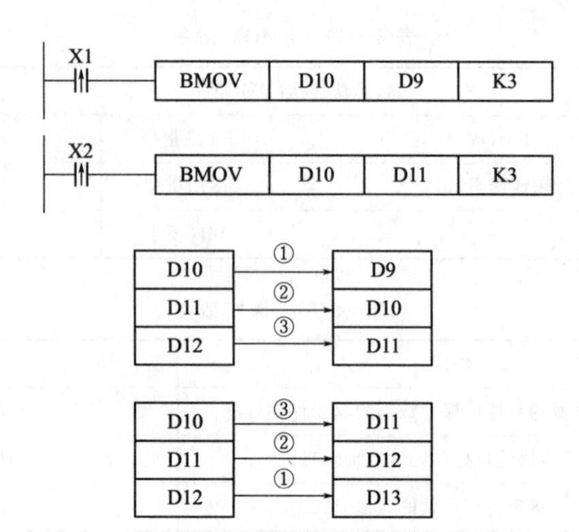

图 4-5-9 编号范围有重叠时的传送

4.5.5 数据块传送[PMOV]

将指定软元件的数据照原样传送到其他软元件中。PMOV 指令及操作数、字软元件、如表 4-5-16～表 4-5-18 所示。

表 4-5-16 PMOV 指令

数据块传送[PMOV]			
16 位指令	PMOV	32 位指令	—
执行条件	常开/闭线圈、边沿触发	适用机型	XC2、XC3、XC5、XCM、XCC
硬件要求	—	软件要求	—

表 4-5-17 操作数

操作数	作用	类型
S	指定传送源的数据或保存数据的软元件编号	16 位，BIN；位
D	指定传送的目标软元件地址编号	16 位，BIN；位
n	指定传送点数的数值	16 位，BIN

表 4-5-18 字软元件

操作数	系统									常数	模块	
	D	FD	ED	TD	CD	DX	DY	DM	DS	K/H	ID	QD
S	●											
D	●											
n	●	●		●	●	●	●	●	●	●		

将以源指定的软元件为开头的 n 点数据向以目标指定的软元件为开头的 n 点软元件以数

据块的形式传送（在超过软元件编号范围时，在可能的范围内传送）。

数据块传送指令应用如图 4-5-10 所示。

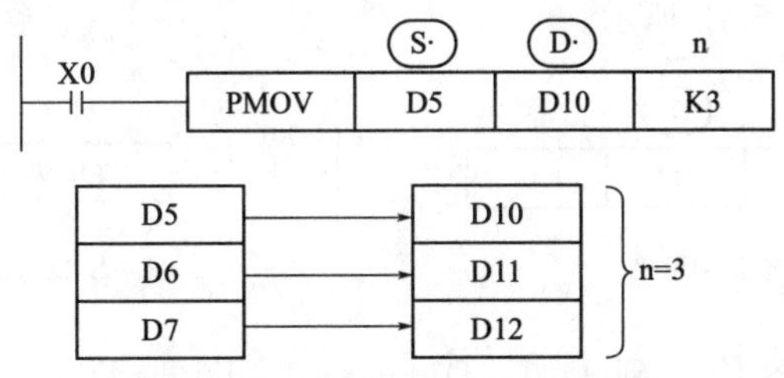

图 4-5-10　数据块传送指令应用示例

PMOV 与 BMOV 功能基本相同，但完成速度更快。PMOV 指令在一个扫描周期内完成，执行期间关闭所有中断。当源地址与目标地址发生重叠的时候会产生错误，应注意避免。

4.5.6　多点重复传送[FMOV]

使指定软元件的数据照原样传送到其他软元件中。FMOV 指令及操作数、字软元件如表 4-5-19～表 4-5-21 所示。

表 4-5-19　FMOV 指令

多点重复传送[FMOV]			
16 位指令	FMOV	32 位指令	DFMOV
执行条件	常开/闭、边沿触发	适用机型	全系列
硬件要求	FMOV 要求 V3.0 及以上	软件要求	DFMOV 要求 V3.0 及以上

表 4-5-20　操作数

操作数	作用	类型
S	指定传送源的数据或保存数据的软元件编号	16/32 位,BIN
D	指定传送的目标软元件起始地址编号	16/32 位,BIN
n	指定传送点数的数值	16/32 位,BIN

表 4-5-21　字软元件

操作数	系统									常数	模块	
	D	FD	ED	TD	CD	DX	DY	DM	DS	K/H	ID	QD
S	●	●	●	●	●	●	●	●	●	●		
D	●		●	●	●		●	●	●			
n	●			●	●		●	●	●	●		

16 位指令应用如图 4-5-11 所示。

将 K0 传送至 D0～D9，同一数据的多点传送指令。将源指定的软元件的内容向以目标指定的软元件为开头的n点软元件进行传送，n点软元件的内容都一样。超过目标软元件号的范围时，向可能的范围传送。

32位指令应用如图4-5-12所示。

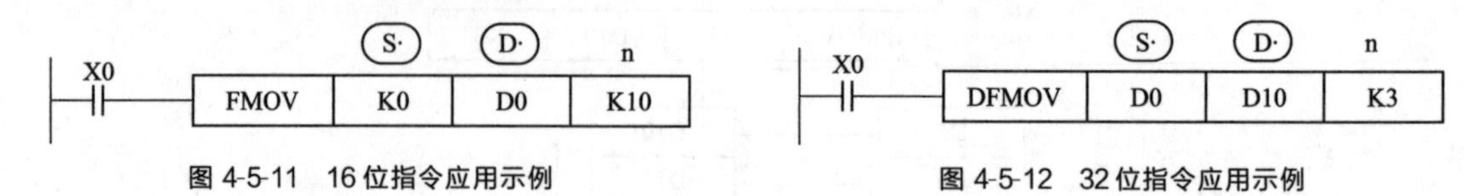

图4-5-11　16位指令应用示例

图4-5-12　32位指令应用示例

将D0、D1中的内容传送到D10、D11；D12、D13；D14、D15。XC1系列不支持DFMOV指令。

16位及32位数据指令应用如图4-5-13、图4-5-14所示。

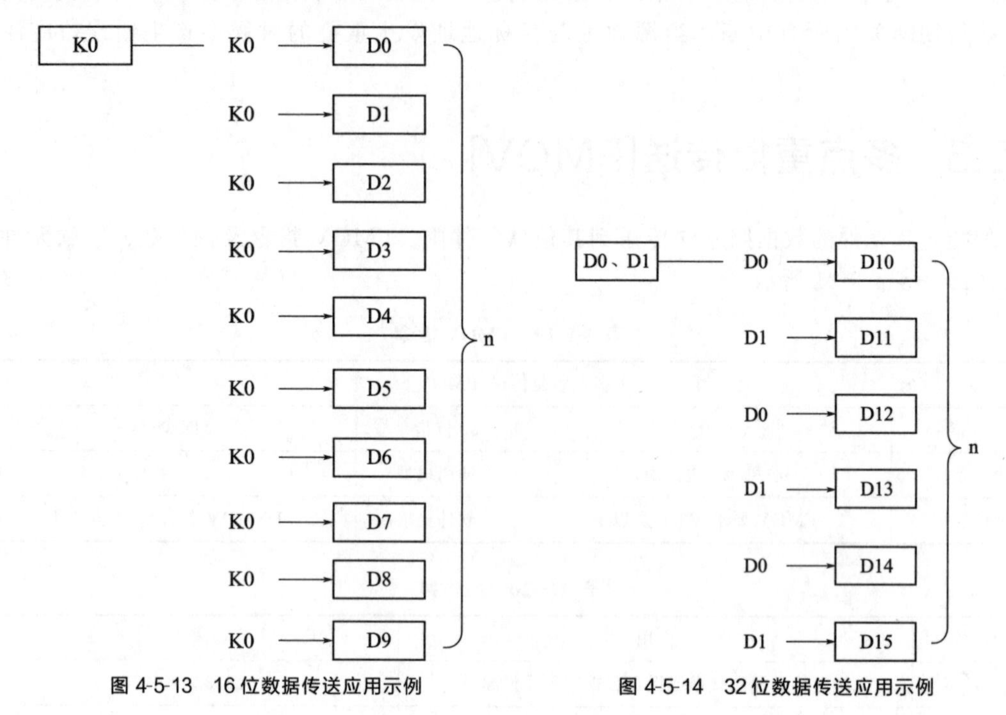

图4-5-13　16位数据传送应用示例

图4-5-14　32位数据传送应用示例

4.5.7　浮点数传送[EMOV]

将指定软元件中的浮点数照原样传送到其他软元件中。EMOV指令及操作数、字软元件如表4-5-22～表4-5-24所示。

表4-5-22　EMOV指令

浮点数传送[EMOV]			
16位指令	—	32位指令	EMOV
执行条件	常开/闭、边沿触发	适用机型	XC2、XC3、XC5、XCM、XCC
硬件要求	V3.3及以上	软件要求	V3.3及以上

表 4-5-23 操作数

操作数	作用	类型
S	指定传送源的数据或保存数据的软元件编号	32 位,BIN
D	指定传送的目标软元件起始地址编号	32 位,BIN

表 4-5-24 字软元件

操作数	系统									常数	模块	
	D	FD	ED	TD	CD	DX	DY	DM	DS	K/H	ID	QD
S	●	●				●	●	●	●	●		
D	●						●	●	●			

如图 4-5-15 所示，X0 为 ON 时，将源的浮点数向目标传送。X0 为 OFF 时，D11、D10 不变化。

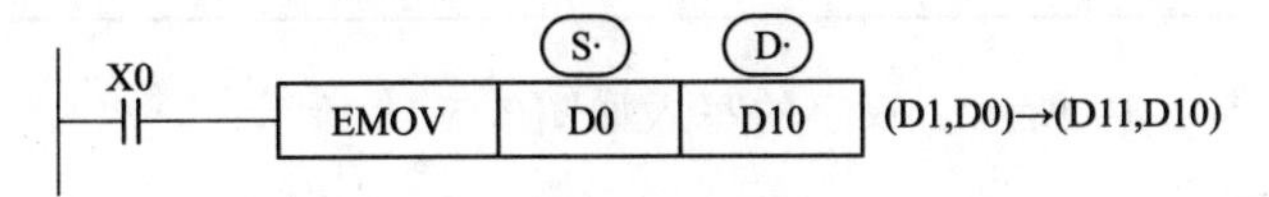

图 4-5-15 浮点数传送指令应用示例 1

如图 4-5-16 所示，常数 K、H 被指定为源数据时，自动转换成二进制浮点值处理。K500 自动二进制浮点化。

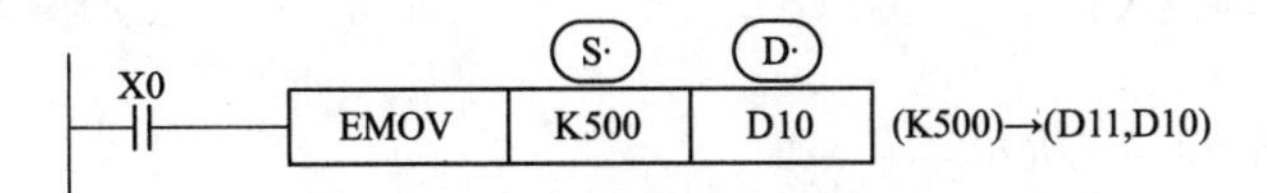

图 4-5-16 浮点数传送指令应用示例 2

4.5.8 FlashROM 写入[FWRT]

使指定软元件的数据照原样传送到 FlashROM 寄存器中。FlashROM 写入 FWRT 指令及操作数、字软元件如表 4-5-25～表 4-5-27 所示。

表 4-5-25 FlashROM 写入 FWRT 指令

FlashROM 写入[FWRT]			
16 位指令	FWRT	32 位指令	DFWRT
执行条件	边沿触发	适用机型	全系列
硬件要求	—	软件要求	—

表 4-5-26 操作数

操作数	作用	类型
S	写入源的数据或保存数据的软元件编号	16/32 位,BIN

续表

操作数	作用	类型
D	写入的目标软元件编号	16/32 位
D1	写入的目标软元件起始编号	16/32 位
D2	写入的数据个数	16/32 位,BIN

表 4-5-27 字软元件

操作数	系统									常数	模块	
	D	FD	ED	TD	CD	DX	DY	DM	DS	K/H	ID	QD
S	●	●		●	●	●	●	●	●	●		
D		●										
D1		●										
D2	●			●	●	●	●	●	●	●		

单字的写入如图 4-5-17 所示。双字的写入如图 4-5-18 所示。

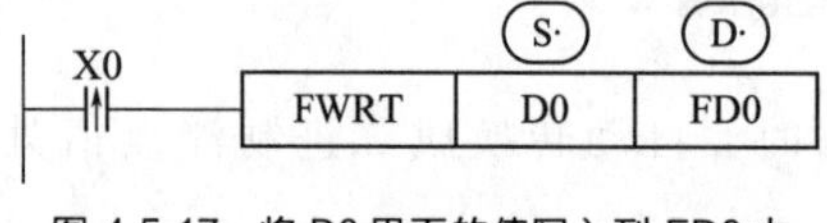

图 4-5-17 将 D0 里面的值写入到 FD0 中（单字的写入）

图 4-5-18 将 D0 里面的值写入到 FD0 中（双字的写入）

多字的写入如图 4-5-19 所示。

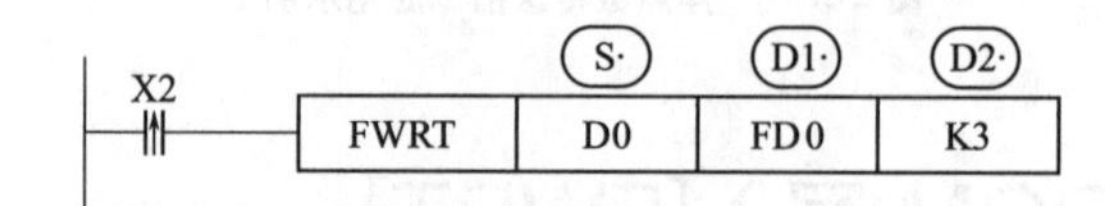

图 4-5-19 将 D0 里面的值写入到 FD0 中（多字的写入）

4.5.9 批次置位[MSET]

将指定范围的位软元件进行置位操作。MSET 指令及操作数、位软元件如表 4-5-28～表 4-5-30 所示。

表 4-5-28 MSET 指令

批次置位[MSET]			
16 位指令	MSET	32 位指令	—
执行条件	常开/闭线圈、边沿触发	适用机型	全系列
硬件要求	—	软件要求	—

表 4-5-29　操作数

操作数	作用	类型
D1	指定批次置位的起始软元件地址编号	位
D2	指定批次置位的结束软元件地址编号	位

表 4-5-30　位软元件

操作数	系统						
	X	Y	M	S	T	C	Dn. m
D1	●	●	●	●	●	●	
D2	●	●	●	●	●	●	

如图 4-5-20 所示，(D1·)、(D2·)指定为同一种类的软元件，且(D1·)编号＜(D2·)编号。当(D1·)编号＞(D2·)编号时，不执行批次置位，而置位 M8004、M8067，D8067＝2。

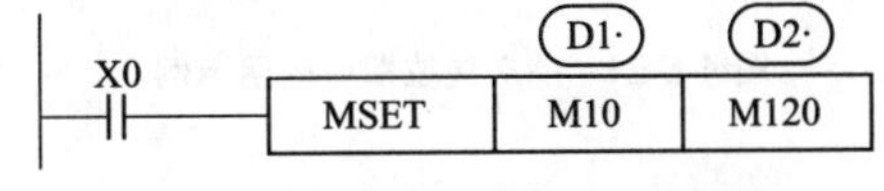

图 4-5-20　批次置位指令应用示例

4.5.10　批次复位[ZRST]

将指定范围的位或字软元件进行复位或清零操作。ZRST 指令及操作数、字软元件、位软元件如表 4-5-31～表 4-5-34 所示。

表 4-5-31　ZRST 指令

批次复位[ZRST]			
16 位指令	ZRST	32 位指令	—
执行条件	常开/闭线圈、边沿触发	适用机型	全系列
硬件要求	—	软件要求	—

表 4-5-32　操作数

操作数	作用	类型
D1	指定批次复位的起始软元件地址编号	位;16 位,BIN
D2	指定批次复位的结束软元件地址编号	位;16 位,BIN

表 4-5-33　字软元件

操作数	系统									常数	模块	
	D	FD	ED	TD	CD	DX	DY	D M	DS	K/H	ID	QD
D1	●					●	●	●				
D2	●				●	●	●	●				

表 4-5-34 位软元件

操作数	系统						
	X	Y	M	S	T	C	Dn. m
D1	●	●	●	●	●	●	
D2	●	●	●	●	●	●	

如图 4-5-21 所示，(D1)、(D2·)指定为同一种类的软元件，且(D1)编号<(D2·)编号。当(D1)编号>(D2·)编号时，仅复位(D1)中指定的软元件，同时置位 M8004、M8067，D8067=2。

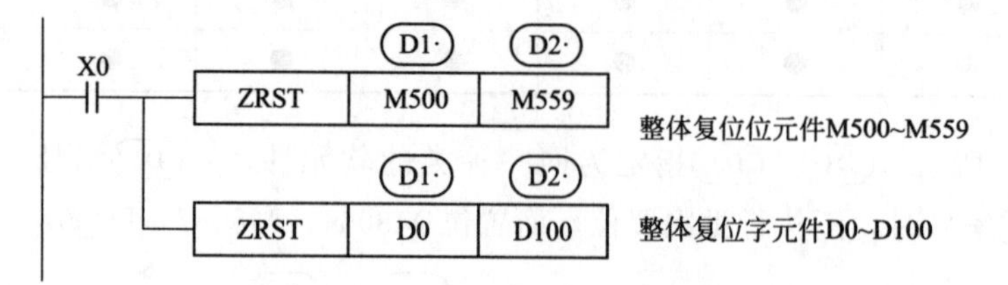

图 4-5-21 批次复位指令应用示例

作为软元件的单独复位指令，对于位元件 Y、M、S、T、C 和字元件 TD、CD、D，可使用 RST 指令。作为常数 K0 的成批写入指令 FMOV 指令，可以把 0 写入 DX、DY、DM、DS、T(TD)、C(CD)、D 的软元件中。

4.5.11 高低字节交换[SWAP]

将指定寄存器的高 8 位字节和低 8 位字节进行交换。SWAP 指令及操作数、字软元件如表 4-5-35～表 4-5-37 所示。

表 4-5-35 SWAP 指令

高低字节交换[SWAP]			
16 位指令	SWAP	32 位指令	—
执行条件	常开/闭、边沿触发	适用机型	全系列
硬件要求	—	软件要求	—

表 4-5-36 操作数

操作数	作用	类型
S	指定高低字节交换的软元件地址编号	16 位;BIN

表 4-5-37 字软元件

操作数	系统									常数	模块	
	D	FD	ED	TD	CD	DX	DY	DM	DS	K/H	ID	QD
S	●			●	●							

高低字节交换指令应用如图 4-5-22 所示。

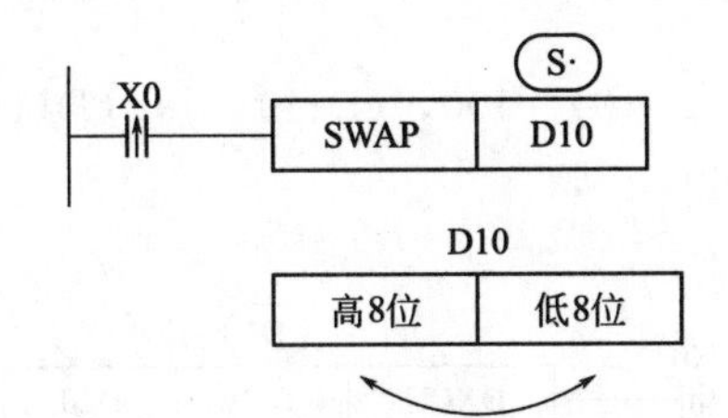

图 4-5-22 高低字节交换指令应用示例

该指令的功能是将一个 16 位寄存器的低 8 位与高 8 位交换。上例中如果将条件 X0 改为常开或常闭线圈触发，当输入 X0 为 ON 时，每个扫描周期都执行一次该指令，所以建议用上升沿或下降沿触发。

4.5.12 交换[XCH]

将两个软元件中的数据进行相互交换。XCH 指令及操作数、字软元件如表 4-5-38～表 4-5-40 所示。

表 4-5-38 XCH 指令

交换[XCH]			
16 位指令	XCH	32 位指令	DXCH
执行条件	常开/闭、边沿触发	适用机型	全系列
硬件要求	—	软件要求	—

表 4-5-39 操作数

操作数	作用	类型
D1	指定互换的软元件地址编号	16/32 位，BIN
D2	指定互换的软元件地址编号	16/32 位，BIN

表 4-5-40 字软元件

操作数	系统									常数	模块	
	D	FD	ED	TD	CD	DX	DY	DM	DS	K/H	ID	QD
D1	●			●	●		●	●	●			
D2	●			●	●		●	●	●			

如图 4-5-23 所示，执行前 (D10)=100，(D11)=101，执行后 (D10)=101，(D11)=100。

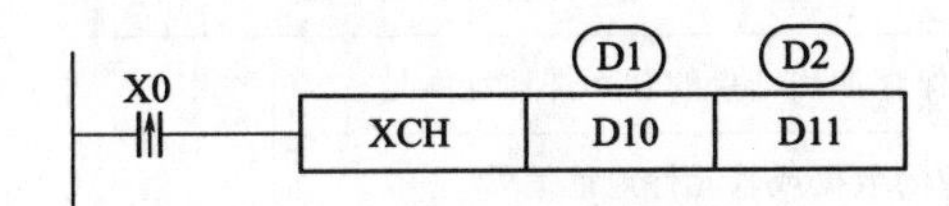

图 4-5-23 XCH 指令应用示例（16 位指令）

上例中如果 X0 为常开，当输入 X0 为 ON 时，每个扫描周期都执行一次该指令，所以建议用上升沿或下降沿触发。

如图 4-5-24 所示，执行前 (D10)=100，(D11)=1，(D11D10)=65636，(D20)=200，(D21)=10，(D21D20)=655460。

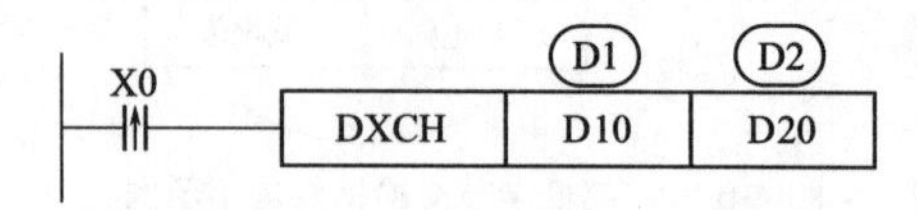

图 4-5-24　DXCH 指令应用示例（32 位指令）

执行后 (D10)=200，(D11)=10，(D11D10)=655460，(D20)=100，(D21)=1，(D21D20)=65636。

如上例，32 位指令 DXCH 是将 D10、D11 组成的一个双字中的数值与 D20、D21 组成的一个双字中的数值交换。XC1 系列不支持 DXCH 指令。

4.6 数据运算指令

4.6.1 加法运算[ADD]

将两个数据进行二进制加法运算，并对结果进行存储的指令。ADD 指令及操作数、字软元件如表 4-6-1～表 4-6-3 所示。

表 4-6-1　ADD 指令

加法运算[ADD]			
16 位指令	ADD	32 位指令	DADD
执行条件	常开/闭、边沿触发	适用机型	全系列
硬件要求	—	软件要求	—

表 4-6-2　操作数

操作数	作用	类型
三个操作数时		
S1	指定进行加法运算的数据或软元件地址编号	16/32 位,BIN
S2	指定进行加法运算的数据或软元件地址编号	16/32 位,BIN
D	指定保存加法结果的软元件地址编号	16/32 位,BIN
两个操作数时		
D	指定被加数及保存加法结果的软元件地址编号	16/32 位,BIN
S1	指定加数的数据或软元件地址编号	16/32 位,BIN

表 4-6-3　字软元件

操作数	系统									常数	模块	
	D	FD	ED	TD	CD	DX	DY	DM	DS	K/H	ID	QD
三个操作数时												
S1	●	●		●	●	●	●	●	●	●		
S2	●	●		●	●	●	●	●	●	●		
D	●			●	●		●	●	●			
两个操作数时												
D	●											
S1	●	●								●		

三个操作数时进行二进制加法应用如图 4-6-1 所示。

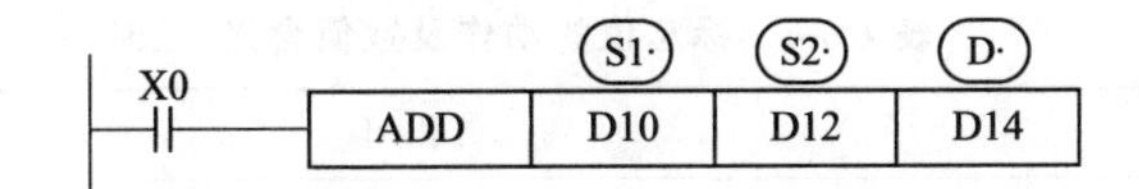

图 4-6-1　三个操作数时进行二进制加法应用示例

两个源数据进行二进制加法后传递到目标处。各数据的最高位是正（0）、负（1）符号位，这些数据以代数形式进行加法运算（5+(−8)=−3）。

运算结果为 0 时，0 标志会动作。如运算结果超过 32,767（16 位运算）或 2,147,483,647（32 位运算）时，进位标志会动作。如运算结果超过−32,768（16 位运算）或−2,147,483,648（32 位运算）时，借位标志会动作。

进行 32 位运算时，字软元件的低 16 位侧的软元件被指定，紧接着上述软元件编号后的软元件将作为高位，为了防止编号重复，建议将软元件指定为偶数编号。

可以将源操作数和目标操作数指定为相同的软元件编号。图 4-6-1 中驱动输入 X0 为 ON 时，每个扫描周期的都执行一次加法运算，请务必注意。

两个操作数时进行二进制加法应用如图 4 6 2 所示。

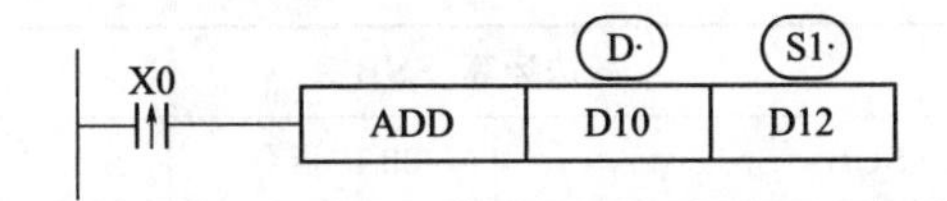

图 4-6-2　两个操作数时进行二进制加法应用示例

两个源数据进行二进制加法后传递到被加数地址处。各数据的最高位是正（0）、负（1）符号位，这些数据以代数形式进行加法运算（5+(−8)=−3）。

运算结果为 0 时，0 标志会动作。如运算结果超过 32,767（16 位运算）或 2,147,483,647（32 位运算）时，进位标志会动作（参照“相关软元件”）。如运算结果超过−32,768（16 位运算）或−2,147,483,648（32 位运算）时，借位标志会动作（参照“相关软元件”）。

进行 32 位运算时，字软元件的低 16 位侧的软元件被指定，紧接着上述软元件编号后的软元件将作为高位，为了防止编号重复，建议将软元件指定为偶数编号。

上例中如果X0为常开，当输入X0为ON时，每个扫描周期都执行一次该指令，所以建议用上升沿或下降沿触发。

上升沿或下降沿触发应用如图4-6-3所示。

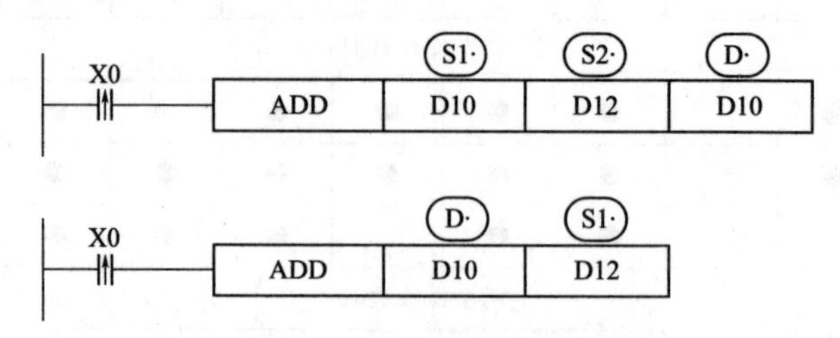

图4-6-3 上升沿或下降沿触发应用示例

以上两条指令是等价的。

标志位的动作及数值含义如表4-6-4所示。

表4-6-4 标志位的动作及数值含义

软元件	名称	作用
M8020	零	ON:运算结果为0时 OFF:运算结果为0以外时
M8021	借位	ON:运算结果超出-32,768(16位运算)或是-2,147,483,648(32位运算)时,借位标志位动作 OFF:运算结果不到-32,768(16位运算)或是-2,147,483,648(32位运算)时
M8022	进位	ON:运算结果超出32,767(16位运算)或是2,147,483,647(32位运算)时,进位标志位动作 OFF:运算结果不到32,767(16位运算)或是2,147,483,647(32位运算)时

4.6.2 减法运算[SUB]

将两个数据进行二进制减法运算，并对结果进行存储。SUB指令及操作数、字软元件如表4-6-5～表4-6-7所示。

表4-6-5 SUB指令

减法运算[SUB]			
16位指令	SUB	32位指令	DSUB
执行条件	常开/闭、边沿触发	适用机型	全系列
硬件要求	—	软件要求	—

表4-6-6 操作数

操作数	作用	类型
三个操作数时		
S1	指定进行减法运算的数据或软元件地址编号	16/32位,BIN
S2	指定进行减法运算的数据或软元件地址编号	16/32位,BIN
D	指定保存减法结果的软元件地址编号	16/32位,BIN

续表

操作数	作用	类型
两个操作数时		
D	指定被减数及保存减法结果的软元件地址编号	16/32 位,BIN
S1	指定减数的数据或软元件地址编号	16/32 位,BIN

表 4-6-7 字软元件

操作数	系统									常数	模块	
	D	FD	ED	TD	CD	DX	DY	DM	DS	K/H	ID	QD
三个操作数时												
S1	●	●		●	●	●	●	●	●	●		
S2	●	●		●	●	●	●	●	●	●		
D	●			●	●		●	●	●			
两个操作数时												
D	●											
S1	●	●								●		

三个操作数时进行二进制减法应用如图 4-6-4 所示。

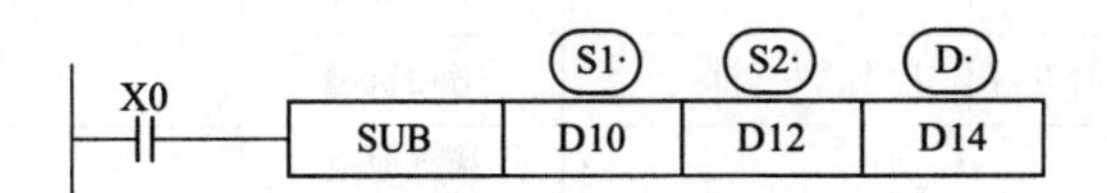

图 4-6-4 三个操作数时进行二进制减法应用示例

(S1·)指定的软元件的内容，以代数形式减去(S2·)指定的软元件的内容，其结果被存入由(D·)指定的软元件中（5－(－8)＝13）。

各种标志的动作，32 位运算软元件的指定方法等，均与 4.6.1 中的 ADD 指令相同。

要注意的是，上例中驱动输入 X0 为 ON 时，每个扫描周期都执行一次减法运算。

两个操作数时进行二进制加法应用如图 4-6-5 所示。

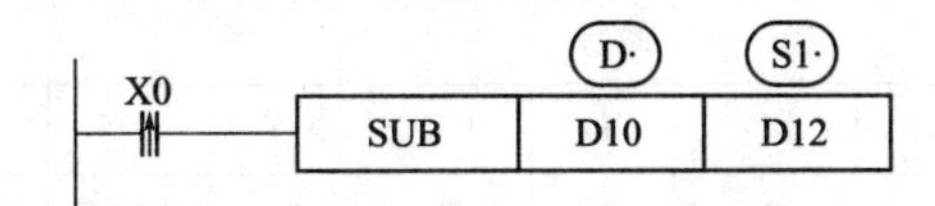

图 4-6-5 两个操作数时进行二进制减法应用示例

(D·)指定的软元件的内容，以代数形式减去(S1·)指定的软元件的内容，其结果被存入由(D·)指定的软元件中（5－(－8)＝13）。

各种标志的动作、32 位运算软元件的指定方法等，均与 4.6.1 中的 ADD 指令相同。

上例中如果 X0 为常开，当输入 X0 为 ON 时，每个扫描周期都执行一次该指令，所以建议用上升沿或下降沿触发。

标志的动作与数值的正负关系如图 4-6-6 所示。

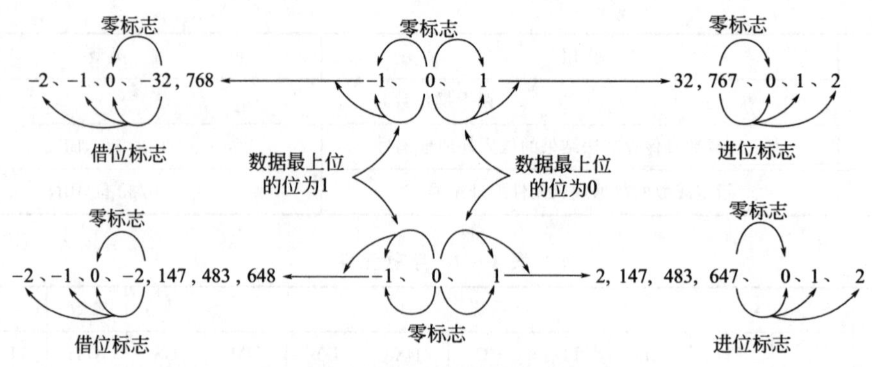

图 4-6-6 标志的动作与数值的正负关系

4.6.3 乘法运算[MUL]

将两个数据进行二进制乘法运算，并对结果进行存储。MUL 指令及操作数、字软元件如表 4-6-8～表 4-6-10 所示。

表 4-6-8 MUL 指令

乘法运算[MUL]			
16 位指令	MUL	32 位指令	DMUL
执行条件	常开/闭、边沿触发	适用机型	全系列
硬件要求	—	软件要求	—

表 4-6-9 操作数

操作数	作用	类型
S1	指定进行乘法运算的数据或软元件地址编号	16/32 位,BIN
S2	指定进行乘法运算的数据或软元件地址编号	16/32 位,BIN
D	指定保存乘法结果的软元件地址编号	16/32 位,BIN

表 4-6-10 字软元件

操作数	系统									常数	模块	
	D	FD	ED	TD	CD	DX	DY	DM	DS	K/H	ID	QD
S1	●	●		●	●	●	●	●	●	●		
S2	●	●		●	●	●	●	●	●	●		
D	●			●	●		●		●			

16 位运算应用如图 4-6-7 所示。

各源指定的软元件内容的乘积，以 32 位数据形式存入目标地址指定的软元件（低位）和紧接其后的软元件（高位）中。图 4-6-7 示例：(D0)＝8、(D2)＝9 时，(D5，D4)＝72。

结果的最高位是正（0）、负（1）符号位。

要注意的是，上例中驱动输入 X0 为 ON 时，每个扫描周期都执行一次乘法运算。

32 位运算应用如图 4-6-8 所示。

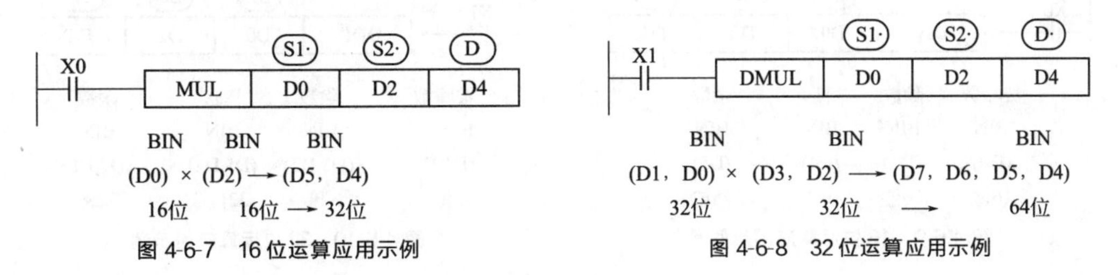

图 4-6-7 16 位运算应用示例

图 4-6-8 32 位运算应用示例

在 32 位运算中，目标地址使用位软元件时，得到 64 位的结果。在使用字元件时，也不能直接监视到 64 位数据的运算结果。

4.6.4 除法运算[DIV]

将两个数据进行二进制除法运算，并对结果进行存储。DIV 指令及操作数、字软元件如表 4-6-11～表 4-6-13 所示。

表 4-6-11 DIV 指令

除法运算[DIV]			
16 位指令	DIV	32 位指令	DDIV
执行条件	常开/闭、边沿触发	适用机型	全系列
硬件要求	—	软件要求	—

表 4-6-12 操作数

操作数	作用	类型
S1	指定进行除法运算的数据或软元件地址编号	16/32 位，BIN
S2	指定进行除法运算的数据或软元件地址编号	16/32 位，BIN
D	指定保存除法结果的软元件地址编号	16/32 位，BIN

表 4-6-13 字软元件

操作数	系统									常数	模块	
	D	FD	ED	TD	CD	DX	DY	DM	DS	K/H	ID	QD
S1	●	●		●	●	●	●	●	●	●		
S2	●	●		●	●	●	●	●	●	●		
D	●			●	●		●	●	●			

16 位运算应用如图 4-6-9 所示。

(S1·)指定软元件的内容是被除数，(S2·)指定软元件的内容是除数，(D·)指定的软元件和其下一个编号的软元件将存入商和余数。

要注意的是，上例中驱动输入 X0 为 ON 时，每个扫描周期都执行一次除法运算。

32 位运算应用如图 4-6-10 所示。

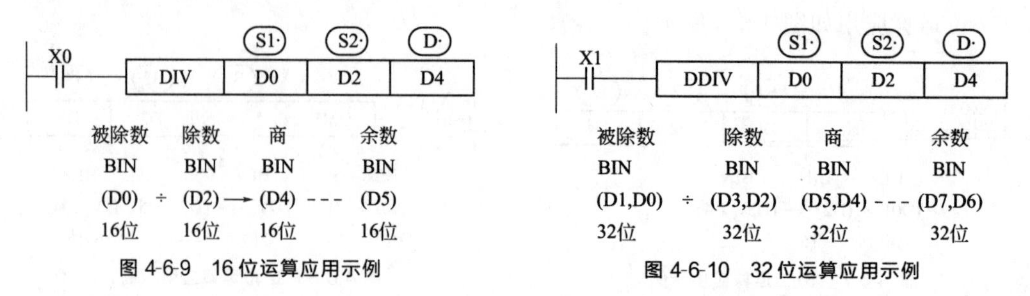

图 4-6-9 16 位运算应用示例

图 4-6-10 32 位运算应用示例

被除数内容是由(S1·)指定软元件和其下一个编号的软元件组合而成，除数内容是由(S2·)指定的软元件和其下一个编号的软元件组合而成，其商和余数如图 4-6-10 所示，存入与(D·)指定软元件相连接的 4 点软元件。

除数为 0 时发生运算错误，不能执行指令。

商和余数的最高位为正（0）、负（1）的符号位。当被除数或除数中的一方为负数时，商则为负，当被除数为负时余数则为负。

4.6.5 自加 1[INC]、自减 1[DEC]

INC、DEC 指令及操作数、字软元件如表 4-6-14～表 4-6-16 所示。

表 4-6-14 INC、DEC 指令

自加 1[INC]			
16 位指令	INC	32 位指令	DINC
执行条件	常开/闭、边沿触发	适用机型	全系列
硬件要求	—	软件要求	—
自减 1[DEC]			
16 位指令	DEC	32 位指令	DDEC
执行条件	常开/闭、边沿触发	适用机型	全系列
硬件要求	—	软件要求	—

表 4-6-15 操作数

操作数	作用	类型
D	指定进行自加 1/减 1 运算的软元件地址编号	16/32 位,BIN

表 4-6-16 字软元件

操作数	系统									常数	模块	
	D	FD	ED	TD	CD	DX	DY	DM	DS	K/H	ID	QD
D	●			●	●		●	●	●			

如图 4-6-11 所示，X000 每置 ON 一次，(D·)指定的软元件的内容就加 1。

16 位运算时，如果＋32,767 加 1 则变为－32,768，标志位动作；32 位运算时，如果＋2,147,483,647 加 1 则变为－2,147,483,648，标志位动作。

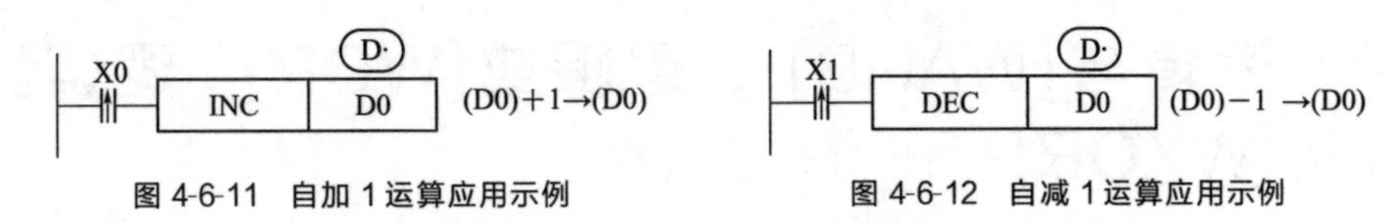

图 4-6-11 自加 1 运算应用示例　　图 4-6-12 自减 1 运算应用示例

如图 4-6-12 所示，X001 每置 ON 一次，Ⓓ·指定的软元件的内容就减 1。

－32,768 或－2,147,483,648 减 1，则为＋32,767 或＋2,147,483,647，标志位动作。

4.6.6 求平均值[MEAN]

将指定数据或软元件进行求平均值运算。MEAN 指令及操作数、字软元件如表 4-6-17～表 4-6-19 所示。

表 4-6-17 MEAN 指令

求平均值[MEAN]			
16 位指令	MEAN	32 位指令	DMEAN
执行条件	常开/闭、边沿触发	适用机型	全系列
硬件要求	—	软件要求	—

表 4-6-18 操作数

操作数	作用	类型
S	指定源数据的软元件首地址编号	16 位,BIN
D	指定存储平均值结果的软元件地址编号	16 位,BIN
n	指定源数据个数的数值	16 位,BIN

表 4-6-19 字软元件

操作数	系统									常数	模块	
	D	FD	ED	TD	CD	DX	DY	DM	DS	K/H	ID	QD
S	●	●		●	●		●	●	●			
D	●			●	●		●	●	●			
n	●									●		

MEAN 指令应用如图 4-6-13 所示。

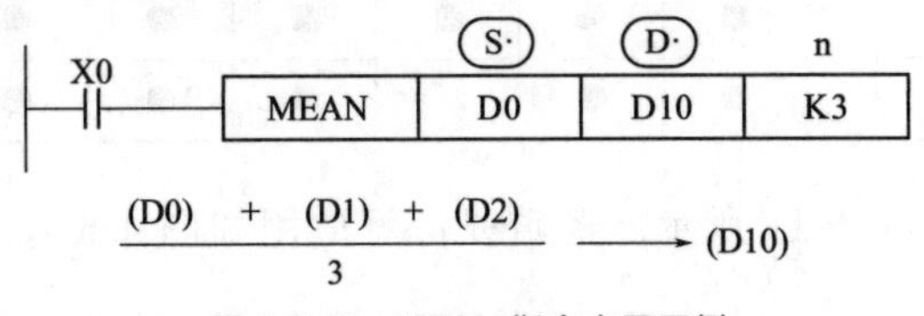

图 4-6-13 MEAN 指令应用示例

将 n 点的源数据的平均值（代数和被 n 除）存入目标地址中，余数舍去。

取 n 值时要注意，范围不要超过可用软元件编号，否则会发生运算错误。

4.6.7 逻辑与[WAND]、逻辑或[WOR]、逻辑异或[WXOR]

将指定数据或软元件的各位进行逻辑与/逻辑或/逻辑异或运算。WAND、WOR、WXOR 指令及操作数、字软元件如表 4-6-20～表 4-6-22 所示。

表 4-6-20 WAND、WOR、WXOR 指令

逻辑与[WAND]			
16 位指令	WAND	32 位指令	DWAND
执行条件	常开/闭、边沿触发	适用机型	全系列
硬件要求	—	软件要求	—
逻辑或[WOR]			
16 位指令	WOR	32 位指令	DWOR
执行条件	常开/闭、边沿触发	适用机型	全系列
硬件要求	—	软件要求	—
逻辑异或[WXOR]			
16 位指令	WXOR	32 位指令	DWXOR
执行条件	常开/闭、边沿触发	适用机型	全系列
硬件要求	—	软件要求	—

表 4-6-21 操作数

操作数	作用	类型
S1	指定进行运算的数据或软元件地址编号	16/32 位，BIN
S2	指定进行运算的数据或软元件地址编号	16/32 位，BIN
D	指定保存运算结果的软元件地址编号	16/32 位，BIN

表 4-6-22 字软元件

操作数	系统									常数	模块	
	D	FD	ED	TD	CD	DX	DY	DM	DS	K/H	ID	QD
S1	●	●		●	●	●	●	●	●	●		
S2	●	●		●	●	●	●	●	●	●		
D	●			●	●		●	●	●			

逻辑与运算应用如图 4-6-14 所示。逻辑或运算应用如图 4-6-15 所示。逻辑异或运算应用如图 4-6-16 所示。

如果将这个指令与 CML 组合使用，也能进行异或非逻辑（XOR NOT）运算。逻辑与

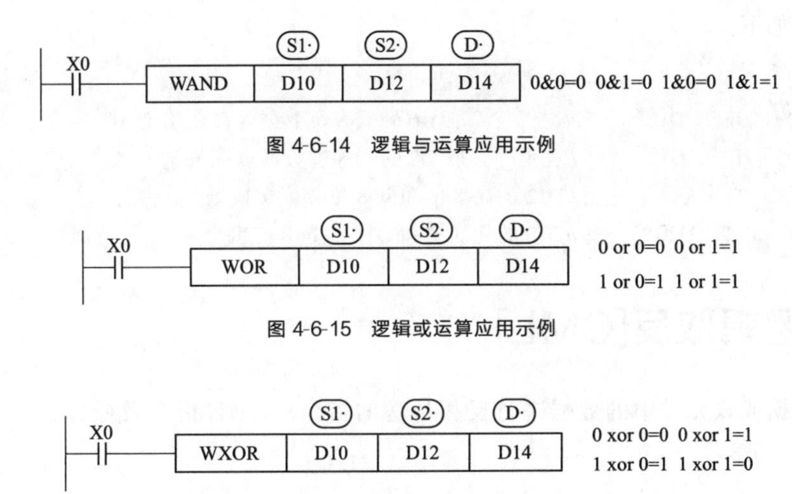

图 4-6-14 逻辑与运算应用示例

图 4-6-15 逻辑或运算应用示例

图 4-6-16 逻辑异或运算应用示例

运算应用如图 4-6-17 所示。

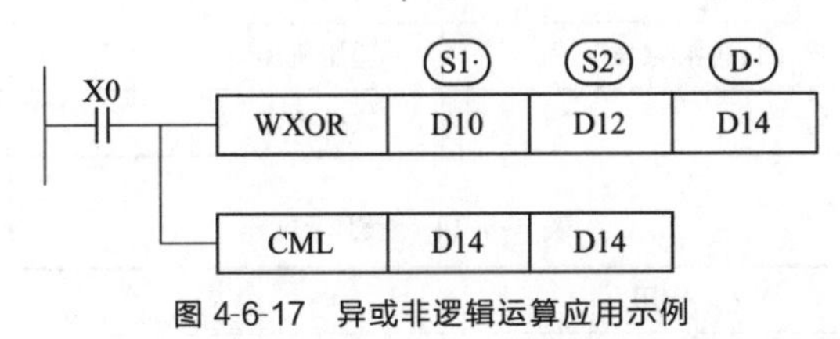

图 4-6-17 异或非逻辑运算应用示例

【例 1】 将 X0～X17 组成的 16 位数据，存放在寄存器 D0 中，如图 4-6-18 所示。

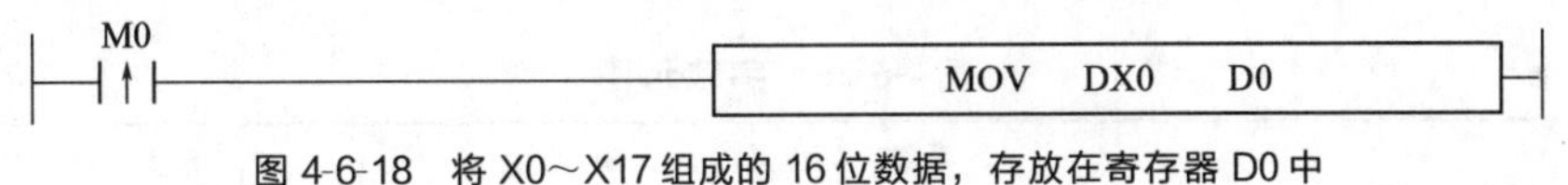

图 4-6-18 将 X0～X17 组成的 16 位数据，存放在寄存器 D0 中

将 X0、X1、X2、X3 的状态，以 8421 码形式存放在寄存器 D0 中，如图 4-6-19 所示。

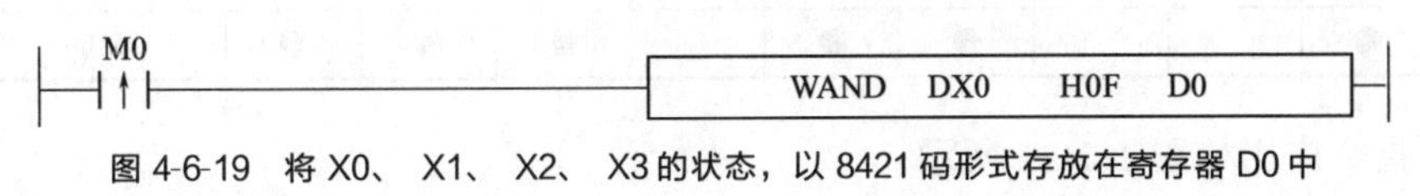

图 4-6-19 将 X0、X1、X2、X3 的状态，以 8421 码形式存放在寄存器 D0 中

【例 2】 将 D0 的低 8 位和 D2 的低 8 位结合组成一个字，如图 4-6-20 所示。

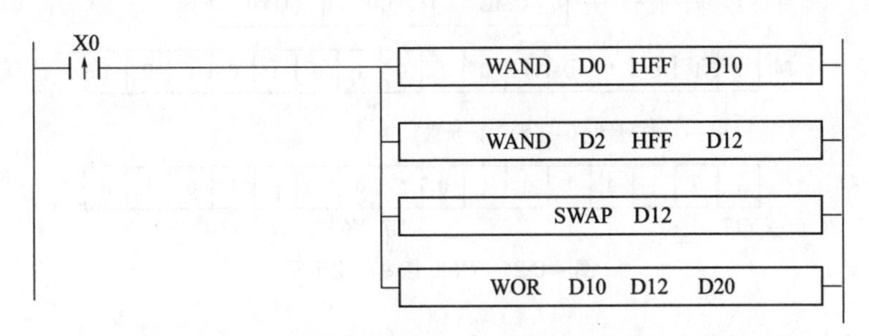

图 4-6-20 将 D0 的低 8 位和 D2 的低 8 位结合组成一个字

命令语言如下。

```
LDP X0                      //输入 X0 的上升沿
WAND  D0  HFF  D10          //逻辑与，取 D0 的低 8 位数据，存放于 D10
WAND  D2  HFF  D12          //逻辑与，取 D2 的低 8 位数据，存放于 D12
SWAP  D12                   //D12 的高 8 位和低 8 位数据交换
WOR  D10  D12  D20          //D10 的低 8 位和 D12 的高 8 位组合成 16 位数据，存放于 D20
```

4.6.8 逻辑取反[CML]

将指定数据或软元件中的数据进行反相传送的指令。CML 指令及操作数、字软元件如表 4-6-23～表 4-6-25。

表 4-6-23 CML 指令

逻辑取反[CML]			
16 位指令	CML	32 位指令	DCML
执行条件	常开/闭、边沿触发	适用机型	全系列
硬件要求	—	软件要求	—

表 4-6-24 操作数

操作数	作用	类型
S	指定源数据值或软元件地址编号	16/32 位，BIN
D	指定保存结果的软元件地址编号	16/32 位，BIN

表 4-6-25 字软元件

操作数	系统									常数	模块	
	D	FD	ED	TD	CD	DX	DY	DM	DS	K/H	ID	QD
S	●	●		●	●	●	●	●	●	●		
D	●			●	●		●	●	●			

CML 指令应用如图 4-6-21 所示。

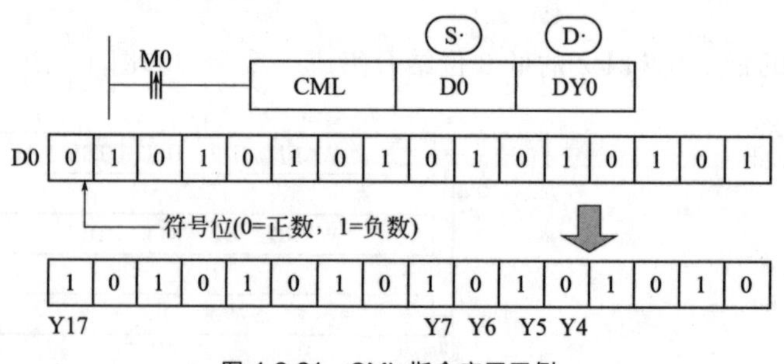

图 4-6-21 CML 指令应用示例

将源数据的各位反相（1→0，0→1）后，传送到目标地址。在源数据中使用常数 K 的话，能自动地转换成二进制。该指令适用于需要可编程控制器以逻辑反相输出的场合，如

图 4-6-21 所示。

左边的顺控程序可以用右边的 CML 指令表示，如图 4-6-22 所示。

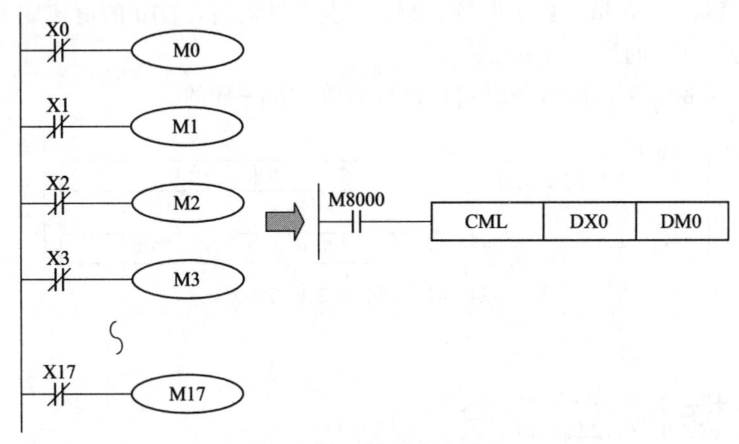

图 4-6-22 反相输入的读取

4.6.9 求负[NEG]

将指定软元件中的数据进行求负运算。NEG 指令及操作数、字软元件如表 4-6-26～表 4-6-28 所示。

表 4-6-26 NEG 指令

求负[NEG]			
16 位指令	NEG	32 位指令	DNEG
执行条件	边沿触发	适用机型	全系列
硬件要求	—	软件要求	—

表 4-6-27 操作数

操作数	作用	类型
D	指定源数据的软元件地址编号	16/32 位，BIN

表 4-6-28 字软元件

操作数	系统									常数	模块	
	D	FD	ED	TD	CD	DX	DY	DM	DS	K/H	ID	QD
D	●			●	●		●	●	●			

NEG 指令应用如图 4-6-23 所示。

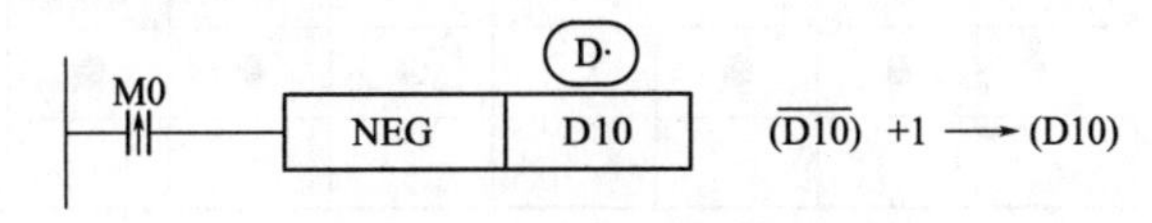

图 4-6-23 NEG 指令应用示例

将(D·)指定软元件的内容中各位先取反（1→0，0→1），然后再加1，将其结果再存入原先的软元件中。

上述动作，假设D10起始数据为20，M0一次上升沿后，D10的值转变为－20；当M0再一次上升沿后，D10的值变为＋20。

如图4-6-24所示，下面的两条语句，执行的效果是一样的。

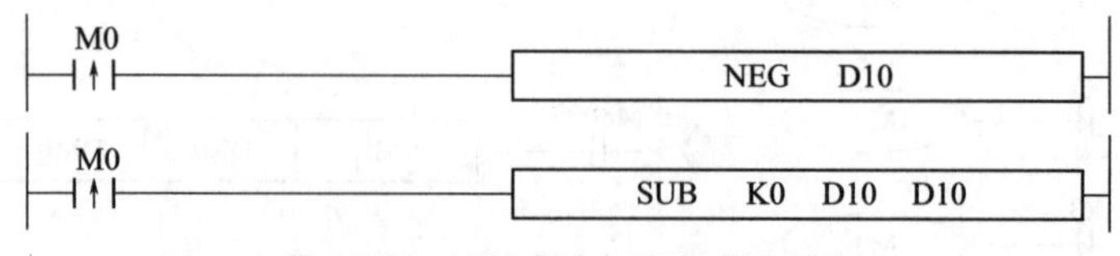

图4-6-24 NEG指令与SUB指令对比

4.7 数据移位指令

4.7.1 算术左移[SHL]、算术右移[SHR]

将指定软元件中的数据进行算术左移/算术右移的指令。SHL、SHR指令及操作数、字软元件如表4-7-1～表4-7-3所示。

表4-7-1 SHL、SHR指令

算术左移[SHL]			
16位指令	SHL	32位指令	DSHL
执行条件	常开/闭、边沿触发	适用机型	XC2、XC3、XC5、XCM、XCC
硬件要求	—	软件要求	—
算术右移[SHR]			
16位指令	SHR	32位指令	DSHR
执行条件	常开/闭、边沿触发	适用机型	XC2、XC3、XC5、XCM、XCC
硬件要求	—	软件要求	—

表4-7-2 操作数

操作数	作用	类型
D	指定源数据的软元件地址编号	16/32位，BIN
n	指定算术左移/右移的位数	16/32位，BIN

表4-7-3 字软元件

操作数	系统									常数	模块	
	D	FD	ED	TD	CD	DX	DY	DM	DS	K/H	ID	QD
D	●			●	●		●	●	●			
n										●		

执行 SHL 指令一次之后，下位补 0，最终位被存入进位标志中。执行 SHR 指令一次之后，上位同移动前的最高位，最终位被存入进位标志中。

算数左移与算数右移指令应用如图 4-7-1 所示。

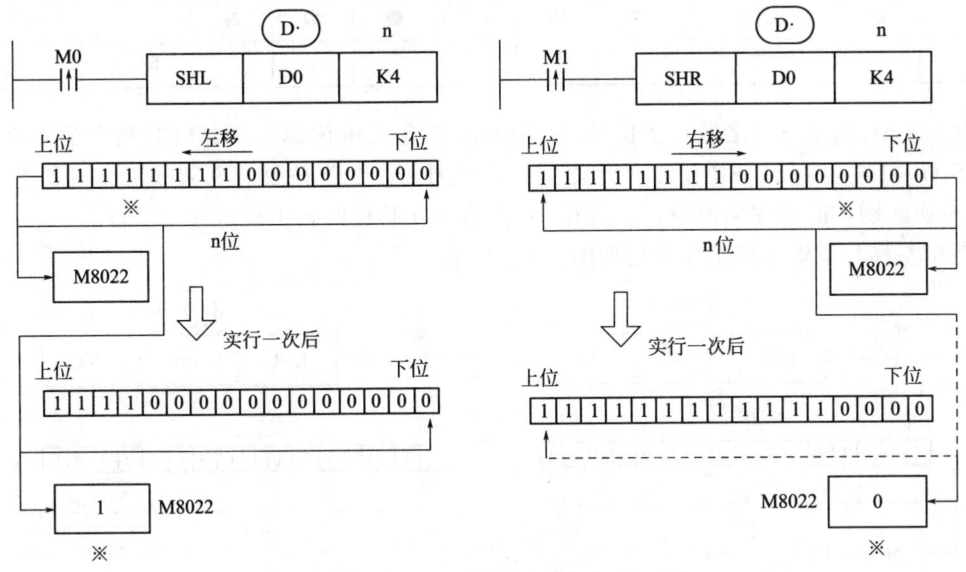

图 4-7-1 算数左移与算数右移指令应用示例

4.7.2 逻辑左移[LSL]、逻辑右移[LSR]

将指定软元件中的数据进行逻辑左移、逻辑右移的指令。LSL、LSR 指令及操作数、字软元件如表 4-7-4～表 4-7-6 所示。

表 4-7-4 LSL、LSR 指令

逻辑左移[LSL]			
16 位指令	LSL	32 位指令	DLSL
执行条件	常开/闭、边沿触发	适用机型	XC2、XC3、XC5、XCM、XCC
硬件要求	—	软件要求	—
逻辑右移[LSR]			
16 位指令	LSR	32 位指令	DLSR
执行条件	常开/闭、边沿触发	适用机型	XC2、XC3、XC5、XCM、XCC
硬件要求	—	软件要求	—

表 4-7-5 操作数

操作数	作用	类型
D	指定源数据的软元件地址编号	16/32 位，BIN
n	指定逻辑左移/逻辑右移的位数	16/32 位，BIN

表 4-7-6 字软元件

操作数	系统									常数	模块	
	D	FD	ED	TD	CD	DX	DY	DM	DS	K/H	ID	QD
D	●			●	●		●	●	●			
n										●		

执行 LSL 指令一次之后，下位补 0，最终位被存入进位标志中。LSL 指令的意义和使用与 SHL 相同。执行 LSR 指令一次之后，上位补 0，最终位被存入进位标志中。LSR 与 SHR 有所区别，前者在移位时，上位补 0；而后者在移位时，上位也参与移位。

逻辑左移与逻辑右移指令应用如图 4-7-2 所示。

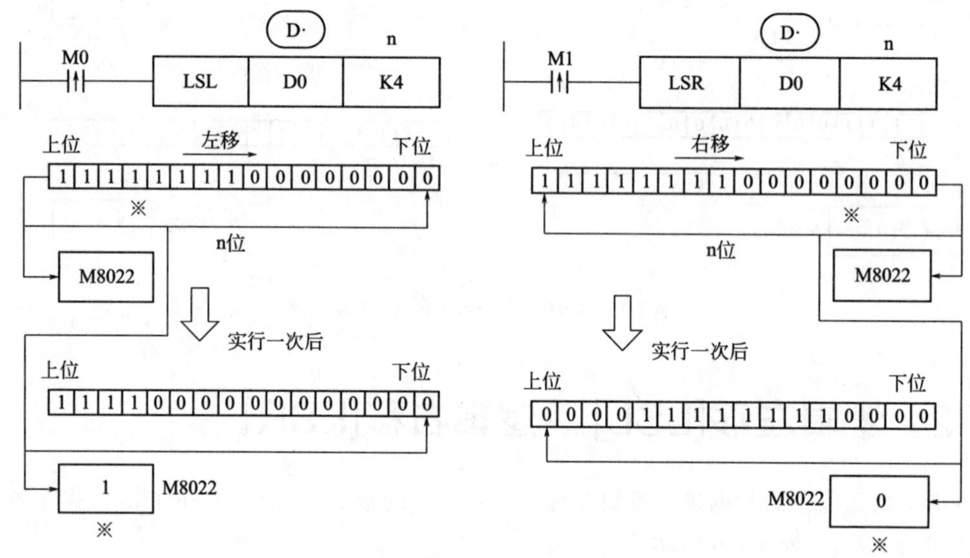

图 4-7-2 逻辑左移与逻辑右移指令应用示例

4.7.3 循环左移[ROL]、循环右移[ROR]

使 16 位或 32 位数据的各位信息循环左移/循环右移的指令。ROL、ROR 指令及操作数、字软元件如表 4-7-7～表 4-7-9 所示。

表 4-7-7 ROL、ROR 指令

循环左移[ROL]			
16 位指令	ROL	32 位指令	DROL
执行条件	常开/闭、边沿触发	适用机型	XC2、XC3、XC5、XCM、XCC
硬件要求	—	软件要求	—
循环右移[ROR]			
16 位指令	ROR	32 位指令	DROR
执行条件	常开/闭、边沿触发	适用机型	XC2、XC3、XC5、XCM、XCC
硬件要求	—	软件要求	—

表 4-7-8　操作数

操作数	作用	类型
D	指定源数据的软元件地址编号	16/32 位,BIN
n	指定循环左移的位数	16/32 位,BIN

表 4-7-9　字软元件

操作数	系统									常数	模块	
	D	FD	ED	TD	CD	DX	DY	DM	DS	K/H	ID	QD
D	●			●	●		●	●	●			
n										●		

每一次 X0 从 OFF→ON 变化一次时，则进行 n 位循环左移或右移，最终位被存入进位标志中。

循环左移与循环右移指令应用如图 4-7-3 所示。

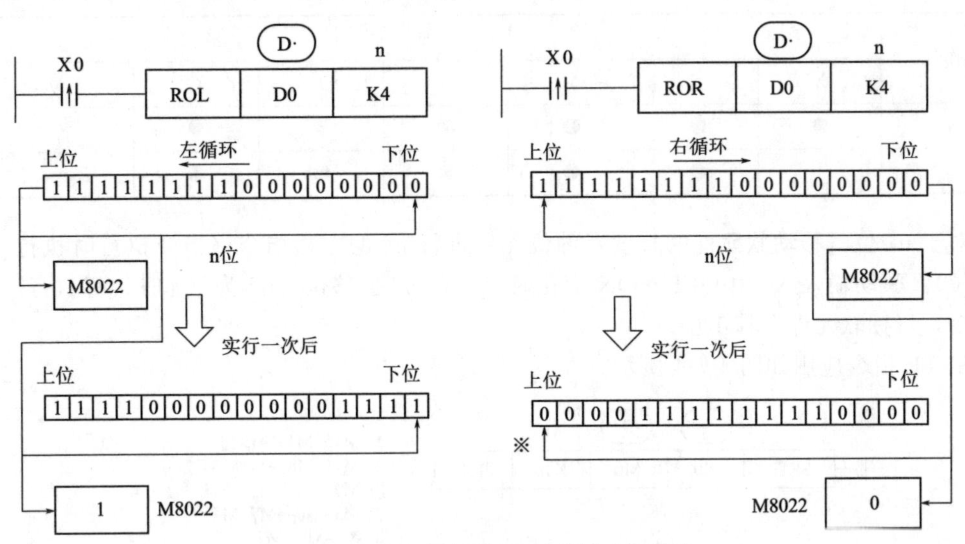

图 4-7-3　循环左移与循环右移指令应用示例

4.7.4　位左移[SFTL]

将指定软元件中的数据进行位左移的指令。SFTL 指令及操作数、字软元件、位软元件如表 4-7-10～表 4-7-13 所示。

表 4-7-10　SFTL 指令

位左移[SFTL]			
16 位指令	SFTL	32 位指令	DSFTL
执行条件	边沿触发	适用机型	XC2、XC3、XC5、XCM、XCC
硬件要求	—	软件要求	—

表 4-7-11　操作数

操作数	作用	类型
S	指定源数据的软元件首地址编号	位
D	指定目标软元件的首地址编号	位
n1	指定目标元件的个数(不超过 1024)	16/32 位,BIN
n2	指定位左移每次移动的位数(不超过 1024)	16/32 位,BIN

表 4-7-12　字软元件

操作数	系统									常数	模块	
	D	FD	ED	TD	CD	DX	DY	DM	DS	K/H	ID	QD
n1	●			●	●	●	●	●	●	●		
n2	●			●	●	●	●	●	●	●		

表 4-7-13　位软元件

操作数	系统						
	X	Y	M	S	T	C	Dn. m
S	●	●	●	●	●	●	
D		●	●	●	●	●	

对于 n1 位（移动软元件的长度）的位元件进行 n2 的左移指令（指令执行时执行 n2 位的移位）。驱动输入 X0 由 OFF→ON 变化时，执行 n2 位移位。n2 为 K1 时，每执行一次移位指令，目标软元件左移 1 位。

SFTL 指令应用如图 4-7-4 所示。

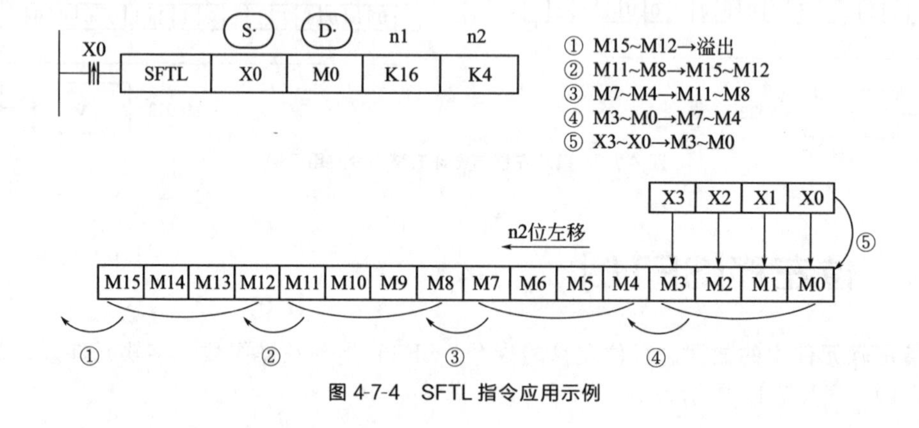

图 4-7-4　SFTL 指令应用示例

4.7.5　位右移[SFTR]

将指定软元件中的数据进行位右移的指令。SFTR 指令及操作数、字软元件、位软元件如表 4-7-14～表 4-7-17 所示。

表 4-7-14 SFTR 指令

位右移[SFTR]			
16 位指令	SFTR	32 位指令	DSFTR
执行条件	边沿触发	适用机型	XC2、XC3、XC5、XCM、XCC
硬件要求	—	软件要求	—

表 4-7-15 操作数

操作数	作用	类型
S	指定源数据的软元件首地址编号	位
D	指定目标软元件的首地址编号	位
n1	指定目标元件的个数(不超过 1024)	16/32 位,BIN
n2	指定位右移每次移动的位数(不超过 1024)	16/32 位,BIN

表 4-7-16 字软元件

操作数	系统									常数	模块	
	D	FD	ED	TD	CD	DX	DY	DM	DS	K/H	ID	QD
n1	●			●	●	●	●	●	●	●		
n2	●			●	●	●	●	●	●	●		

表 4-7-17 位软元件

操作数	系统						
	X	Y	M	S	T	C	Dn. m
S	●	●	●	●	●	●	
D		●	●	●	●	●	

对于 n1 位（移动寄存器的长度）的位元件进行 n2 的右移动的指令（指令执行时执行 n2 位的移位）。驱动输入 X0 由 OFF→ON 变化时，执行 n2 位移位。n2 为 K1 时，每执行一次移位指令，目标软元件右移 1 位。

SFTR 指令应用如图 4-7-5 所示。

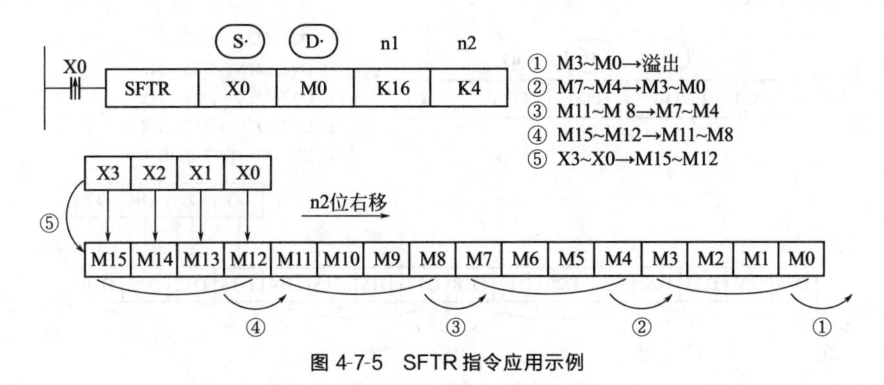

图 4-7-5 SFTR 指令应用示例

4.7.6 字左移[WSFL]

将指定软元件中的数据进行字左移的指令。WSFL 指令及操作数、字软元件如表 4-7-18～表 4-7-20 所示。

表 4-7-18 WSFL 指令

字左移[WSFL]			
16 位指令	WSFL	32 位指令	—
执行条件	边沿触发	适用机型	XC2、XC3、XC5、XCM、XCC
硬件要求	—	软件要求	—

表 4-7-19 操作数

操作数	作用	类型
S	指定源数据的软元件首地址编号	16 位,BIN
D	指定目标软元件的首地址编号	16 位,BIN
n1	指定目标软元件的个数(不超过 512)	16 位,BIN
n2	指定每次左移的字个数(不超过 512)	16 位,BIN

表 4-7-20 字软元件

操作数	系统									常数	模块	
	D	FD	ED	TD	CD	DX	DY	DM	DS	K/H	ID	QD
S	●	●		●	●	●	●	●	●			
D	●			●	●		●	●	●			
n1	●			●	●		●	●	●	●		
n2	●			●	●		●	●	●	●		

以字为单位，对 n1 个字的字软元件进行 n2 个字的左移的指令。驱动输入 X0 从 OFF→ON 时就执行一次 n2 个字的移动。

WSFL 指令应用如图 4-7-6 所示。

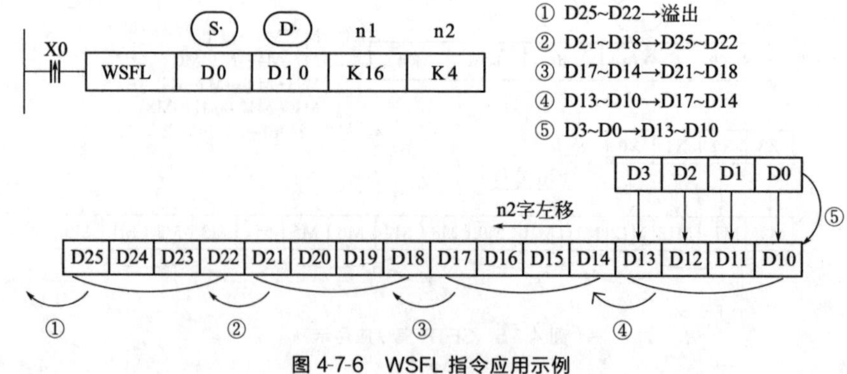

图 4-7-6 WSFL 指令应用示例

图中，D10～D25（共 16 个寄存器）用于接收从 D0～D3 传送过来的数值，每次 X0 上升沿来时，将 D0～D3 的数值传送到 D10～D13，原 D0～D13 的数值左移到 D14～D17，原 D14～D17 的数值左移到 D18～D21……依次类推，原 D22～D25 的数值溢出。

4.7.7 字右移[WSFR]

将指定软元件中的数据进行字右移的指令。WSFR 指令及操作数、字软元件如表 4-7-21～表 4-7-23 所示。

表 4-7-21 WSFR 指令

字右移[WSFR]			
16 位指令	WSFR	32 位指令	—
执行条件	边沿触发	适用机型	XC2、XC3、XC5、XCM、XCC
硬件要求	—	软件要求	—

表 4-7-22 操作数

操作数	作用	类型
S	指定源数据的软元件首地址编号	16 位,BIN
D	指定目标软元件的首地址编号	16 位,BIN
n1	指定目标软元件的个数(不超过 512)	16 位,BIN
n2	指定每次右移的字个数(不超过 512)	16 位,BIN

表 4-7-23 字软元件

操作数	系统									常数	模块	
	D	FD	ED	TD	CD	DX	DY	DM	DS	K/H	ID	QD
S	●	●		●	●	●	●	●	●			
D	●			●	●		●	●	●			
n1	●			●	●		●	●	●	●		
n2	●			●	●		●	●	●	●		

以字为单位，对 n1 个字的字软元件进行 n2 个字的右移的指令。驱动输入 X0 从 OFF→ON 时就执行一次 n2 个字的移动。

WSFR 指令应用如图 4-7-7 所示。

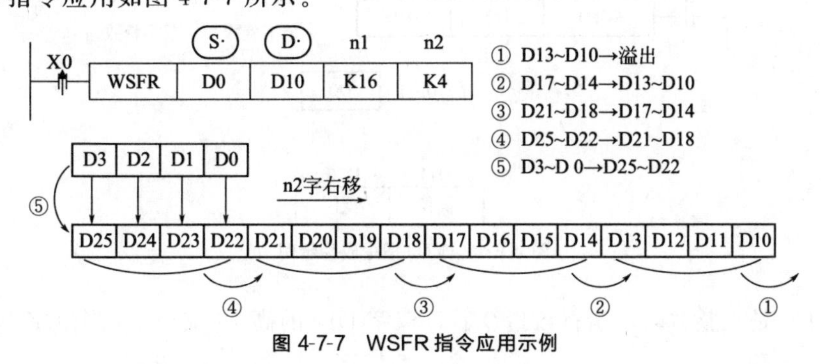

图 4-7-7 WSFR 指令应用示例

图中，D10～D25（共 16 个寄存器）用于接收从 D0～D3 传送过来的数值，每次 X0 上升沿来时，将 D0～D3 的数值传送到 D22～D25，原 D22～D25 的数值右移到 D18～D21，原 D18～D21 的数值右移到 D14～D17……依次类推，原 D13～D10 的数值溢出。

4.8 数据转换指令

4.8.1 单字整数转双字整数[WTD]

将指定软元件中的数据进行单字转双字操作的指令。WTD 指令及操作数、字软元件如表 4-8-1～表 4-8-3 所示。

表 4-8-1 WTD 指令

单字整数转双字整数[WTD]			
16 位指令	WTD	32 位指令	—
执行条件	常开/闭、边沿触发	适用机型	XC2、XC3、XC5、XCM、XCC
硬件要求	—	软件要求	—

表 4-8-2 操作数

操作数	作用	类型
S	指定源数据的软元件地址编号	16 位，BIN
D	指定目标软元件的首地址编号	32 位，BIN

表 4-8-3 字软元件

操作数	系统									常数	模块	
	D	FD	ED	TD	CD	DX	DY	DM	DS	K/H	ID	QD
S	●	●		●	●	●	●	●	●			
D	●			●	●		●	●	●			

WTD 指令应用如图 4-8-1 所示。

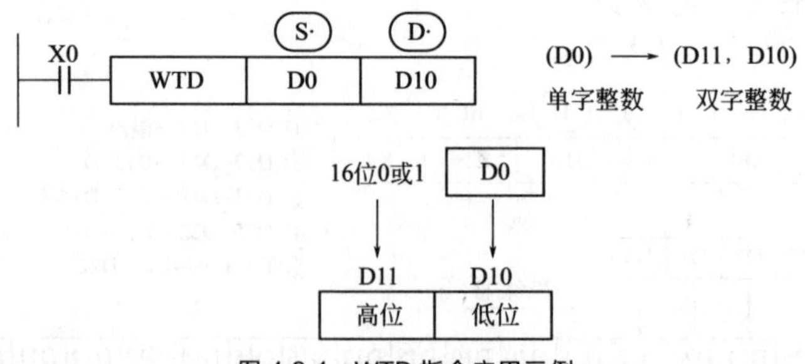

图 4-8-1 WTD 指令应用示例

当单字 D0 是正整数时，执行该指令后，双字 D10 的高 16 位补 0。当单字 D0 是负整数时，执行该指令后，双字 D10 的高 16 位补 1。值得注意的是，这里的高位补 0 或 1，均是指二进制数。

4.8.2 16 位整数转浮点数[FLT]

将指定数据或软元件中的整数转换为浮点数的指令。FLT 指令及操作数、字软元件如表 4-8-4～表 4-8-6 所示。

表 4-8-4 FLT 指令

16 位整数转浮点数[FLT]					
16 位指令	FLT	32 位指令	DFLT	64 位指令	FLTD
执行条件	常开/闭、边沿触发		适用机型	XC2、XC3、XC5、XCM、XCC	
硬件要求	—		软件要求	—	

表 4-8-5 操作数

操作数	作用	类型
S	指定源数据的软元件首地址编号	16/32/64 位，BIN
D	指定目标软元件的首地址编号	32/64 位，BIN

表 4-8-6 字软元件

操作数	系统									常数	模块	
	D	FD	ED	TD	CD	DX	DY	DM	DS	K/H	ID	QD
S	●	●								●		
D	●											

16 位 FLT 指令应用如图 4-8-2 所示。

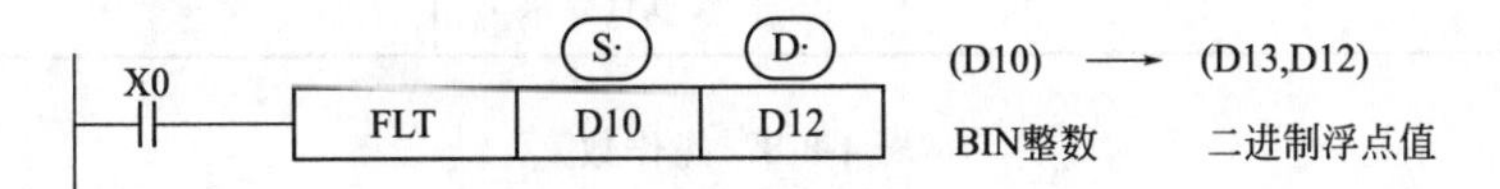

图 4-8-2 16 位 FLT 指令应用示例

32 位 FLT 指令应用如图 4-8-3 所示。

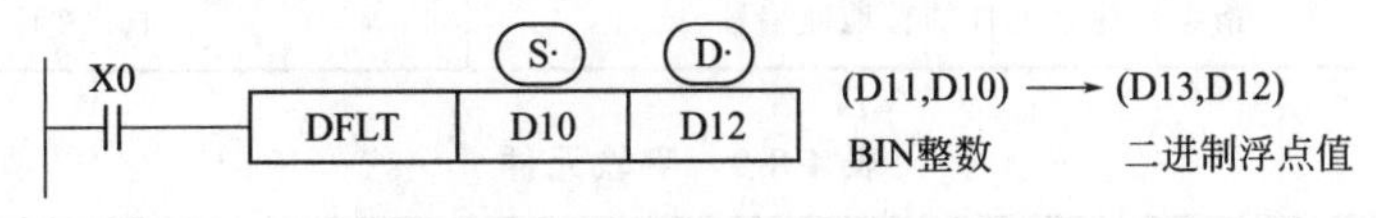

图 4-8-3 32 位 FLT 指令应用示例

64 位 FLT 指令应用如图 4-8-4 所示。

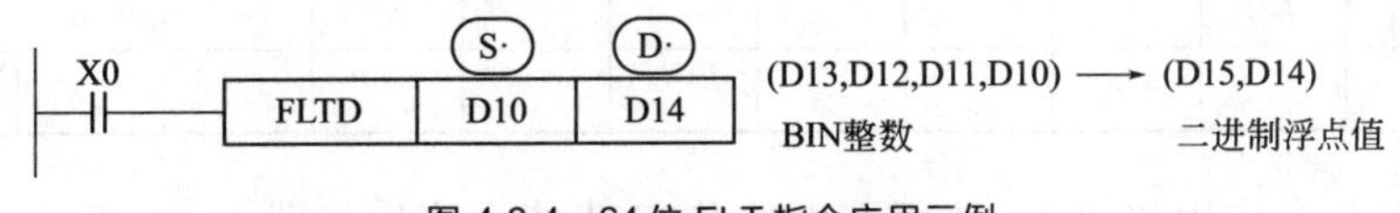

图 4-8-4 64 位 FLT 指令应用示例

二进制整数值与二进制浮点值间的转换指令。常数K、H在各浮点运算指令中被自动转换，可以不用FLT指令。这个指令的逆变换指令是INT。FLTD指令是将64位整数转换为32位浮点数。FLTD指令的S操作数不支持常数K/H类型。二进制整数值与二进制浮点值间的转换指令应用如图4-8-5所示。

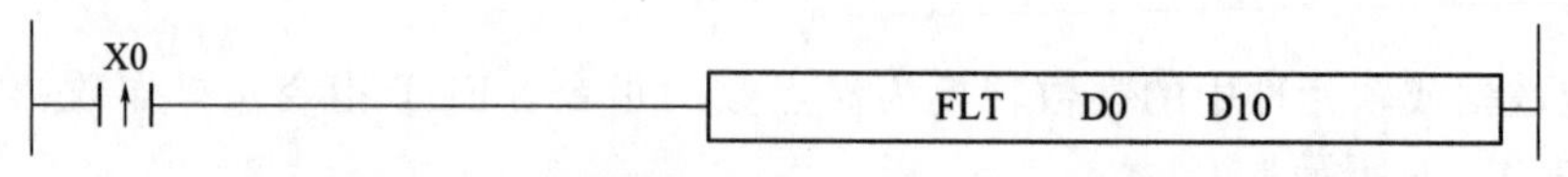

图4-8-5 二进制整数值与二进制浮点值间的转换指令应用示例

初始设D0的值为整数20，执行指令后，D10的值为浮点数20。在自由监控中添加D10，选择浮点类型，可以正确地监控到D10的值。自由监控数据如图4-8-6所示。

图中，D0为整数20，D10为浮点数20，当D10选择双字类型监控时，数据显示不是20。这是因为整数和浮点数在底层存放格式不一样，所以监控浮点数时应该用自由监控，选择浮点类型监控，才能查看到正确的数据。

PLC1-自由监控

监控 | 添加 修改 删除 | 上移 下移

寄存器	监控值	字长	进制
D0	20	单字	10进制
D10	20	浮点	10进制
D10	1101004800	双字	10进制

图4-8-6 自由监控数据

4.8.3 浮点转整数[INT]

将指定软元件中的浮点数转换为整数的指令。INT指令及操作数、字软元件如表4-8-7～表4-8-9所示。

表4-8-7 INT指令

浮点转整数[INT]			
16位指令	INT	32位指令	DINT
执行条件	常开/闭、边沿触发	适用机型	XC2、XC3、XC5、XCM、XCC
硬件要求	—	软件要求	—

表4-8-8 操作数

操作数	作用	类型
S	指定源数据的软元件首地址编号	16/32位，BIN
D	指定目标软元件的首地址编号	16/32位，BIN

表4-8-9 字软元件

操作数	系统									常数	模块	
	D	FD	ED	TD	CD	DX	DY	DM	DS	K/H	ID	QD
S	●	●										
D	●											

16位INT指令应用如图4-8-7所示。32位INT指令应用如图4-8-8所示。

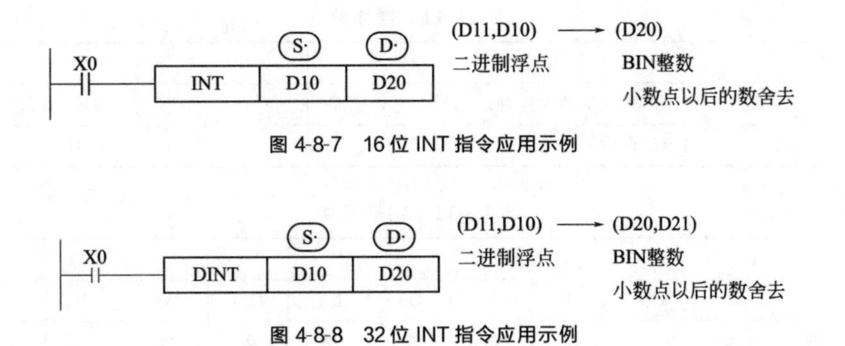

图 4-8-7 16 位 INT 指令应用示例

图 4-8-8 32 位 INT 指令应用示例

将源数据地址内的二进制浮点值转换为 BIN 整数，存入目标地址中。此时，舍去小数点以后的值（注意：固件版本为 V3.3i、V3.3f、V3.3g 的 PLC，小数点以后的数四舍五入）。此指令为 FLT 指令的逆变换。运算结果为 0 时，标志位为 ON。运算结果超出以下范围而发生溢出时，进位标志位 ON。16 位运算时：－32,768～32,767。23 位运算时：－2,147,483,648～2,147,483,647，如图 4-8-9 所示。

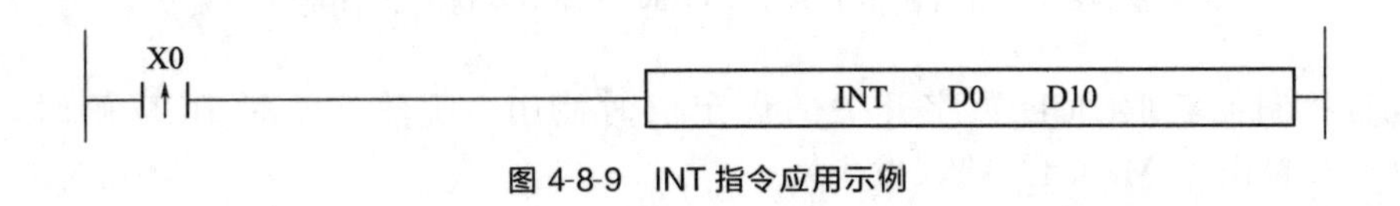

图 4-8-9 INT 指令应用示例

假设 D0 中的浮点数为 130.2，执行 INT 指令后，得到整数 130 存放于 D10 中，如图 4-8-10 所示。

PLC1-自由监控

监控 | 添加 修改 删除 | 上移 下移

寄存器	监控值	字长	进制
D0	130.2	浮点	10进制
D10	130	单字	10进制

图 4-8-10 自由监控数据

4.8.4 BCD 转二进制[BIN]

将指定软元件中的 BCD 码转换为二进制数的指令。BIN 指令及操作数、字软元件如表 4-8-10～表 4-8-12 所示。

表 4-8-10 BIN 指令

BCD 转二进制[BIN]			
16 位指令	BIN	32 位指令	—
执行条件	常开/闭、边沿触发	适用机型	XC2、XC3、XC5、XCM、XCC
硬件要求	—	软件要求	—

表 4-8-11　操作数

操作数	作用	类型
S	指定源数据的软元件地址编号	BCD码
D	指定目标软元件的首地址编号	16位,BIN

表 4-8-12　字软元件

操作数	系统									常数	模块	
	D	FD	ED	TD	CD	DX	DY	DM	DS	K/H	ID	QD
S	●	●		●	●	●	●	●	●			
D	●			●	●		●	●	●			

源（BCD）→目标（BIN）的转换传送指令应用如图4-8-11所示。

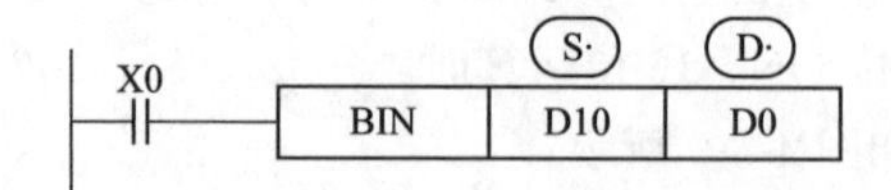

图 4-8-11　源（BCD）→目标（BIN）的转换传送指令应用示例

可编程控制器获取BCD数字开关的设定值时使用。源数据不是BCD码时，会置位M8067（运算错误）、M8004（错误发生）。

4.8.5　二进制转BCD [BCD]

将指定软元件中的二进制数转换为BCD码的指令。BCD指令及操作数、字软元件如表4-8-13～表4-8-15所示。

表 4-8-13　BCD指令

二进制转BCD［BCD］			
16位指令	BCD	32位指令	—
执行条件	常开/闭、边沿触发	适用机型	XC2、XC3、XC5、XCM、XCC
硬件要求	—	软件要求	—

表 4-8-14　操作数

操作数	作用	类型
S	指定源数据的软元件地址编号	16位,BIN
D	指定目标软元件的首地址编号	BCD码

表 4-8-15　字软元件

操作数	系统									常数	模块	
	D	FD	ED	TD	CD	DX	DY	DM	DS	K/H	ID	QD
S	●	●		●	●	●	●	●	●			
D	●			●	●		●	●	●			

源(BIN)→目标(BCD)的转换传送指令应用如图 4-8-12 所示。

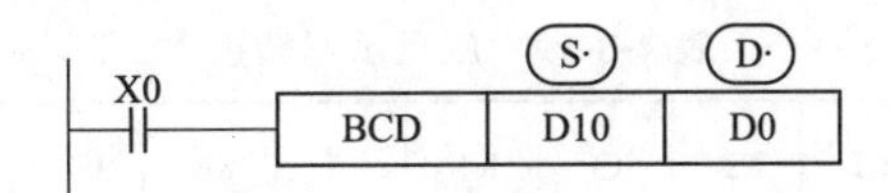

图 4-8-12　源（BIN）→目标（BCD）的转换传送指令应用示例

将可编程控制器内的二进制数据转变为 BCD 码格式的数据。BCD 是用 4 位二进制数来表示 1 位十进制数中的 0～9 这 10 个的方法。

4.8.6　十六进制转 ASCII [ASCI]

将指定软元件中的十六进制数转换为 ASCII 码的指令。ASCI 指令及操作数、字软元件如表 4-8-16～表 4-8-18 所示。

表 4-8-16　ASCI 指令

十六进制转 ASCII［ASCI］			
16 位指令	ASCI	32 位指令	—
执行条件	常开/闭、边沿触发	适用机型	XC2、XC3、XC5、XCM、XCC
硬件要求	—	软件要求	—

表 4-8-17　操作数

操作数	作用	类型
S	指定源数据的软元件地址编号	2 位，HEX
D	指定目标软元件的首地址编号	ASCII 码
n	指定转换的 ASCII 码字符个数	16 位，BIN

表 4-8-18　字软元件

操作数	系统									常数	模块	
	D	FD	ED	TD	CD	DX	DY	DM	DS	K/H	ID	QD
S	●	●		●	●	●	●	●	●			
D	●			●	●		●	●	●			
n	●			●	●		●	●	●	●		

ASCI 指令应用如图 4-8-13 所示。

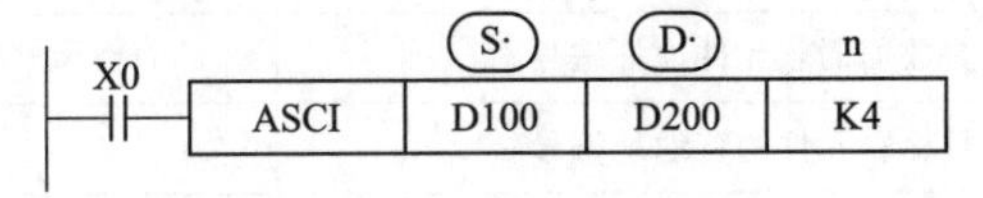

图 4-8-13　ASCI 指令应用示例

S· HEX 数据的各位转换成 ASCII 码，向D·的高 8 位、低 8 位分别传送。转换的字符数用 n 指定。D·低 8 位、高 8 位分别存储一个 ASCII 数据。

程序转换如表 4-8-19 所示。

表 4-8-19　应用示例转换

D \ n	K1	K2	K3	K4	K5	K6	K7	K8	K9
D200 下	[C]	[B]	[A]	[0]	[4]	[3]	[2]	[1]	[8]
D200 上		[C]	[B]	[A]	[0]	[4]	[3]	[2]	[1]
D201 下			[C]	[B]	[A]	[0]	[4]	[3]	[2]
D201 上				[C]	[B]	[A]	[0]	[4]	[3]
D202 下					[C]	[B]	[A]	[0]	[4]
D202 上						[C]	[B]	[A]	[0]
D203 下							[C]	[B]	[A]
D203 上								[C]	[B]
D204 下									[C]

指定起始元件如下。

(D100)= 0ABCH　　(D101)= 1234H　　(D102)= 5678H
[0]= 30H　　[1]= 31H　　[5]= 35H[A]= 41H　　[2]= 32H　　[6]= 36H
[B]= 42H　　[3]= 33H　　[7]= 37H　　[C]= 43H　　[4]= 34H　　[8]= 38H

4.8.7　ASCII 转十六进制[HEX]

将指定软元件中的 ASCII 码转换为十六进制数的指令。HEX 指令及操作数、字软元件如表 4-8-20～表 4-8-22 所示。

表 4-8-20　HEX 指令

ASCII 转十六进制[HEX]			
16 位指令	HEX	32 位指令	—
执行条件	常开/闭、边沿触发	适用机型	XC2、XC3、XC5、XCM、XCC
硬件要求	—	软件要求	—

表 4-8-21　操作数

操作数	作用	类型
S	指定源数据的软元件地址编号	ASCII
D	指定目标软元件的首地址编号	2 位，HEX
n	指定转换的 ASCII 码字符个数	16 位，BIN

表 4-8-22 字软元件

操作数	系统									常数	模块	
	D	FD	ED	TD	CD	DX	DY	DM	DS	K/H	ID	QD
S	●	●		●	●	●	●	●	●			
D	●			●	●		●	●	●			
n										●		

HEX 指令应用示例如图 4-8-14 所示。

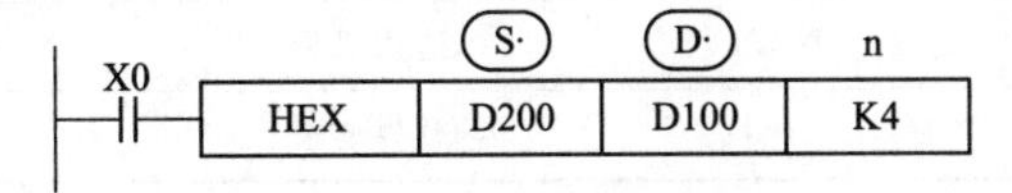

图 4-8-14 HEX 指令应用示例

将(S·)中的高低位各 8 位的 ASCII 字符转换成 HEX 数据，每 4 位向(D·)传送。转换的字符数用 n 指定。

程序转换的情况如表 4-8-23 及图 4-8-15 所示。

表 4-8-23 程序转换的情况

(S·)	ASCII 码	HEX 转换	n　　(D)	D102	D101	D100
D200 下	30H	0	1	0	0	0H
D200 上	41H	A	2	0	0	0AH
D201 下	42H	B	3	0	0	0ABH
D201 上	43H	C	4	0	0	0ABCH
D202 下	31H	1	5	0	0H	ABC1H
D202 上	32H	2	6	0	0AH	BC12H
D203 下	33H	3	7	0	0ABH	C123H
D203 上	34H	4	8	0	0ABCH	1234H
D204 下	35H	5	9	0H	ABC1H	2345H

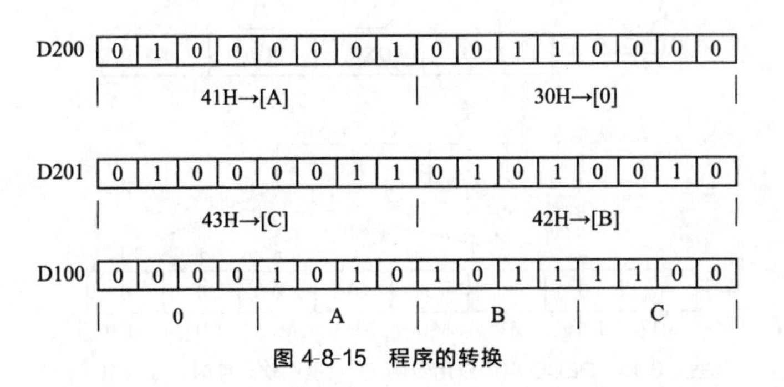

图 4-8-15 程序的转换

4.8.8 译码[DECO]

将任意一个数字数据转换为 1 点的 ON 位的指令。DECO 指令及操作数、字软元件、位软元件如表 4-8-24～表 4-8-27 所示。

表 4-8-24 DECO 指令

译码[DECO]			
16 位指令	DECO	32 位指令	—
执行条件	常开/闭、边沿触发	适用机型	XC2、XC3、XC5、XCM、XCC
硬件要求	—	软件要求	—

表 4-8-25 操作数

操作数	作用	类型
S	指定要译码的字软元件地址编号	16 位，BIN
D	指定译码结果的字或位软元件的首地址编号	16 位，BIN
n	指定要译码的软元件的位点数	16 位，BIN

表 4-8-26 字软元件

操作数	系统									常数	模块	
	D	FD	ED	TD	CD	DX	DY	DM	DS	K/H	ID	QD
S	●	●		●	●	●	●	●	●			
n										●		

表 4-8-27 位软元件

操作数	系统						
	X	Y	M	S	T	C	Dn. m
D	●	●	●	●	●	●	

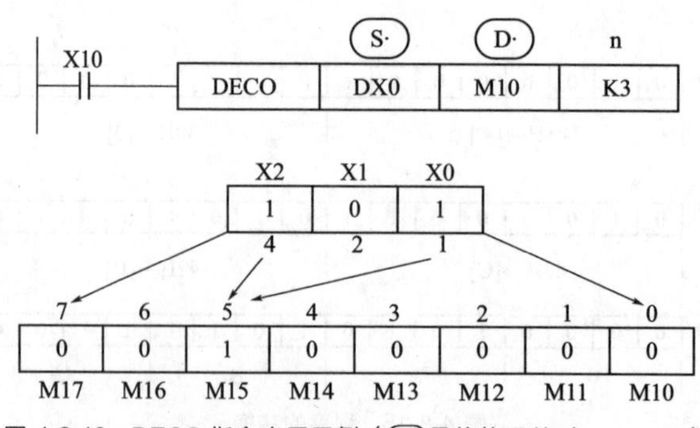

图 4-8-16 DECO 指令应用示例（(D·)是位软元件时， n≤16）

如图4-8-16所示，n=3，所以译码对象为DX0中的低3位，即X2～X0。n=3，所以译码结果需要由$2^3=8$个位来表示，即M17～M10。当X2=1，X1=0，X0=1，其所代表的数值是4+1=5，因此从M10起第5位的M15变为1；当X2～X0全部为0时，数值也为0，所以M10为1（M10为第0位）。n=0时不处理，n=0～16以外的数值时会不执行指令。n=16时，如果译码命令(D·)为位软元件时，其点数是$2^{16}=65536$。驱动输入为OFF时，指令不执行，正在动作的译码输出保持动作。

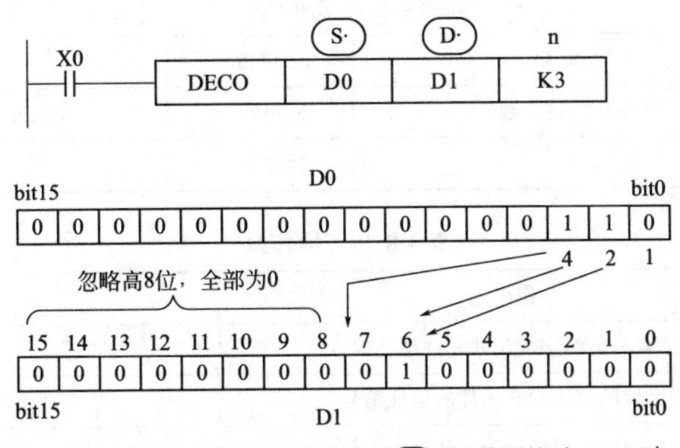

图4-8-17 DECO指令应用示例1（(D·)是字软元件时，n≤4）

如图4-8-17所示，源地址的低n位（n≤4）被解码至目标地址。n≤3时，目标的高8位都转为0。n=0时不处理，n=0～4以外时，不执行指令。n=3，所以D0中的译码对象为bit2～bit0，其所表示的最大数值是4+2+1=7。n=3，所以D1中需要$2^3=8$个位来表示译码结果，即bit7～bit0。当bit2、bit1均为1，bit0为0，其所表示的数值是4+2=6，因此D1中的bit6置ON。

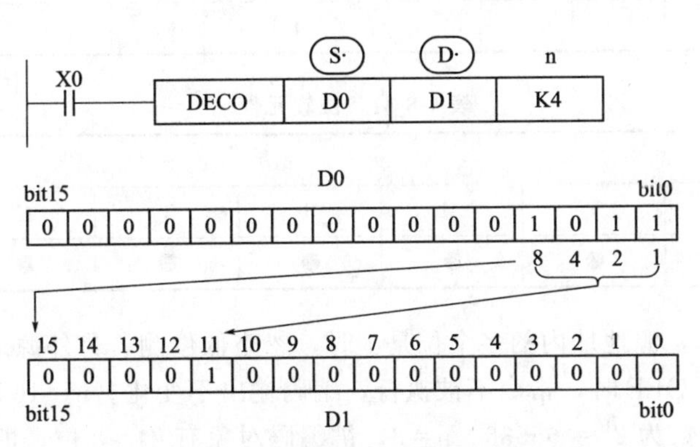

图4-8-18 DECO指令应用示例2（(D·)是字软元件时，n≤4）

如图4-8-18所示，源地址的低n位（n≤4）被解码至目标地址。n≤3时，目标的高8位都转为0。n=0时不处理，n=0～4以外时，不执行指令。n=4，所以D0中的译码对象为bit3～bit0，其所表示的最大数值是8+4+2+1=15。n=4，所以D1中需要$2^4=16$个位来表示译码结果，即bit15～bit0。当bit3、bit1、bit0均为1，bit2为0，其所表示的数值是8+2+1=11，因此D1中的bit11置ON。

4.8.9 高位编码[ENCO]

求出在数据中为 ON 的最高位的位置的指令。ENCO 指令及操作数、字软元件、位软元件如表 4-8-28～表 4-8-31 所示。

表 4-8-28 ENCO 指令

高位编码[ENCO]			
16 位指令	ENCO	32 位指令	—
执行条件	常开/闭、边沿触发	适用机型	XC2、XC3、XC5、XCM、XCC
硬件要求	—	软件要求	—

表 4-8-29 操作数

操作数	作用	类型
S	指定要编码的字或位软元件地址编号	16 位,BIN
D	指定编码结果的软元件的地址编号	16 位,BIN
n	指定编码结果的软元件的位的点数	16 位,BIN

表 4-8-30 字软元件

操作数	系统									常数	模块	
	D	FD	ED	TD	CD	DX	DY	DM	DS	K/H	ID	QD
S	●	●		●	●	●	●	●	●			
D	●			●	●		●	●	●			
n										●		

表 4-8-31 位软元件

操作数	系统						
	X	Y	M	S	T	C	Dn. m
S	●	●	●	●	●	●	

如图 4-8-19 所示，源地址内的多个位是 1 时，忽略低位侧，另外源地址都为 0 时会不执行指令。驱动条件为 OFF 时，指令不被执行，编码输出不变化。n=16 时，编码指令的(S·)如果是位元件，其点数为 2^{16}=65536。n=3，被编码对象有 2^3=8 位，即 M17～M10，编码结果存放在 D10 中的低 3 位，即 bit2～bit0。M13 和 M11 均为 1，忽略 M11，对 M13 编码，以 bit2～bit0 表示 3，则 bit0 和 bit1 为 1。

如图 4-8-20 所示，源地址内的多个位是 1 时，忽略低位侧，另外源地址都为 0 时会不执行指令。驱动输入为 OFF 时，指令不被执行，编码输出不变化。n≤3 时，D0 中的高 8 位被忽视。n=3，被编码对象有 2^3=8 位，即 D0 中的 bit7～bit0，编码结果存放在 D1 中的低 3 位，即 bit2～bit0。D0 中的 bit5 和 bit2 均为 1 时，忽略 bit2，对 bit5 编码，以 bit2～bit0 表示 5，则 bit2 和 bit0 为 1。

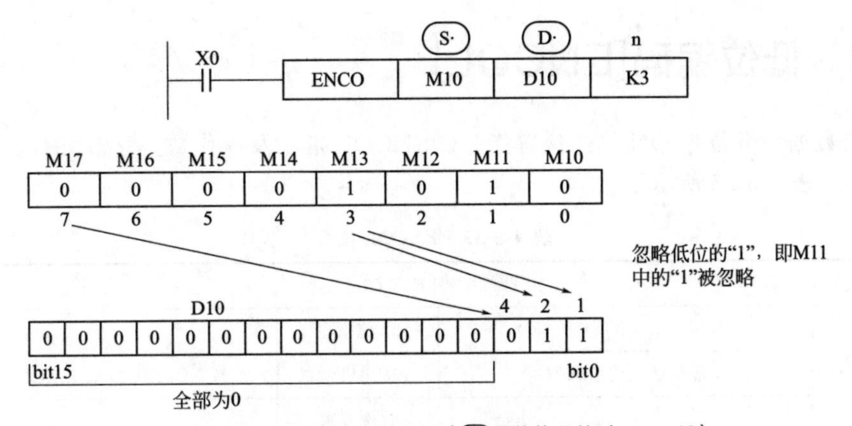

图 4-8-19 ENCO 指令应用示例（S·是位软元件时，n≤16）

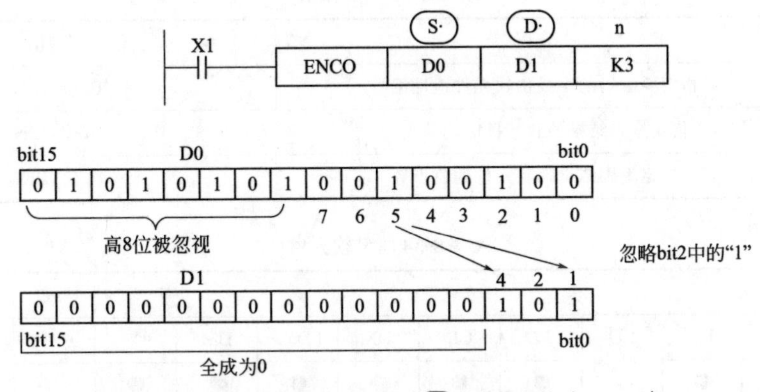

图 4-8-20 ENCO 指令应用示例（S·是字软元件时，n≤4）

如图 4-8-21 所示，源地址内的多个位是 1 时，忽略低位侧，另外源地址都为 0 时会不执行指令。驱动输入为 OFF 时，指令不被执行，编码输出不变化。n=4，被编码对象有 $2^4=16$ 位，即 D0 中的 bit15～bit0，编码结果存放在 D1 中的低 4 位，即 bit3～bit0。D0 中为 1 的最高位为 bit14，忽略所有低位的 1，对 bit14 编码，以 bit3～bit0 表示 14，则 bit3、bit2 和 bit1 为 1。

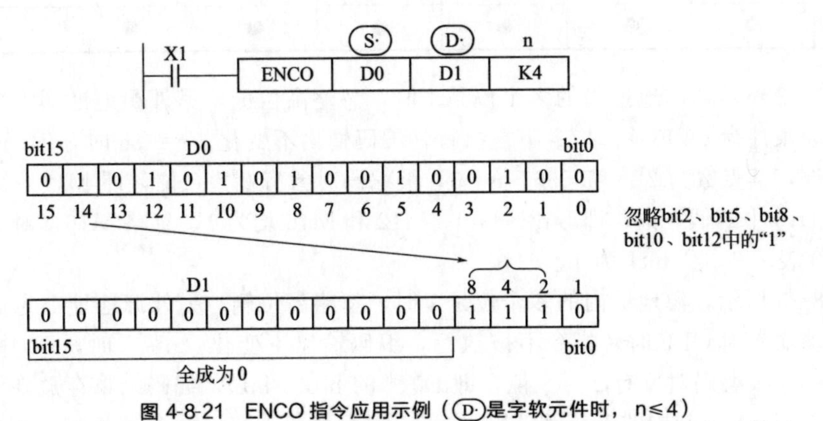

图 4-8-21 ENCO 指令应用示例（D·是字软元件时，n≤4）

4.8.10 低位编码[ENCOL]

求出在数据中低位为ON位的位置指令。ENCOL指令及操作数、字软元件、位软元件如表4-8-32～表4-8-35所示。

表4-8-32 ENCOL指令

低位编码[ENCOL]			
16位指令	ENCOL	32位指令	—
执行条件	常开/闭、边沿触发	适用机型	XC2、XC3、XC5、XCM、XCC
硬件要求	—	软件要求	—

表4-8-33 操作数

操作数	作用	类型
S	指定要编码的字或位软元件地址编号	16位,BIN
D	指定编码结果的软元件的地址编号	16位,BIN
n	指定编码结果的软元件的位点数	16位,BIN

表4-8-34 字软元件

操作数	系统									常数	模块	
	D	FD	ED	TD	CD	DX	DY	DM	DS	K/H	ID	QD
S	●	●		●	●	●	●	●	●			
D	●			●	●		●	●	●			
n										●		

表4-8-35 位软元件

操作数	系统						
	X	Y	M	S	T	C	Dn. m
S	●	●	●	●	●	●	

如图4-8-22所示，源地址内的多个位是1时，忽略高位侧，另外源地址都为0时会不执行指令。驱动条件为OFF时，指令不被执行，编码输出不变化。n=16时，编码指令的(S·)如果是位元件，其点数为$2^{16}=65536$。n=3，被编码对象有$2^{3}=8$位，即M17～M10，编码结果存放在D10中的低3位，即bit2～bit0。M12和M16均为1，忽略M16，对M12编码，以bit2～bit0表示2，则bit1为1。

如图4-8-23所示，源地址内的多个位是1时，忽略高位侧，另外源地址都为0时会不执行指令。驱动输入为OFF时，指令不被执行，编码输出不变化。n≤3时，D0中的高8位被忽视。n=3，被编码对象有$2^{3}=8$位，即D0中的bit7～bit0，编码结果存放在D1中的低3位，即bit2～bit0。D0中的bit7和bit4均为1时，忽略bit7，对bit4编码，以bit2～bit0表示4，则bit2为1。

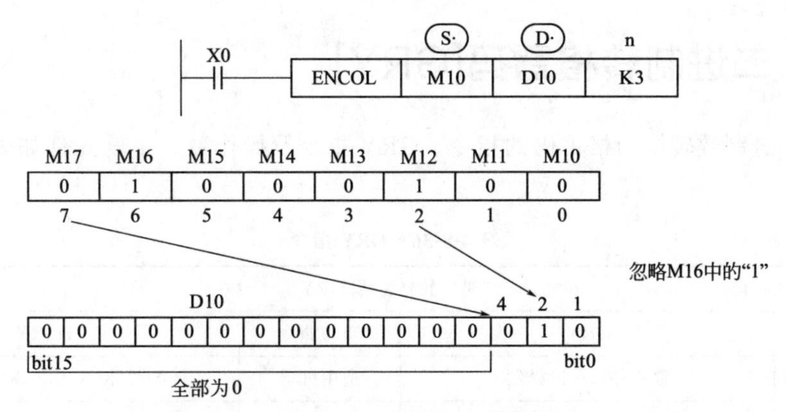

图 4-8-22 ENCOL 指令应用示例（Ⓢ是位软元件时，n≤16）

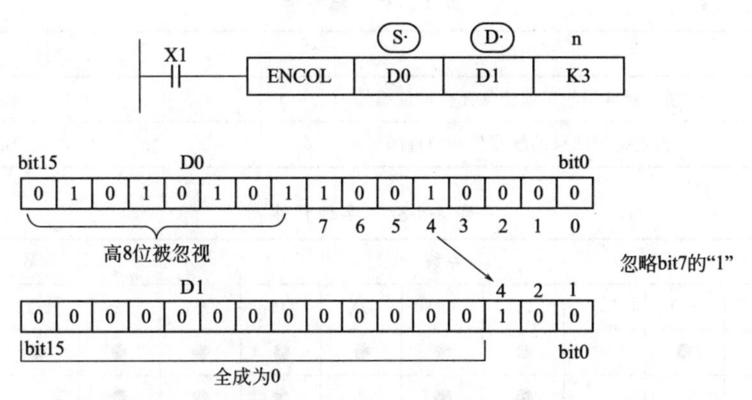

图 4-8-23 ENCOL 指令应用示例 1（Ⓢ是字软元件时，n≤4）

如图 4-8-24 所示，源地址内的多个位是 1 时，忽略高位侧，另外源地址都为 0 时会不执行指令。驱动输入为 OFF 时，指令不被执行，编码输出不变化。n＝4，被编码对象有 2^4＝16 位，即 D0 中的 bit15～bit0，编码结果存放在 D1 中的低 4 位，即 bit3～bit0。D0 中为 1 的最低位为 bit5，忽略所有高位的 1，对 bit5 编码，以 bit3～bit0 表示 5，则 bit2 和 bit0 为 1。

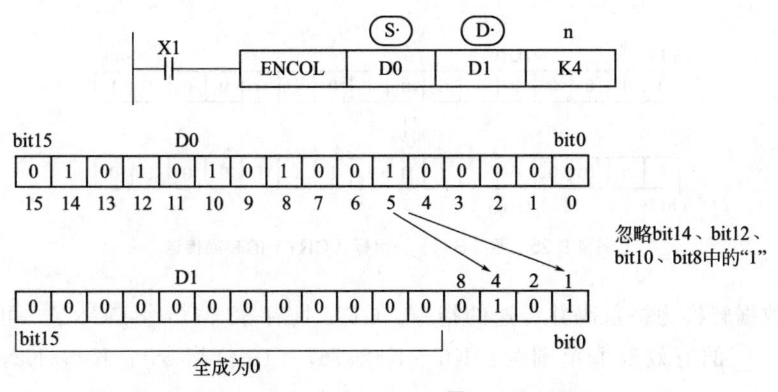

图 4-8-24 ENCOL 指令应用示例 2（Ⓢ是字软元件时，n≤4）

4.8.11 二进制转格雷码[GRY]

将指定二进制数转换为格雷码的指令。GRY指令及操作数、字软元件如表4-8-36～表4-8-38所示。

表4-8-36 GRY指令

二进制转格雷码[GRY]			
16位指令	GRY	32位指令	DGRY
执行条件	常开/闭、边沿触发	适用机型	XC2、XC3、XC5、XCM、XCC
硬件要求	—	软件要求	—

表4-8-37 操作数

操作数	作用	类型
S	指定要编码的字或位软元件地址编号	16/32位,BIN
D	指定编码结果的软元件的地址编号	16/32位,BIN

表4-8-38 字软元件

操作数	系统									常数	模块	
	D	FD	ED	TD	CD	DX	DY	DM	DS	K/H	ID	QD
S	●	●		●	●	●	●	●	●	●		
D	●			●	●		●	●	●			

如图4-8-25所示，从D10的最右边一位起，依次将每一位与左边一位异或（相同为"0"，相异为"1"），作为对应格雷码该位的值，最左边一位不变（相当于左边是0）；转换的结果存入D100中。

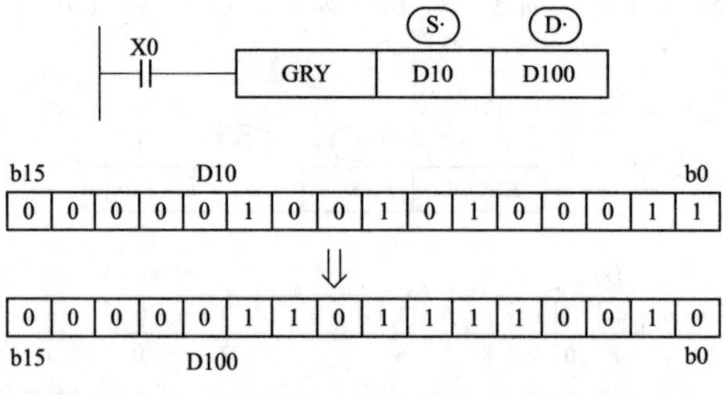

图4-8-25 源（BIN）→目标（GRY）的转换传送

将BIN数据转换为格雷码并传送的指令。GRY具有32位指令DGRY，可进行32位的格雷码转换。Ⓢ·的有效数值范围为：K0～K32,767（16位指令）；K0～K2,147,483,647（32位指令）。

4.8.12 格雷码转二进制 [GBIN]

将指定格雷码转换为二进制数的指令。GBIN 指令及操作数、字软元件如表 4-8-39～表 4-8-41 所示。

表 4-8-39 GBIN 指令

格雷码转二进制 [GBIN]			
16 位指令	GBIN	32 位指令	DGBIN
执行条件	常开/闭、边沿触发	适用机型	XC2、XC3、XC5、XCM、XCC
硬件要求	—	软件要求	—

表 4-8-40 操作数

操作数	作用	类型
S	指定要编码的字或位软元件地址编号	16/32 位,BIN
D	指定编码结果的软元件的地址编号	16/32 位,BIN

表 4-8-41 字软元件

操作数	系统									常数	模块	
	D	FD	ED	TD	CD	DX	DY	DM	DS	K/H	ID	QD
S	●	●		●	●	●	●	●	●	●		
D	●			●	●		●	●	●			

如图 4-8-26 所示，从 D10 的左边第二位起，将每位与左边一位解码后的值异或（相同为“0”，相异为“1”），作为该位解码后的值（最左边一位依然不变）。转换的结果存入 D100 中。

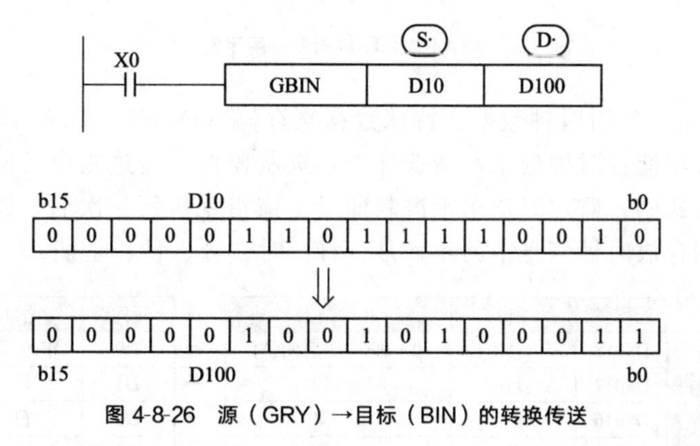

图 4-8-26 源（GRY）→目标（BIN）的转换传送

将格雷码转换为 BIN 数据并传送的指令。GBIN 具有 32 位指令 DGBIN，可进行 32 位的二进制转换。(S·)的有效数值范围为：K0～K32,767（16 位指令）；K0～K2,147,483,647（32 位指令）。

4.9 时钟指令

4.9.1 时钟数据读取[TRD]

读取时钟数据的指令。TRD 指令及操作数、字软元件如表 4-9-1～表 4-9-3 所示。

表 4-9-1　TRD 指令

时钟数据读取[TRD]			
16 位指令	TRD	32 位指令	—
执行条件	常开/闭、边沿触发	适用机型	XC2、XC3、XC5、XCM、XCC
硬件要求	V2.51 及以上	软件要求	—

表 4-9-2　操作数

操作数	作用	类型
D	保存时钟数据的软元件首地址编号	16 位，BIN

表 4-9-3　字软元件

操作数	系统									常数	模块	
	D	FD	ED	TD	CD	DX	DY	DM	DS	K/H	ID	QD
D	●			●	●							

TRD 指令应用如图 4-9-1 所示。

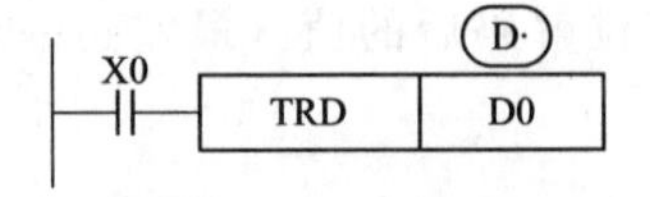

图 4-9-1　TRD 指令应用示例

如图 4-9-2 所示，实时时钟数据在特殊数据寄存器（D8013～D8019）中是以 BCD 码形式存放，如需要数据监控时钟信息，请选择十六进制监控。通过指令 TRD 读取出来的时钟数据，是十进制形式的，监控时选用十进制即可。该指令执行一次后，D0～D6 这 7 个寄存器均被占用，分别存放时钟信息中的年、月、日、时、分、秒、星期。

	元件	项目	时钟数据		元件	项目
特殊数据寄存器实时时钟用	D8018	年(公历)	0～99(公历后两位)	→	D0	年(公历)
	D8017	月	1～12	→	D1	月
	D8016	日	1～31	→	D2	日
	D8015	时	0～23	→	D3	时
	D8014	分	0～59	→	D4	分
	D8013	秒	0～59	→	D5	秒
	D8019	星期	0(日)～6(六)	→	D6	星期

图 4-9-2　读取可编程控制器的实时时钟数据

4.9.2 时钟数据写入[TWR]

写入时钟数据的指令。TWR 指令及操作数、字软元件如表 4-9-4～表 4-9-6 所示。

表 4-9-4 TWR 指令

时钟数据写入[TWR]			
16 位指令	TWR	32 位指令	—
执行条件	常开/闭、边沿触发	适用机型	XC2、XC3、XC5、XCM、XCC
硬件要求	V2.51 及以上	软件要求	—

表 4-9-5 操作数

操作数	作用	类型
S	写入时钟数据的软元件地址编号	16 位,BIN

表 4-9-6 字软元件

操作数	系统									常数	模块	
	D	FD	ED	TD	CD	DX	DY	DM	DS	K/H	ID	QD
S	●	●		●	●	●	●	●	●			

TWR 指令应用如图 4-9-3 所示。

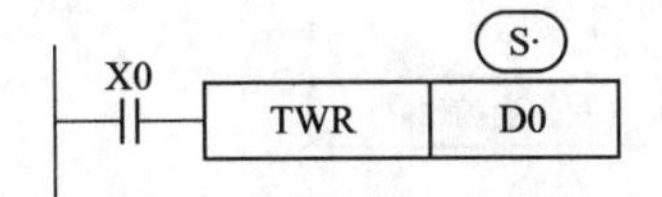

图 4-9-3 TWR 指令应用示例

为了写入时钟数据，必须预先设定由Ⓢ·指定的元件地址号起始的 7 个数据寄存器。如图 4-9-4 所示。

	元件	项目	时钟数据	→	元件	项目	
时钟设定用数据	D0	年(公历)	0～99(公历后两位)	→	D8018	年(公历)	特殊数据寄存器实时时钟用
	D1	月	1～12	→	D8017	月	
	D2	日	1～31	→	D8016	日	
	D3	时	0～23	→	D8015	时	
	D4	分	0～59	→	D8014	分	
	D5	秒	0～59	→	D8013	秒	
	D6	星期	0(日)～6(六)	→	D8019	星期	

图 4-9-4 将设定时钟的数据写入可编程控制器的实时时钟内

执行 TWR 指令后，立即变更实时时钟的时钟数据，变为新时间。因此，请提前数分钟向源数据传送时钟数据，这样当到达正确时间时，请执行指令。

另外还有一种方法可以设定当前时间：

在菜单栏中选择“显示”，下拉菜单中勾选“工程栏”。选定之后在软件左边会显示工程栏。如图 4-9-5 所示。

通过选择软件中“工程”栏中的“时钟信息”，如图 4-9-6 所示。

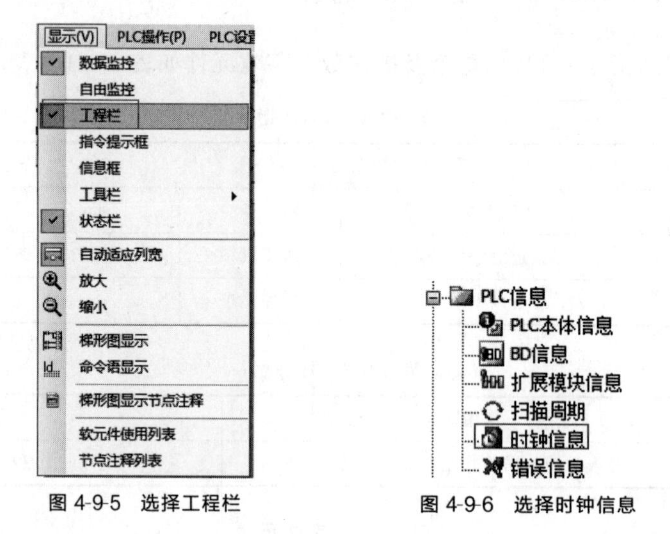

图 4-9-5　选择工程栏　　图 4-9-6　选择时钟信息

左击之后出现如图 4-9-7 所示对话框。

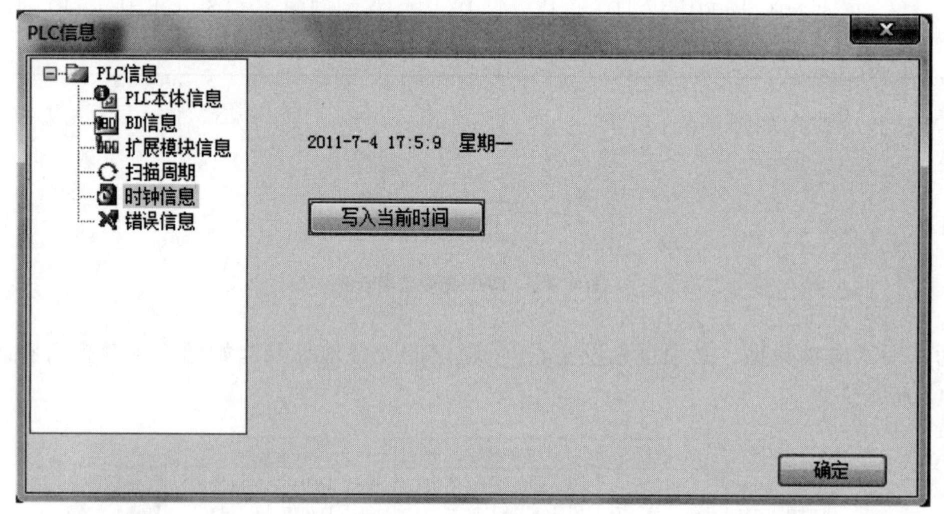

图 4-9-7　写入当前时间

点击“写入当前时间”按钮，会自动把电脑中的时钟信息写入 PLC 当中。

4.10　PID 指令

4.10.1　指令形式

将指定寄存器中数值进行 PID 控制的指令。PID 指令及操作数、字软元件、位软元件如表 4-10-1～表 4-10-4 所示。

表 4-10-1　PID 指令

PID 控制[PID]			
16 位指令	PID	32 位指令	—
执行条件	常开/闭线圈触发	适用机型	XC2、XC3、XC5、XCM、XCC
硬件要求	V3.0 及以上	软件要求	V3.0 及以上
	V3.3a 及以上(临界振荡法)		V3.3f 及以上(临界振荡法)

表 4-10-2　操作数

操作数	作用	类型
S1	设定目标值(SV)的软元件地址编号	16 位,BIN
S2	测定值(PV)的软元件地址编号	16 位,BIN
S3	设定控制参数的软元件首地址编号	16 位,BIN
D	运算结果(MV)的存储地址编号或输出端口	16 位,BIN;位

表 4-10-3　字软元件

操作数	系统									常数	模块	
	D	FD	ED	TD	CD	DX	DY	DM	DS	K/H	ID	QD
S1	●									●		
S2	●										●	
S3	●											
D	●											●

表 4-10-4　位软元件

操作数	系统						
	X	Y	M	S	T	C	Dn.m
D		●	●	●	●	●	

PID 指令应用如图 4-10-1 所示。

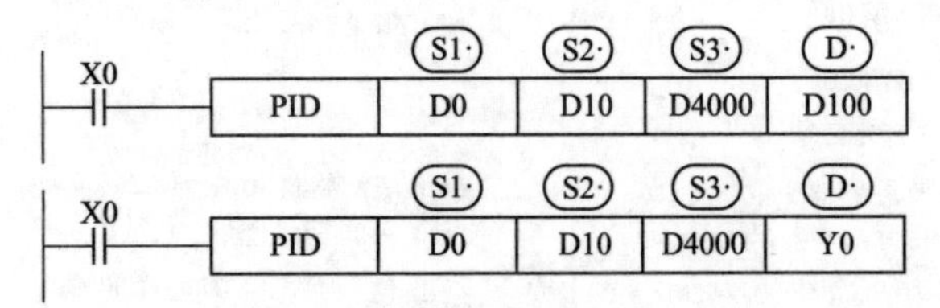

图 4-10-1　PID 指令应用示例

S3～S3+43 将被该指令占用，不可当作普通的数据寄存器使用。该指令在每次达到采样时间的间隔时执行。对于运算结果，数据寄存器用于存放 PID 输出值；输出点用于输出开关形式的占空比（PLC 的输出类型需为晶体管型）。

$$e(t) = r(t) - c(t) \tag{4-10-1}$$

$$u(t)=K_p[e(t)+1/T_i\int e(t)dt+T_D\,de(t)/dt] \qquad (4\text{-}10\text{-}2)$$

如图 4-10-2 所示，其中，$e(t)$为偏差，$r(t)$为给定值，$c(t)$为实际输出值，$u(t)$为控制量。

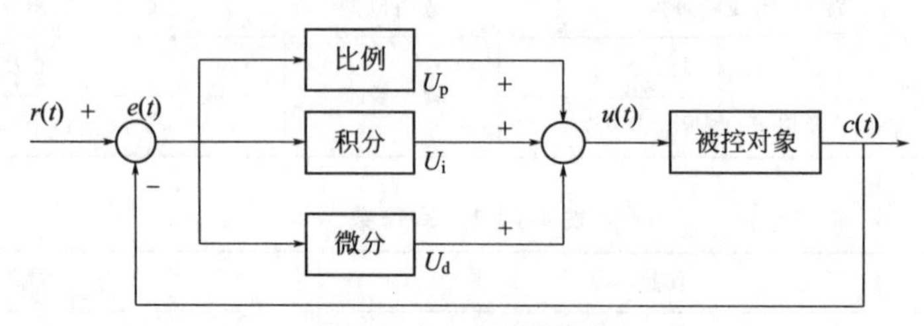

图 4-10-2　PID 控制规律

式（4-10-2）中，K_p、T_i、T_D 分别为比例系数、积分时间系数、微分时间系数。

运算结果：

① 模拟量输出：$MV = u(t)$ 的数字量形式，默认范围为 0～4095。

② 开关点输出：$Y = T \times [MV$ /PID 输出上限]。Y 为控制周期内输出点接通时间，T 为控制周期，与采样时间相等。PID 输出上限默认值为 4095。

4.10.2　参数设置

用户在 XCPPro 软件中直接调用 PID 指令时，可在窗口中进行设置如图 4-10-3 所示，详细用法请参见 XCPPro 软件的使用说明手册，也可通过 MOV 等指令在 PID 运算前，将目标温度、采样时间等参数写入指定寄存器。

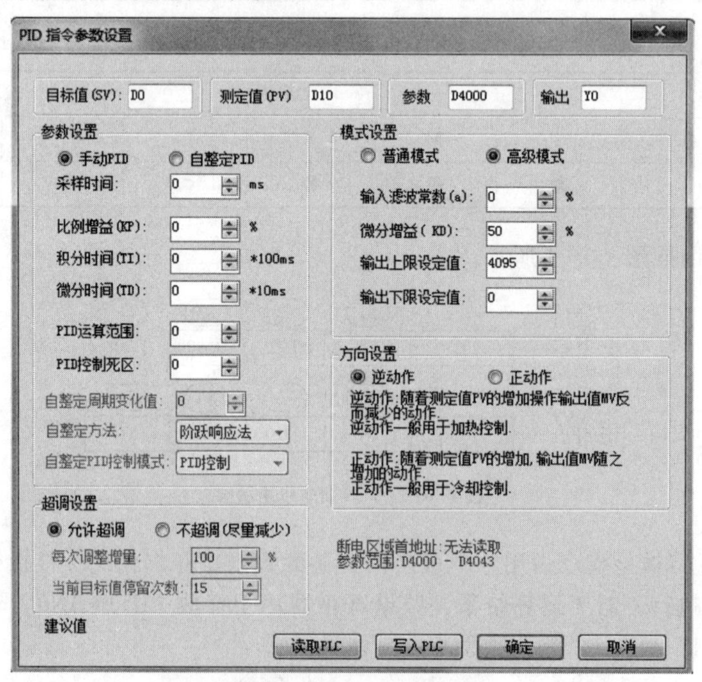

图 4-10-3　PID 指令参数设置

V3.3f 及以上版本的软件中，可以对临界振荡法进行面板配置（阶跃响应法和临界振荡法可选配置），如图 4-10-4 所示。

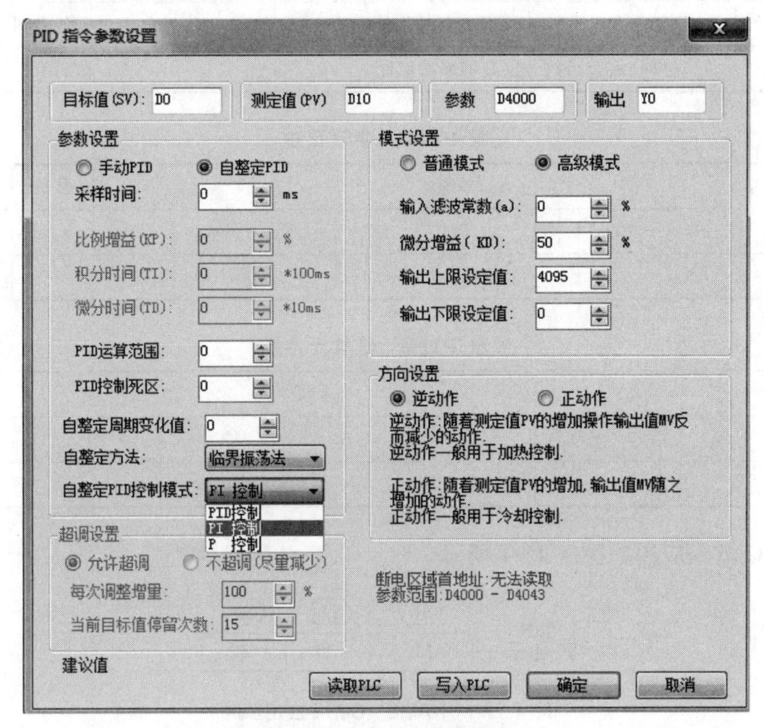

图 4-10-4 PID 自整定模式

4.11 C 语言指令

4.11.1 指令形式

将编辑好的 C 语言功能块在指定区域调用的指令。NAME_C 指令及操作数、字软元件、位软元件如表 4-11-1～表 4-11-4 所示。

表 4-11-1 NAME_C 指令

调用 C 语言功能块[NAME_C]			
16 位指令	NAME_C	32 位指令	—
执行条件	常开/闭、边沿触发	适用机型	XC2、XC3、XC5、XCM、XCC
硬件要求	V3.0C 及以上	软件要求	V3.0C 及以上

表 4-11-2 操作数

操作数	作用	类型
S1	C 语言函数功能块名称，由用户自定义	字符串

续表

操作数	作用	类型
S2	对应C语言函数内字W的起始地址	16位，BIN
S3	对应C语言函数内位B的起始地址	位，BIN

表 4-11-3　字软元件

操作数	系统									常数	模块	
	D	FD	ED	TD	CD	DX	DY	DM	DS	K/H	ID	QD
S2	●											

表 4-11-4　位软元件

操作数	系统						
	X	Y	M	S	T	C	Dn. m
S3			●				

NAME_C指令应用如图4-11-1所示。

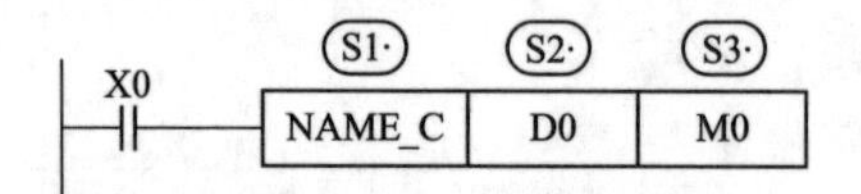

图 4-11-1　NAME_ C指令应用示例

S1为用户自定义函数名称，由数字、英文、下划线组成，首字符不能为数字，名称长度需不大于9个字符。函数名称不能与PLC内置指令名称冲突，如LD、ADD、SUB、PLSR等。函数名称不能与当前PLC已经存在的函数功能块同名。

4.11.2　操作步骤

① 打开PLC编辑软件，在左侧的“工程”工具栏内选择“函数功能块”，右击选择“添加新函数功能块”，如图4-11-2所示。

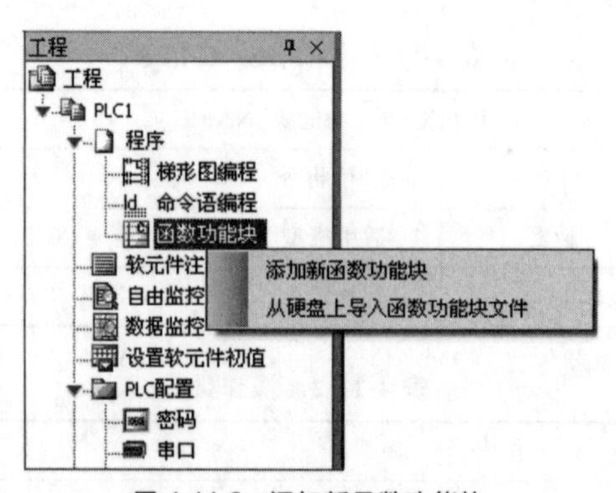

图 4-11-2　添加新函数功能块

② 出现如图 4-11-3 所示对话框，填写所要编辑函数的信息。

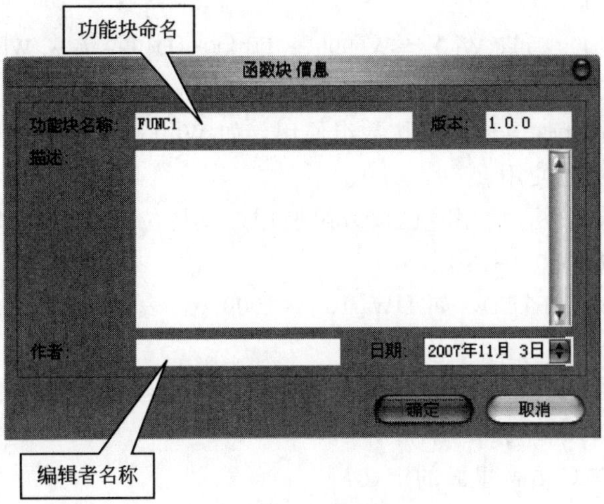

图 4-11-3　函数块信息

功能块名称即为梯形图中调用函数块时使用的名称，例如图 4-11-3 中 FUNC1 在梯形图中调用时应写成如图 4-11-4 所示。

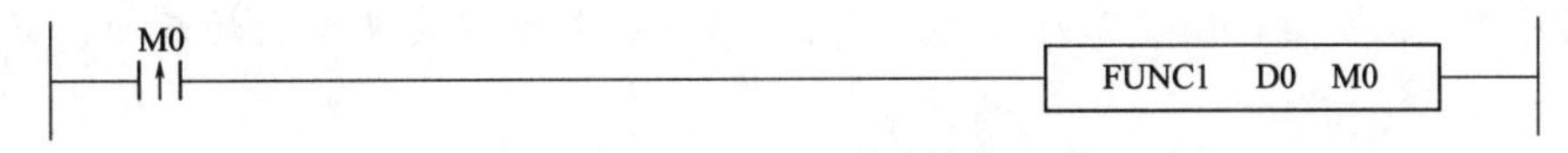

图 4-11-4　FUNC1 在梯形图中调用格式

③ 在新建完成后，会出现如图 4-11-5 所示编辑画面。

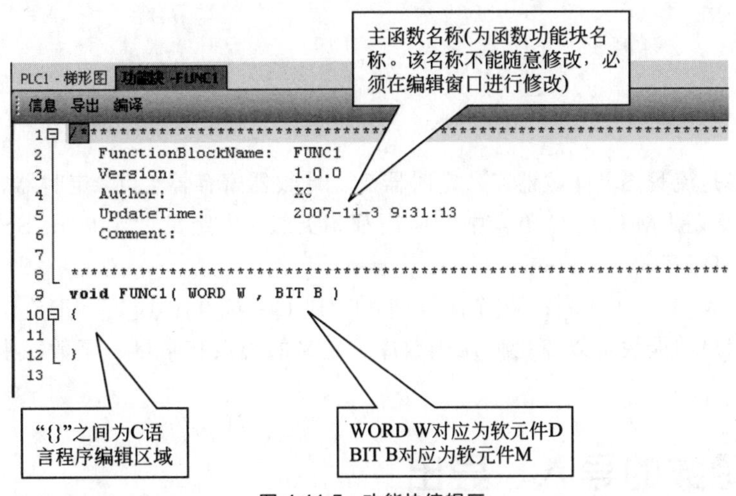

图 4-11-5　功能块编辑区

参数传递方式：在梯形图调用时，传入的 D 和 M，即为 W 和 B 的起始地址。如图 4-11-4 D0，M0 开始，则 W[0] 为 D0，W[10] 为 D10，B[0] 为 M0，B[10] 为 M10。如梯形图中使用的参数为 D100，M100，则 W[0] 为 D100，B[0] 为 M100。因此，字与位元件的首地址由用户在 PLC 程序中设定。

注意：XC2系列和XCM系列的寄存器D地址并不连续，在使用时，请注意按以下地址定义：

XC2系列：D0～D999写成W[0]～W[999]；D4000～D4999写成W[1000]～W[1999]；

XCM系列：D0～D2999写成W[0]～W[2999]；D4000～D4999写成W[3000]～W[3999]。

参数W：表示字软元件，使用时按数组使用，如W[0]=1；W[1]=W[2]+W[3]；在程序中可按照标准C规范使用。

参数B：表示位软元件，使用时也按数组使用，支持位置1和位清零，如B[0]=1；B[1]=0；以及赋值，如B[0]=B[1]。

双字运算：在W前加个D，如DW[10]=100000，表示给W[10]W[11]合成的双字赋值。

浮点运算：支持在函数中定义浮点变量，以及进行浮点运算（例如：浮点数寄存器D0可表示为FW[0]，FW[0]=123.456）。

其他相关软元件在C语言里面的定义：

在PLC的C语言中，如果需要使用输入（X）以及输出（Y），则需要在里面加入宏定义“#define SysRegAddr _ X _ Y”，例如：将输入X0的状态给定线圈M0，则为：B[0]=X[0]；将输出Y0的状态给定线圈M10，则为B[10]=Y[0]（注意：对应的X、Y在C语言中都为十进制表示，而非八进制）。

注意：宏定义“#define SysRegAddr _ X _ Y”必须放在定义变量的后面，否则会出错。例如：

```
int a,b,c;
# define SysRegAddr_Y;
b=3000;
c=W[1030];
a=b+c;
if(B[a]== 1)   Y[3]=0;
```

同理，如果是流程S、计数器C、定时器T、计数器寄存器CD、定时器寄存器TD、存储器D以及内部线圈M等在C语言中的应用都相类似，宏定义“#define SysRegAddr _ S _ C _ T _ CD _ TD-D-M”。

样例程序：W[0]=CD[0]；W[1]=TD[0]；B[1]=C[0]；B[2]=T[0]。

函数库：用户功能块可以直接使用函数库中定义的函数和常量、函数库中包含的函数和常量。

4.11.3 函数的导入、导出

（1）导出（图4-11-6）。

1）功能　将函数导出为文件，供其他PLC程序导入用。

2）导出方式

① 可编辑：将源代码也导出，并保存为文件。再次导入后，可再次编辑。

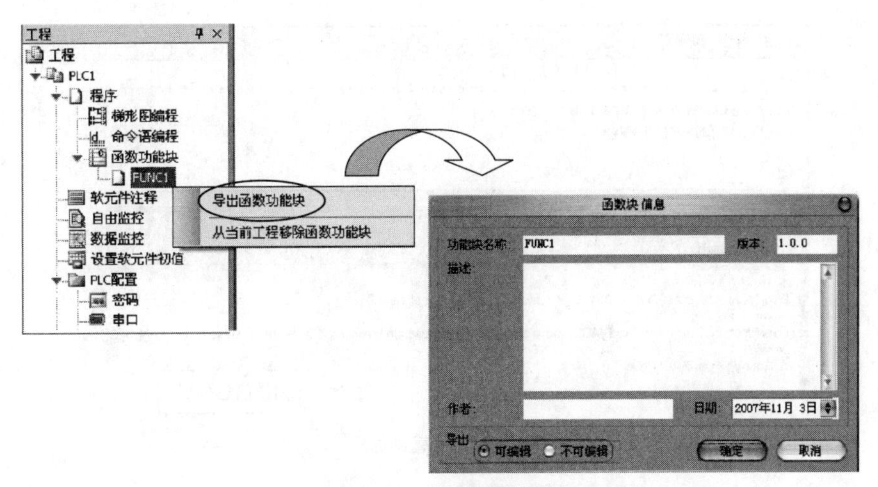

图 4-11-6　导出函数功能块

② 不可编辑：源代码不导出。再次导入后只可使用，无法编辑。

(2) 导入

功能：导入已存在的函数功能块文件，供该 PLC 程序使用。

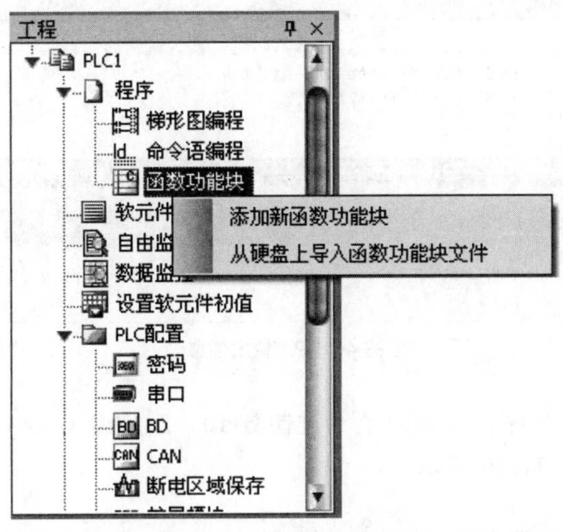

图 4-11-7　导入函数功能块

如图 4-11-7 所示。选中函数功能块，右键点击菜单“从硬盘上导入函数功能块文件”，选择相应文件，按“确定”即可。

4.11.4　功能块的编辑

【例】将 PLC 中寄存器 D0，D1 相加，然后将值赋给 D2。

① 首先在“工程”工具栏里，新建一个函数功能块，在这里我们把它命名为 ADD _ 2，并且编辑 C 语言程序。

② 编辑完之后，点击编译，如图 4-11-8 所示。

```
信息  导出  编译
7          W[2]=W[0]+W[1]
8   ****************************************************
9   void ADD_2( WORD W , BIT B )
10  { W[2]=W[0]+W[1]
11  }
12
信息
错误列表  输出
1.
[Error(ccom):../../tmp/PrjFuncB/ADD_2.c,line 11] parse error at near '}'
  ===> }
[Error(ccom):../../tmp/PrjFuncB/ADD_2.c,line 11] Sorry  compilation terminated because of these errors in ADD_2().
  ===> }
..\..\tmp\PrjFuncB\ADD_2.c
```

编译信息列表

图 4-11-8　编译信息

根据编译信息列表内所显示的信息，我们可以查找修改 C 语言程序里的语法漏洞。在这里比较容易发现程序中 W[2]=W[0]+W[1] 的后面缺少符号“;”。

当我们将程序修改后，再次进行编译。从列表信息里可以确认，在程序里面并没有语法错误，如图 4-11-9 所示。

```
信息  导出  编译
7          W[2]=W[0]+W[1]
8   ****************************************************
9   void ADD_2( WORD W , BIT B )
10  { W[2]=W[0]+W[1];
11  }
12
信息
错误列表  输出
1.
..\..\tmp\PrjFuncB\ADD_2.c
```

图 4-11-9　输出信息

③ 然后再编写 PLC 程序，分别赋值十进制数 10，20 到寄存器 D0，D1 中，并调用函数功能块 ADD_2，如图 4-11-10 所示。

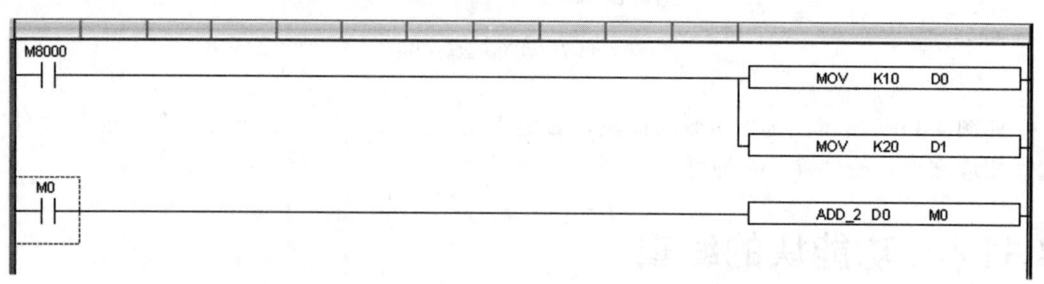

图 4-11-10　PLC 程序编写

④ 然后将程序下载到 PLC 当中，运行 PLC，并置位 M0，如图 4-11-11 所示。

⑤ 我们可以通过工具栏上的自由监控观察到 D2 的值变成了 30，说明赋值成功了。如图 4-11-12、图 4-11-13 所示。

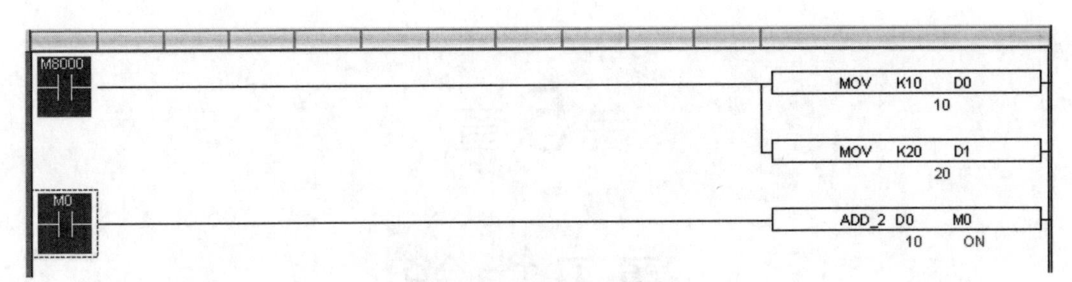

图 4-11-11　PLC 运行

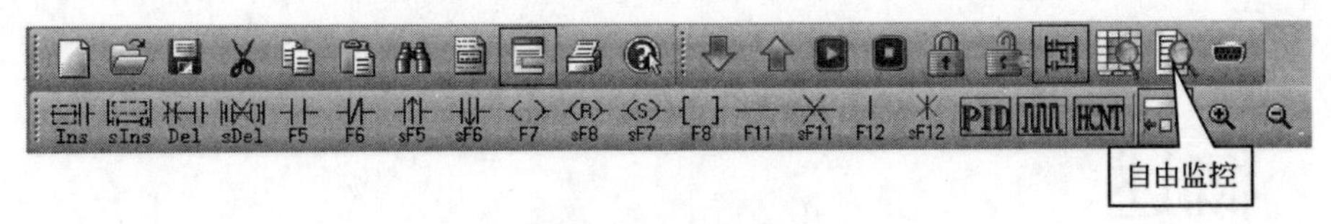

图 4-11-12　自由监控

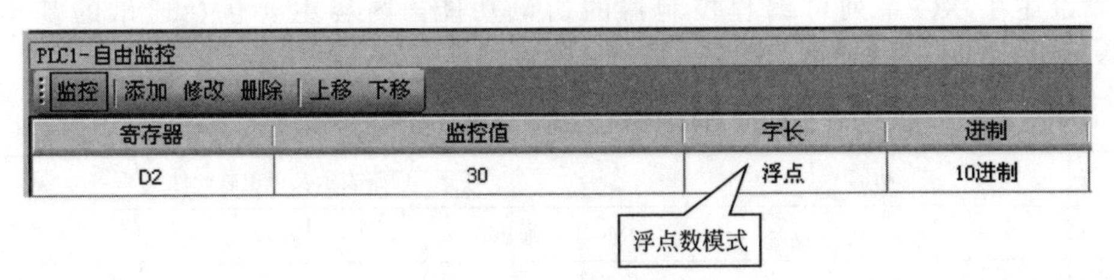

图 4-11-13　浮点数模式

第5章

通讯功能

5.1 概述

本章论述了 XC 系列可编程控制器的通讯功能，内容主要包括通讯的基本概念、Modbus 通讯、自由格式通讯，如表 5-1-1 所示。

表 5-1-1　Modbus 通讯指令、自由格式通讯指令

指令助记符	功能	回路表示及可用软元件
		Modbus 通讯
COLR	线圈读	INPR S1 S2 S3 D1 D2
INPR	输入线圈读	INPR S1 S2 S3 D1 D2
COLW	单个线圈写	COLW D1 D2 S1 S2
MCLW	多个线圈写	MCLW D1 D2 D3 S1 S2
REGR	寄存器读	REGR S1 S2 S3 D1 D2
REGW	单个寄存器写	REGW D1 D2 S1 S2
MRGW	多个寄存器写	MRGW D1 D2 D3 S1 S2
		自由格式通讯
SEND	发送数据	SEND S1 S2 n

续表

指令助记符	功能	回路表示及可用软元件
RCV	接收数据	─┤├─ RCV S1 S2 n
RCVST	释放串口	─┤├─ RCVST n

XC2、XC3、XC5、XCM以及XCC系列可编程控制器本体可以满足你的通讯和网络需求，它不仅支持比较简单的网络（Modbus协议、自由通讯协议），还支持比较复杂的网络。XC2、XC3、XC5、XCM以及XCC系列可编程控制器提供了多途径的通讯手段，使你可以用它与那些使用自己的通讯协议的设备进行通讯，例如：打印机、仪表等。

XC2、XC3、XC5、XCM以及XCC系列可编程控制器都支持Modbus协议、自由协议通讯功能。

5.1.1 通讯口

XC系列可编程控制器本体有2个通讯口（COM1、COM2），通过扩展BD板，还可以扩展一个COM3，如图5-1-1所示。

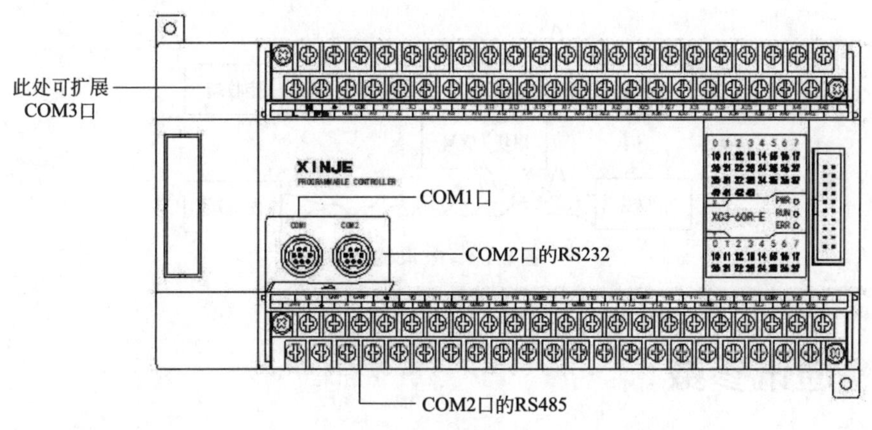

图5-1-1 通讯口

COM1为编程口，支持RS232方式，可以用来下载程序以及连接外接设备，此通讯口的通讯参数（波特率、数据位等）可以通过XCPPro编程软件重新设置。

COM2为通讯口，可以用来下载程序以及连接外接设备，此通讯口的通讯参数（波特率、数据位等）可以通过XCPPro编程软件重新设置，其中COM2既支持RS232，又支持RS485（RS485端子在输出端，A为485+、B为485-），但需注意两者不能同时使用。

XC系列可编程控制器通过扩展BD板，还可以扩展一个COM3，此通讯口同时具有RS232和RS485两种形式。

（1）RS232通讯口

COM1、COM2的引脚图如图5-1-2、图5-1-3所示。

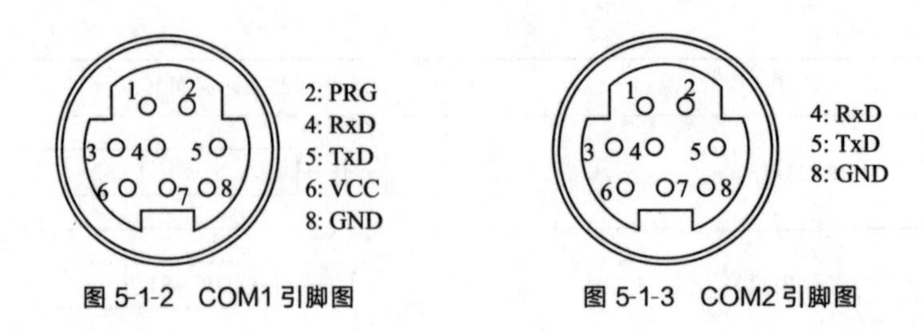

图 5-1-2　COM1 引脚图　　图 5-1-3　COM2 引脚图

注意：

① 通讯口 1 只支持 RS232。

② 通讯口 2 既支持 RS232 又支持 RS485，但是 RS232 和 RS485 不能同时使用。

③ 通讯口 3 既支持 RS232 又支持 RS485，但是 RS232 和 RS485 不能同时使用（需扩展 XC-COM-BD 一体机暂不支持）。

（2）RS485 通讯口

RS485 通讯口引脚 A 为“+”信号、B 为“−”信号。

XC 系列可编程控制器的 RS485 通讯口和 RS232 的通讯口 2（COM2）是同一个通讯口，因此同时只能使用其中一个，这两种模式的通讯不能同时使用（通过 BD 板扩展的串口 3 也是如此），此外在使用 RS485 方式通讯的时候，请使用双绞线，如图 5-1-4 所示，如果条件允许，可使用屏蔽双绞线，并且单端接地，如无可靠地也可悬空。

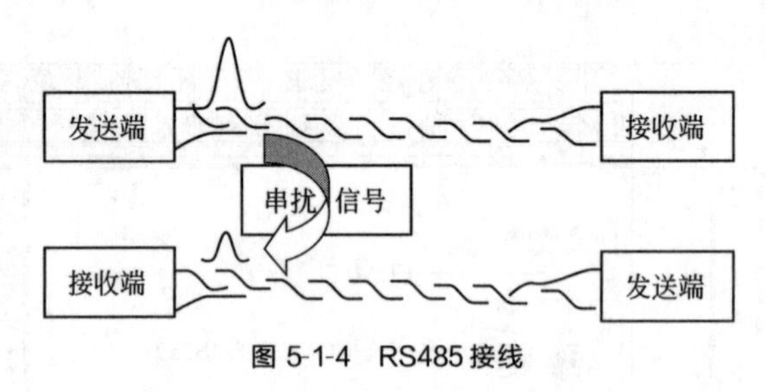

图 5-1-4　RS485 接线

5.1.2　通讯参数

表 5-1-2　通讯参数

站号	Modbus 站号 1～254、255(FF)为自由格式通讯
波特率	300bps～115.2Kbps
数据位	8 个数据位、7 个数据位
停止位	2 个停止位、1 个停止位
校验	偶校验、奇校验、无校验

如表 5-1-2 所示，通讯口默认参数：站号为 1、波特率 19200bps、8 个数据位、1 个停止位、偶校验。

注意： COM1 的参数请勿修改，否则将导致 PLC 和电脑连接不上，给您的使用带来麻烦！

XC系列PLC可对通讯口进行通讯参数设置，通讯口参数含义如表5-1-3所示。

表5-1-3　通讯口参数含义

	编号	功能	说明
COM1	FD8210	通讯模式(通讯站号)	255(FF)为自由格式 1～254位Modbus站号
	FD8211	通讯格式	波特率，数据位，停止位，校验
	FD8212	字符超时判断时间	单位ms，设为0时表示无超时等待
	FD8213	回复超时判断时间	单位ms，设为0时表示无超时等待
	FD8214	起始符	高8位无效
	FD8215	终止符	高8位无效
	FD8216	自由格式设置	8/16位缓冲，有/无起始符， 有/无终止符
COM2	FD8220	通讯模式(通讯站号)	255(FF)为自由格式 1～254位Modbus站号
	FD8221	通讯格式	波特率，数据位，停止位，校验
	FD8222	字符超时判断时间	单位ms，设为0时表示无超时等待
	FD8223	回复超时判断时间	单位ms，设为0时表示无超时等待
	FD8224	起始符	高8位无效
	FD8225	终止符	高8位无效
	FD8226	自由格式设置	8/16位缓冲，有/无起始符， 有/无终止符
COM3	FD8230	通讯模式(通讯站号)	255(FF)为自由格式 1～254位Modbus站号
	FD8231	通讯格式	波特率，数据位，停止位，校验
	FD8232	字符超时判断时间	单位ms，设为0时表示无超时等待
	FD8233	回复超时判断时间	单位ms，设为0时表示无超时等待
	FD8234	起始符	高8位无效
	FD8235	终止符	高8位无效
	FD8236	自由格式设置	8/16位缓冲，有/无起始符，有/无终止符

注：1.当通信参数修改后导致脱机，可以使用上电停止PLC运行功能来联机PLC。
2.特殊FLASH数据寄存器修改数据后，需重新上电才有效！

通讯口参数的设置方法有两种，且这两种方法是等效的。

方法一：通过XCPPro编程软件来修改通讯口参数

XCPPro编程软件中集成了修改通讯口的模块，如图5-1-5所示。

通过软件来修改通讯口参数，方便直观，且不易出错，修改完成后，重新上电才能生效。

方法二：通过特殊FLASH数据寄存器来修改通讯口参数

FD8211（通讯口1)/FD8221（通讯口2)/FD8231（通讯口3)：特殊FLASH数据寄存器位含义如图5-1-6所示。

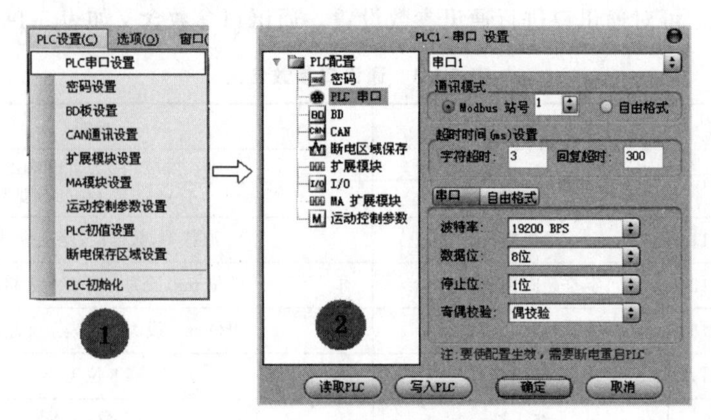

图 5-1-5　通讯口参数修改方法

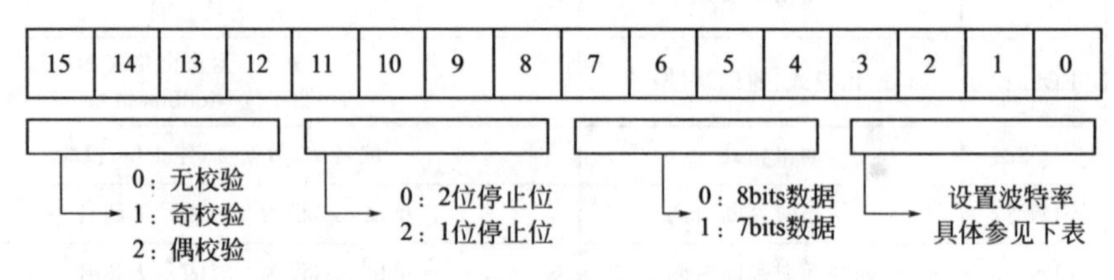

图 5-1-6　特殊 FLASH 数据寄存器位含义 1

bit0～bit3 波特率设置如表 5-1-4 所示。

表 5-1-4　bit0～bit3 波特率设置表

波特率	适用系列	波特率	适用系列	
0:300bps	XC1	0:768Kbps	—	XC2、XCM、XCC
1:600bps	XC1	1:600bps	XC3、XC5	XC2、XCM、XCC
2:1200bps	XC1	2:1200bps	XC3、XC5	XC2、XCM、XCC
3:2400bps	XC1	3:2400bps	XC3、XC5	XC2、XCM、XCC
4:4800bps	XC1	4:4800bps	XC3、XC5	XC2、XCM、XCC
5:9600bps	XC1	5:9600bps	XC3、XC5	XC2、XCM、XCC
6:19.2Kbps	XC1	6:19.2Kbps	XC3、XC5	XC2、XCM、XCC
7:38.4Kbps	XC1	7:38.4Kbps	XC3、XC5	XC2、XCM、XCC
8:57.6Kbps	XC1	8:57.6Kbps	XC3、XC5	—
9:115.2Kbps	XC1	9:115.2Kbps	XC3、XC5	—
—	—	A:192Kbps	XC5	XC2、XCM
—	—	B:256Kbps	—	XC2、XCM、XCC
—	—	C:288Kbps	XC3、XC5	—
—	—	D:384Kbps	XC3、XC5	XC2、XCM、XCC
—	—	E:512Kbps	—	XC2、XCM、XCC
—	—	F:576Kbps	XC3、XC5	—

FD8216（通讯口1)/FD8226（通讯口2)/FD8236（通讯口3)：
特殊FLASH数据寄存器位含义如图5-1-7所示。

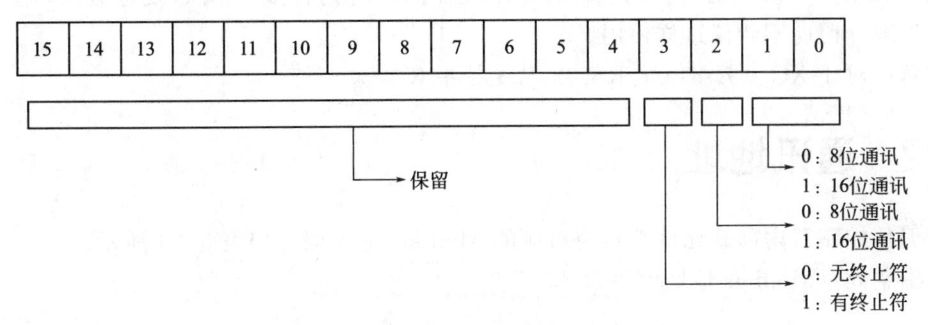

图5-1-7 特殊FLASH数据寄存器位含义2

FD的内容修改完成后，重新上电才能生效。

注意：通过修改各FD的内容来修改通讯口的通讯参数，这样做既不方便，也容易出错，在实际使用中，我们更建议您使用**方法一**来修改通讯口参数。

5.2 Modbus通讯功能

5.2.1 通讯功能

XC系列可编程控制器本体支持Modbus协议通讯主、从机形式。

主站形式：可编程控制器作为主站设备时，通过Modbus指令可与其他使用Modbus-RTU协议的从机设备通讯；与其他设备进行数据交换（对于非Modbus-RTU协议通讯，将在自由通讯章节做介绍）。

【例】信捷XC系列PLC，可以通过通讯来控制变频器。

从站形式：可编程控制器作为从站设备时，只能对其他主站的要求作出响应。

主从的概念：在RS485网络中，某一时刻，可以有一主多从，如图5-2-1所示，其中主站可以对其中任意从站进行读写操作，从站之间不可直接进行数据交换，主站需编写通讯程序，对其中的某个从站进行读写，从站无需编写通讯程序，只需对主站的读写进行响应即可(接线方式：所有的485＋连在一起，所有的485－连在一起)。

如图5-2-2所示，在RS232网络中，只能一对一通讯，某一时刻只有一主一从。

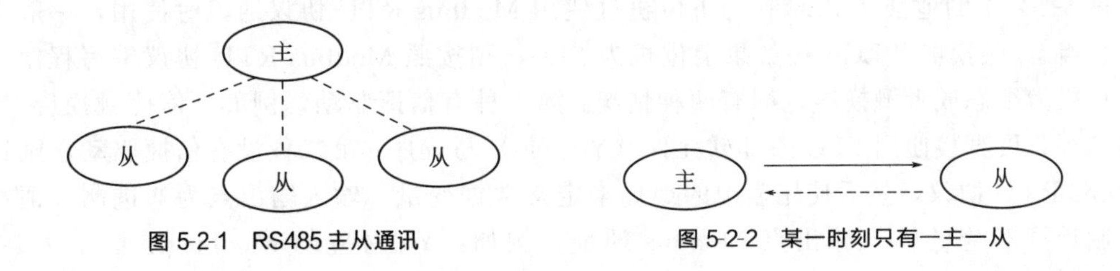

图5-2-1 RS485主从通讯　　图5-2-2 某一时刻只有一主一从

之所以图中有虚线箭头（包括RS485网络中），是因为理论上在两个网络中，只要各个PLC不发数据，网络中任意PLC都可以用来作为主站，其他PLC作为从站；但是由于多个PLC之间没有一个统一的时钟基准，容易出现在同一时刻有多个PLC发送数据，会导致通讯冲突失败，因此不建议这样使用。

注意：对于XC系列PLC，RS232只支持半双工。

5.2.2 通讯地址

可编程控制器内部软元件编号与对应的Modbus地址编号如表5-2-1所示。

线圈空间（Modbus地址前缀为“0x”）：

表5-2-1 内部软元件编号与对应的Modbus地址编号1

位元件地址	Modbus地址（十进制K）	Modbus地址（十六进制H）
M0～M7999	0～7999	0～1F3F
X0～X1037	16384～16927	4000～421F
Y0～Y1037	18432～18975	4800～4A1F
S0～S1023	20480～21503	5000～53FF
M8000～M8511	24576～25087	6000～61FF
T0～T618	25600～26218	6400～666A
C0～C634	27648～28282	6C00～6E7A

寄存器空间（Modbus地址前缀为“4x”）：

表5-2-2 内部软元件编号与对应的Modbus地址编号2

字元件地址	Modbus地址（十进制K）	Modbus地址（十六进制H）
D0～D7999	0～7999	0～1F3F
TD0～TD618	12288～12906	3000～326A
CD0～CD634	14336～14970	3800～3A7A
D8000～D8511	16384～16895	4000～41FF
FD0～FD5000	18432～23432	4800～5B88
FD8000～FD8511	26624～27135	6800～69FF
ED0～ED36863	28672～65535	7000～FFFF

表5-2-2中的地址在PLC作为下位机且使用Modbus-RTU协议通讯时使用，一般上位机为：组态/触摸屏/PLC……如果上位机为PLC，则按照Modbus-RTU协议编写程序。如果上位机为组态或者触摸屏，则有两种情况：第一种有信捷驱动，例如：信捷触摸屏/紫金桥组态等，可直接使用PLC内部软元件（Y0/M0）写程序；第二种没有信捷驱动，则选择Modbus-RTU协议，然后使用表中的地址来定义数据变量。输入输出点为八进制，请按照八进制计算对应的输入输出点Modbus地址，例如：Y0对应的Modbus地址是H4800，Y10对应的Modbus地址是H4808（并不是H4810），Y20对应的Modbus地址是H4816

(并不是 H4820)。当 Modbus 地址超过 K32767 时，需使用十六进制表示。例如：ED36863 的 Modbus 地址是十进制的 65535（超出 K32767），软件中无法写入 K65535，故需要使用十六进制表示为 HFFFF。

5.2.3 Modbus 通讯数据格式

Modbus 通讯传输模式包含两种传输模式，分别为 RTU 模式与 ASCII 模式；它定义了报文域的位内容在线路上串行的传送；它确定了信息如何打包为报文和解码；Modbus 串行链路上所有设备的传输模式（和串行口参数）必须相同。

Modbus 通讯数据结构如下。

(1) RTU 模式

当设备使用 RTU（Remote Terminal Unit）模式在 Modbus 串行链路通信，报文中每个 8 位字节含有两个 4 位十六进制字符。这种模式的主要优点是较高的数据密度，在相同的波特率下比 ASCII 模式有更高的吞吐率。每个报文必须以连续的字符流传送。

RTU 模式帧检验域：循环冗余校验（CRC）。

RTU 模式帧如表 5-2-3 所示。

表 5-2-3 RTU 模式帧

Modbus 站号	功能代码	数据	CRC	
1 字节	1 字节	0～124 字节	2 字节	
			CRC 低	CRC 高

格式如表 5-2-4 所示。

表 5-2-4 格式

START	保持无输入信号大于等于 10ms
Address	通讯地址:8-bit 二进制地址
Function	功能码:8-bit 二进制地址
DATA(n−1)	资料内容: N * 8-bit 资料,N<=8,最大 8 个字节
………………	
DATA 0	
CRC CHK Low	CRC 校验码
CRC CHK High	16-bit CRC 校验码由 2 个 8-bit 二进制组合
END	保持无出入信号大于等于 10ms

(2) 通讯地址

00H：所有信捷 XC 系列 PLC 广播（broadcast）——广播时候下位机不回复数据。

01H：对 01 地址 PLC 通讯。

0FH：对 15 地址 PLC 通讯。

10H：对 16 地址 PLC 通讯。以此类推……最大可到 254（FEH）。

（3）功能码（Function）

功能码与资料内容（DATA）如表 5-2-5 所示。

表 5-2-5　功能码（Function）

功能码	功能	对应的 Modbus 指令	备注
01H	读线圈指令	COLR	
02H	读输入线圈指令	INPR	读信捷 PLC 的 X 线圈时，请使用 COLR
03H	读出寄存器内容	REGR	
04H	读输入寄存器指令	INRR	
05H	写单个线圈指令	COLW	
06H	写单个寄存器指令	REGW	
10H	写多个寄存器指令	MRGW	
0FH	写多个线圈指令	MCLW	

① 以 06 功能码（单个寄存器写）为例，介绍数据格式（其余功能码与此类似）如表 5-2-6 所示。

例如：上位机对 PLC 的 H0002 地址即 D2 写数据 K5000（即 H1388）。

表 5-2-6　RTU 模式

询问信息格式		回应信息格式	
地址	01H	地址	01H
功能码	06H	功能码	06H
寄存器地址	00H	寄存器地址	00H
	02H		02H
数据内容	13H	数据内容	13H
	88H		88H
CRC CHECK Low	25H	CRC CHECK Low	25H
CRC CHECK High	5CH	CRC CHECK High	5CH

注：1. 地址即 PLC 的站号。
2. 功能码即 Modbus-RTU 协议中所定义的读写操作代码。
3. 寄存器地址即表 5-2-1，表 5-2-2 中所列出的信捷 PLC Modbus 通讯地址。
4. 数据内容即为往 D2 寄存器中写的数据。
5. CRC CHECK Low/CRC CHECK High 为 CRC 校验的低位和高位数据。

如果一台信捷 XC 系列 PLC 为上位机，和另一台 XC 系列 PLC 通讯，同样对 D2 写 K5000（十进制 5000），如图 5-2-3 所示。

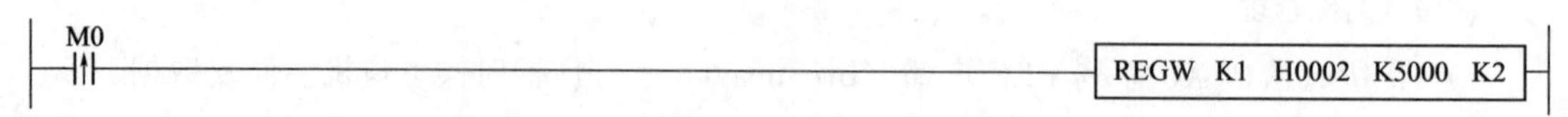

图 5-2-3　通讯

M0 为触发条件，采用上升沿执行一次。使用信捷 PLC 进行 Modbus 通讯时，虽然只执行一次通讯指令，但如果通讯不成功，系统会自动重播两次，如果三次通讯都不成功则视本次通讯完成。

以下是 REGW 指令和 RTU 协议数据的对应关系（其余指令与此类似）如表 5-2-7 所示。

表 5-2-7　REGW 指令和 RTU 协议数据的对应关系

REGW	功能码 06H
K1	站号地址
H0002	Modbus 地址
K5000	数据内容即 1388H
K2	PLC 通讯串口号

完整的数据串是：01H　06H　00H　02H　13H　88H　（系统自动进行 CRC 校验）。

如果用串口调试工具监控串口 2，可得到数据如下：01　06　00　02　13　88　25　5C。

注意： 在程序中使用的数据不分二进制、十进制、十六进制，只要保证数值上相等即可。

例如：B10000、K16 和 H10 值相等，所以以下三条通讯指令功能相同。

```
REGW   K1   B111110100   D1   K2
REGW   K1   K500         D1   K2
REGW   K1   H1F4         D1   K2
```

② 功能码 01H/02H：读线圈/读输入线圈。

例如：读取线圈地址 4800H 为首的 2 个线圈的状态（Y0、Y1）。此时，Y0、Y1 均为 ON。

RTU 模式如表 5-2-8 所示。

表 5-2-8　询问信息格式与回应信息格式

询问信息格式		回应信息格式	
地址	01H	地址	01H
功能码	01H/02H	功能码	01H/02H
线圈地址	48H	字节数	01H
	00H		
线圈个数	00H	数据内容	03H
	02H		
CRC CHECK Low	AAH	CRC CHECK Low	11H
CRC CHECK High	6BH	CRC CHECK High	89H

由于 Y0 和 Y1 的状态均为 ON，所以数据内容为 03H（0000 0011）。

③ 功能码 03H：读出寄存器内容。

例如：读出寄存器地址 3E8H 为首的 2 个寄存器的内容（D1000、D1001）。

RTU 模式如表 5-2-9 所示。

表 5-2-9　询问信息格式与回应信息格式

<table>
<tr><th colspan="2">询问信息格式</th><th colspan="2">回应信息格式</th></tr>
<tr><td>地址</td><td>01H</td><td>地址</td><td>01H</td></tr>
<tr><td>功能码</td><td>03H</td><td>功能码</td><td>03H</td></tr>
<tr><td rowspan="2">寄存器地址</td><td>03H</td><td rowspan="2">字节数</td><td rowspan="2">04H</td></tr>
<tr><td>E8H</td></tr>
<tr><td rowspan="4">寄存器个数</td><td rowspan="2">00H</td><td rowspan="4">数据内容</td><td>12H</td></tr>
<tr><td>2EH</td></tr>
<tr><td rowspan="2">02H</td><td>04H</td></tr>
<tr><td>E8H</td></tr>
<tr><td>CRC CHECK Low</td><td>44H</td><td>CRC CHECK Low</td><td>9DH</td></tr>
<tr><td>CRC CHECK High</td><td>7BH</td><td>CRC CHECK High</td><td>CCH</td></tr>
</table>

此时，读出的 D1000 和 D1001 中的数值分别是 122EH（4654）和 04E8H（1256）。

④ 功能码 05H：写单个线圈。

例如：将线圈地址 4800H（Y0）置 ON。

RTU 模式如表 5-2-10 所示。

表 5-2-10　询问信息格式与回应信息格式

询问信息格式		回应信息格式	
地址	01H	地址	01H
功能码	05H	功能码	05H
线圈地址	48H	线圈地址	60H
	00H		00H
数据内容（低在前高在后）	FFH	数据内容	FFH
	00H		00H
CRC CHECK Low	9BH	CRC CHECK Low	9BH
CRC CHECK High	9AH	CRC CHECK High	9AH

注意：单个线圈写时，ON 为 00FFH，OFF 为 0000H；且数据内容是低字节数据在前，高字节数据在后。

⑤ 功能码 0FH：多个线圈写。

例如：对 PLC 中的 4800H（Y0）为首的 16 个线圈进行写入。

RTU 模式如表 5-2-11 所示。

表 5-2-11　询问信息格式与回应信息格式

询问信息格式		回应信息格式	
地址	01H	地址	01H
功能码	0FH	功能码	0FH

续表

询问信息格式		回应信息格式	
线圈地址	48H	线圈地址	60H
	00H		00H
线圈个数	00H	线圈个数	00H
	10H		10H
字节数	02H	—	—
数据内容（低在前高在后）	03H		
	01H		
CRC CHECK Low	EBH	CRC CHECK Low	43H
CRC CHECK High	14H	CRC CHECK High	A7H

数据内容为0103H，其二进制表示为0000 0001 0000 0011，写入对应Y17～Y0，所以Y0、Y1、Y10置ON。

注意：在写数据内容时，低字节数据在前，高字节数据在后。

⑥ 功能码10H：多个寄存器写。

例如：对PLC中的0000H（D0）为首的3个寄存器进行写入。

RTU模式如表5-2-12所示。

表5-2-12　询问信息格式与回应信息格式

询问信息格式		回应信息格式	
地址	01H	地址	01H
功能码	10H	功能码	10H
寄存器地址	00H	寄存器地址	00H
	00H		00H
寄存器个数	00H	寄存器个数	00H
	03H		03H
字节数	06H	—	—
数据内容	00H		
	01H		
	00H		
	02H		
	00H		
	03H		
CRC CHECK Low	3AH	CRC CHECK Low	3AH
CRC CHECK High	81H	CRC CHECK High	81H

执行后，D0、D1、D2中的数值分别为：1、2、3。

注意：字节数=寄存器个数*2。

5.2.4 通讯指令

Modbus 指令分为线圈读写、寄存器读写，下面具体介绍这些指令的用法。通讯指令中各操作数定义说明。

① 远端通讯局号：与 PLC 所连接下位机的串口站号。

例如：PLC 连接了三台变频器，要通过通讯来读写参数，此时将变频器的站号设置成 1.2.3，即变频器为下位机，PLC 为上位机，且下位机的远端通讯局号分别为 1.2.3（下位机站号和上位机站号可设置成相同）。

② 远端线圈/寄存器首地址编号。

指定远端线圈/寄存器个数：PLC 对下位机读写操作时候的第一个线圈/寄存器地址，一般结合“指定线圈/寄存器个数”一起使用。

例如：PLC 要读一台信捷变频器的输出频率（H2103）、输出电流（H2104）、母线电压（H2105），则远端寄存器首地址为 H2103，指定线圈个数为 K3。

③ 本地接收/发送线圈/寄存器地址：PLC 中需要与下位机中进行数据交换的线圈/寄存器。

例如：

写线圈　　M0：将 M0 状态写到下位机中指定地址。

写寄存器　D0：将 D0 值写到下位机指定地址。

读线圈　　M1：将下位机指定地址中的内容读到 M1。

读寄存器　D1：将下位机指定寄存器内容读到 D1。

5.2.4.1 线圈读[COLR]

将指定局号中指定线圈状态读到本机内指定线圈中的指令。COLR 指令及操作数、字软元件、位软元件如表 5-2-13～表 5-2-16 所示。

表 5-2-13　COLR 指令

线圈读[COLR]			
16 位指令	COLR	32 位指令	—
执行条件	常开/闭、边沿触发	适用机型	XC2、XC3、XC5、XCM、XCC
硬件要求	—	软件要求	—

表 5-2-14　操作数

操作数	作用	类型
S1	指定远端通讯局号	16 位，BIN
S2	指定远端线圈首地址编号	16 位，BIN
S3	指定线圈个数的数值	16 位，BIN
D1	指定本地接收线圈的首地址	位
D2	指定串口编号	16 位，BIN

表 5-2-15　字软元件

操作数	系统									常数	模块	
	D	FD	ED	TD	CD	DX	DY	DM	DS	K/H	ID	QD
S1	●	●		●	●					●		
S2	●	●		●	●					●		
S3	●	●		●	●					●		
D2										K		

表 5-2-16　位软元件

操作数	系统						
	X	Y	M	S	T	C	Dn. m
D1	●	●	●	●	●	●	

COLR 指令应用如图 5-2-4 所示。

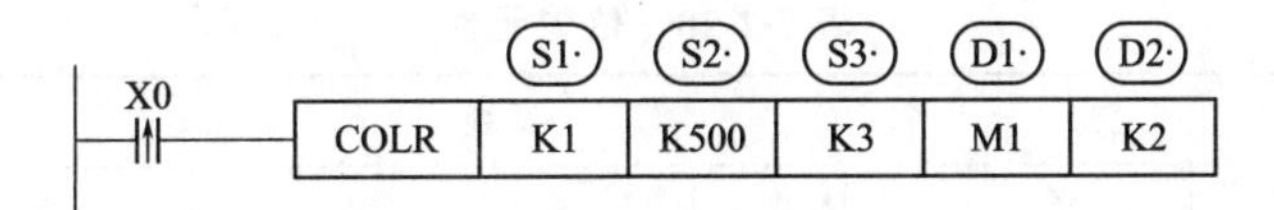

图 5-2-4　COLR 指令应用示例

读线圈指令，Modbus 功能码为 01H。串口号范围：K1～K3。操作数 S3：K1～K984，即读取线圈的最大个数为 984。X0 为 ON 时，执行 COLR 指令，指令执行完成置接收正确标志 M8138（COM2）。X0 为 OFF 时，不操作。如果通讯发生错误，会自动重发，满 3 次置接收错误标志 M8137（COM2）。用户可查询相关寄存器 D8137、D8138（COM2）判断错误原因。

5.2.4.2　输入线圈读[INPR]

将指定局号中指定输入线圈状态读到本机内指定线圈中的指令。INPR 指令及操作数、字软元件、位软元件如表 5-2-17～表 5-2-20 所示。

表 5-2-17　INPR 指令

输入线圈读[INPR]			
16 位指令	INPR	32 位指令	—
执行条件	常开/闭、边沿触发	适用机型	XC2、XC3、XC5、XCM、XCC
硬件要求	—	软件要求	—

表 5-2-18　操作数

操作数	作用	类型
S1	指定远端通讯局号	16 位，BIN
S2	指定远端线圈首地址编号	16 位，BIN

续表

操作数	作用	类型
S3	指定线圈个数的数值或寄存器地址	16位,BIN
D1	指定本地接收线圈的首地址编号	位
D2	指定PLC串口编号	16位,BIN

表5-2-19　字软元件

操作数	系统									常数	模块	
	D	FD	ED	TD	CD	DX	DY	DM	DS	K/H	ID	QD
S1	●	●		●	●					●		
S2	●	●		●	●					●		
S3	●	●		●	●					●		
D2										K		

表5-2-20　位软元件

操作数	系统						
	X	Y	M	S	T	C	Dn.m
D1	●	●	●	●	●	●	

INPR指令应用如图5-2-5所示。

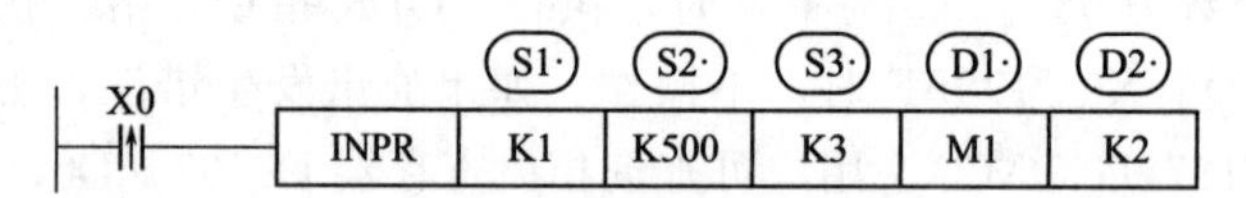

图5-2-5　INPR指令应用示例

读输入线圈指令，Modbus功能码为02H。串口号范围：K1～K3。操作数S3：K1～K984，读取输入线圈的最大个数为984。X0为ON时，执行INPR指令，指令执行完成置“接收正确标志”M8138为ON（COM2）。X0为OFF时，不操作。如果通讯发生错误，会自动重发，满3次置接收错误标志M8137（COM2）。用户可查询相关寄存器D8137、D8138（COM2）判断错误原因。INPR指令不能用于读取信捷PLC的输入线圈。

5.2.4.3　单个线圈写[COLW]

将本机内指定线圈状态写到指定局号中指定线圈的指令。COLW指令及操作数、字软元件、位软元件如表5-2-21～表5-2-24所示。

表5-2-21　COLW指令

单个线圈写[COLW]			
16位指令	COLW	32位指令	—
执行条件	常开/闭、上升沿触发	适用机型	XC2、XC3、XC5、XCM、XCC
硬件要求	—	软件要求	—

表 5-2-22 操作数

操作数	作用	类型
D1	指定远端通讯局号	16位,BIN
D2	指定远端线圈首地址编号	16位,BIN
S1	指定本地发送线圈首地址编号	位
S2	指定串口编号	16位,BIN

表 5-2-23 字软元件

操作数	系统									常数	模块	
	D	FD	ED	TD	CD	DX	DY	DM	DS	K/H	ID	QD
D1	●	●		●	●					●		
D2	●	●		●	●					●		
S2										K		

表 5-2-24 位软元件

操作数	系统						
	X	Y	M	S	T	C	Dn. m
S1	●	●	●	●	●	●	

COLW 指令应用如图 5-2-6 所示。

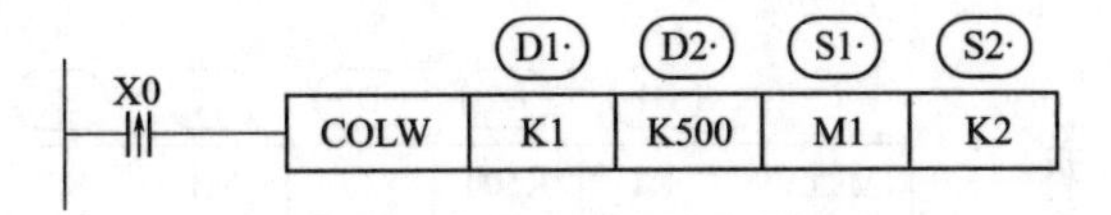

图 5-2-6 COLW 指令应用示例

写单个线圈指令，Modbus 功能码为 05H。串口号范围：K1～K3。X0 为 ON 时，执行 COLW 指令，指令执行完成置接收正确标志 M8138（COM2）。X0 为 OFF 时，不操作。如果通讯发生错误，会自动重发，满 3 次置接收错误标志 M8137（COM2）。用户可查询相关寄存器 D8137、D8138（COM2）判断错误原因。

5.2.4.4 多个线圈写[MCLW]

将本机内指定的多个线圈的状态写到指定局号中指定线圈的指令。MCLW 指令及操作数、字软元件、位软元件如表 5-2-25～表 5-2-28 所示。

表 5-2-25 MCLW 指令

多个线圈写[MCLW]			
16位指令	MCLW	32位指令	—
执行条件	常开/闭、上升沿触发	适用机型	XC2、XC3、XC5、XCM、XCC
硬件要求	—	软件要求	—

表 5-2-26 操作数

操作数	作用	类型
D1	指定远端通讯局号	16 位，BIN
D2	指定远端线圈首地址编号	16 位，BIN
D3	指定线圈个数的数值	16 位，BIN
S1	指定本地发送线圈首地址编号	位
S2	指定串口编号	16 位，BIN

表 5-2-27 字软元件

操作数	系统									常数	模块	
	D	FD	ED	TD	CD	DX	DY	DM	DS	K/H	ID	QD
D1	●	●		●	●					●		
D2	●	●		●	●					●		
D3	●	●		●	●					●		
S2										K		

表 5-2-28 位软元件

操作数	系统						
	X	Y	M	S	T	C	Dn. m
S1	●	●	●	●	●	●	

MCLW 指令应用如图 5-2-7 所示。

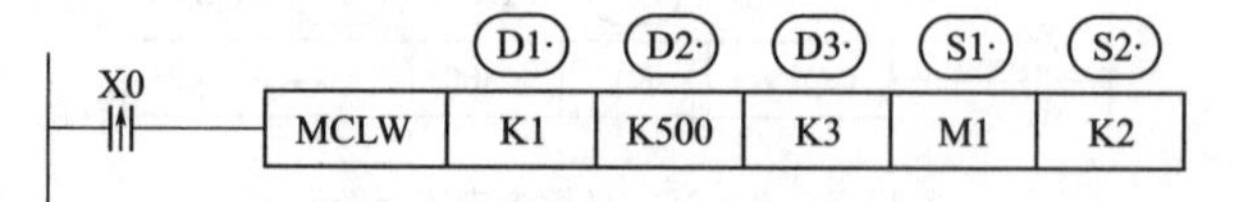

图 5-2-7 MCLW 指令应用示例

写多个线圈指令，Modbus 功能码为 0FH。串口号范围：K1～K3。操作数 D3 即写线圈的最大个数为 952。X0 为 ON 时，执行 MCLW 指令，指令执行完成置接收正确标志 M8138（COM2）。X0 为 OFF 时，不操作。如果通讯发生错误，会自动重发，满 3 次置接收错误标志 M8137（COM2）。用户可查询相关寄存器 D8137、D8138（COM2）判断错误原因。

5.2.4.5 寄存器读[REGR]

将指定局号指定寄存器读到本机内指定寄存器的指令。REGR 指令及操作数、字软元件如表 5-2-29～表 5-2-31 所示。

表 5-2-29 REGR 指令

寄存器读[REGR]			
16 位指令	REGR	32 位指令	—
执行条件	常开/闭、上升沿触发	适用机型	XC2、XC3、XC5、XCM、XCC
硬件要求	—	软件要求	—

表 5-2-30　操作数

操作数	作用	类型
S1	指定远端通讯局号	16位,BIN
S2	指定远端寄存器首地址编号	16位,BIN
S3	指定寄存器个数的数值	16位,BIN
D1	指定本地接收寄存器首地址编号	16位,BIN
D2	指定串口编号	16位,BIN

表 5-2-31　字软元件

操作数	系统									常数	模块	
	D	FD	ED	TD	CD	DX	DY	DM	DS	K/H	ID	QD
S1	●	●		●	●					●		
S2	●	●		●	●					●		
S3	●	●		●	●					●		
D1	●											
D2										K		

REGR 指令应用如图 5-2-8 所示。

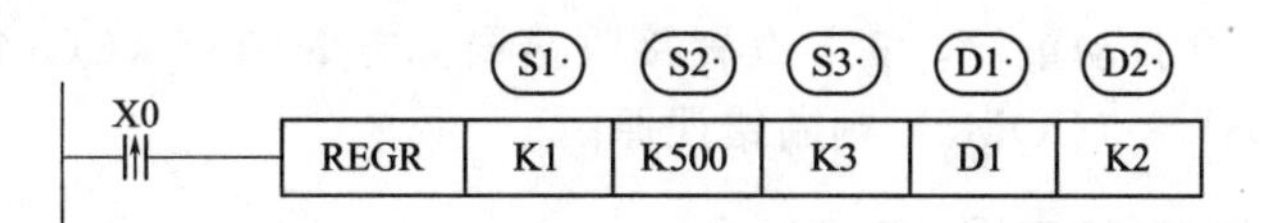

图 5-2-8　REGR 指令应用示例

读寄存器指令，Modbus 功能码为 03H。串口号范围：K1～K3。操作数 S3 及读寄存器的最大个数为 61。X0 为 ON 时，执行 REGR 指令，指令执行完成置接收正确标志 M8138（COM2）。X0 为 OFF 时，不操作。如果通讯发生错误，会自动重发，满 3 次置接收错误标志 M8137（COM2）。用户可查询相关寄存器 D8137、D8138（COM2）判断错误原因。

5.2.4.6　单个寄存器写[REGW]

将本机内指定寄存器写到指定局号指定寄存器的指令。REGW 指令及操作数、字软元件如表 5-2-32～表 5-2-34 所示。

表 5-2-32　REGW 指令

单个寄存器写[REGW]			
16位指令	REGW	32位指令	—
执行条件	常开/闭、上升沿触发	适用机型	XC2、XC3、XC5、XCM、XCC
硬件要求	—	软件要求	—

表 5-2-33 操作数

操作数	作用	类型
D1	指定远端通讯局号的数值	16 位,BIN
D2	指定远端寄存器首地址编号	16 位,BIN
S1	指定本地发送寄存器首地址编号	16 位,BIN
S2	指定串口编号	16 位,BIN

表 5-2-34 字软元件

操作数	系统									常数	模块	
	D	FD	ED	TD	CD	DX	DY	DM	DS	K/H	ID	QD
D1	●	●		●	●					●		
D2	●	●		●	●					●		
S1	●											
S2										K		

REGW 指令应用如图 5-2-9 所示。

写单个寄存器指令，Modbus 功能码为 06H。串口号范围：K1～K3。X0 为 ON 时，执行 REGW 指令，指令执行完成置接收正确标志 M8138（COM2）。X0 为 OFF 时，不操作。如果通讯发生错误，会自动重发，满 3 次置接收错误标志 M8137（COM2）。用户可查询相关寄存器 D8137、D8138（COM2）判断错误原因。

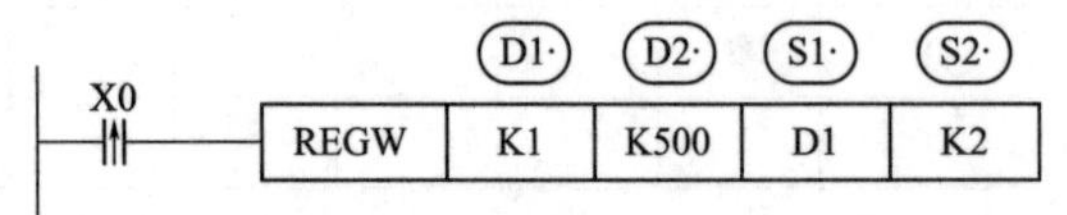

图 5-2-9 REGW 指令应用示例

5.2.4.7 多个寄存器写[MRGW]

将本机内指定寄存器写到指定局号指定寄存器的指令。MRGW 指令及操作数、字软元件如表 5-2-35～表 5-2-37 所示。

表 5-2-35 MRGW 指令

多个寄存器写[MRGW]			
16 位指令	MRGW	32 位指令	—
执行条件	常开/闭、上升沿触发	适用机型	XC2、XC3、XC5、XCM、XCC
硬件要求	—	软件要求	—

表 5-2-36 操作数

操作数	作用	类型
D1	指定远端通讯局号	16 位,BIN
D2	指定远端寄存器首地址编号	16 位,BIN
D3	指定寄存器个数的数值	16 位,BIN
S1	指定本地发送寄存器首地址编号	16 位,BIN
S2	指定串口编号	16 位,BIN

表 5-2-37　字软元件

操作数	系统									常数	模块	
	D	FD	ED	TD	CD	DX	DY	DM	DS	K/H	ID	QD
D1	●	●		●	●					●		
D2	●	●		●	●					●		
S1	●											
S2										K		

MRGW 指令应用如图 5-2-10 所示。

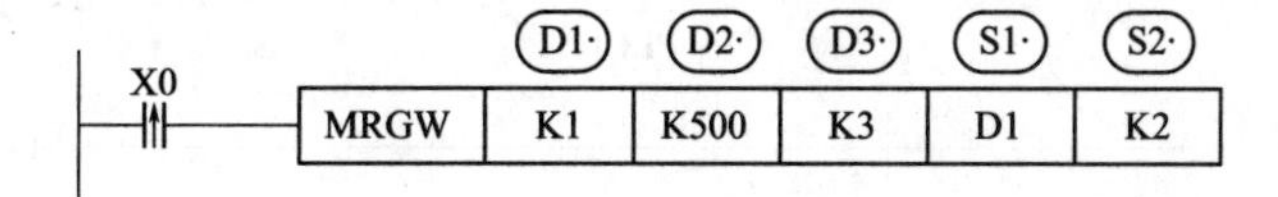

图 5-2-10　MRGW 指令应用示例

写多个寄存器指令，Modbus 功能码为 10H。串口号范围：K1～K3。操作数 D3 即写寄存器的最大个数为 59。X0 为 ON 时，执行 MRGW 指令，指令执行完成置接收正确标志 M8138（COM2）。X0 为 OFF 时，不操作。如果通讯发生错误，会自动重发，满 3 次置接收错误标志 M8137（COM2）。用户可查询相关寄存器 D8137、D8138（COM2）判断错误原因。

5.2.5　通讯样例

接线方式有如下两种。

① RS232 连接方式如图 5-2-11 所示。

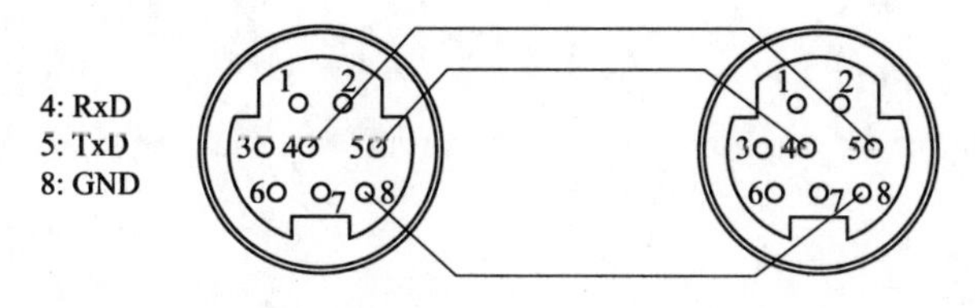

图 5-2-11　COM2 *1 引脚图

注意：

a. 上图中以 *1 标记的 COM2 只标出了 RS232 引脚，由于 RS485 端子已外置（A、B），因此这里不再列出。

b. XC 系列 PLC，RS232 通讯不支持全双工，因此只能单向通讯。

c. RS232 通讯距离短（13m 左右且和现场环境密切相关），如需远距离通讯请选用 RS485 通讯方式。

② RS485 连接方式如图 5-2-12 所示。

A 接 A、B 接 B，如果一个主站多个从站，只需将所有的 A 相连，所有的 B 相连。

A 双绞线 A

B B

图 5-2-12 RS485 接线

A 为 485＋、B 为 485－。

举例：一台信捷 XC 系列 PLC 控制 3 台 XC 系列 PLC，让 3 台下位机的 Y0 随着主机动作（主机 Y0 亮从机 Y0 亮，主机 Y0 灭从机 Y0 灭），前提条件是 Y0 的通断，通讯有足够的时间来反映且三台下位机的同步要求不是非常严格（完全同步达不到）。

第一种方法，常规写法，程序如图 5-2-13 所示。

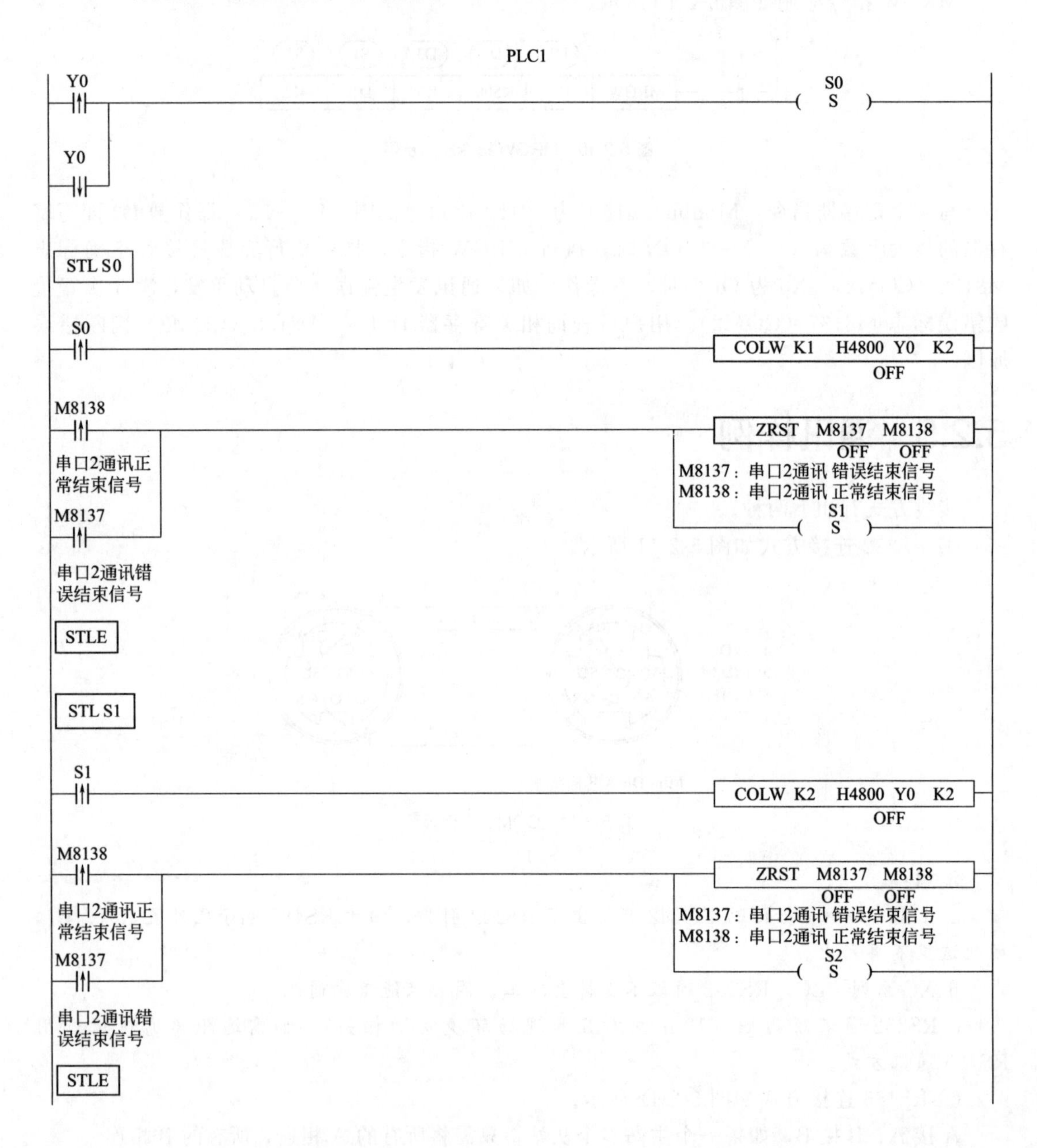

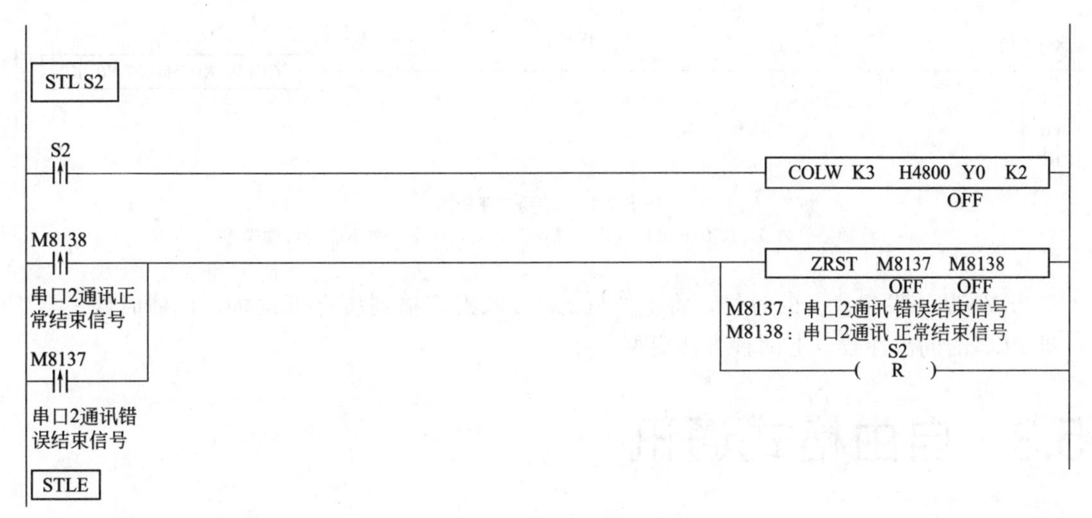

图 5-2-13 常规写法

上面程序中采用流程来处理，分三个流程，分别写一号、二号、三号下位机；在每个流程中，进入流程就进行写操作，当下位机响应后，如果接收正确则跳到下一个流程，如果接受不正确进行延时系统会自动重新发送两次，三次通讯都不成功的话系统会置位 M8137，然后跳转到下一个流程。

第二种方法，使用信捷特有的顺序功能块 BLOCK，如图 5-2-14 所示。

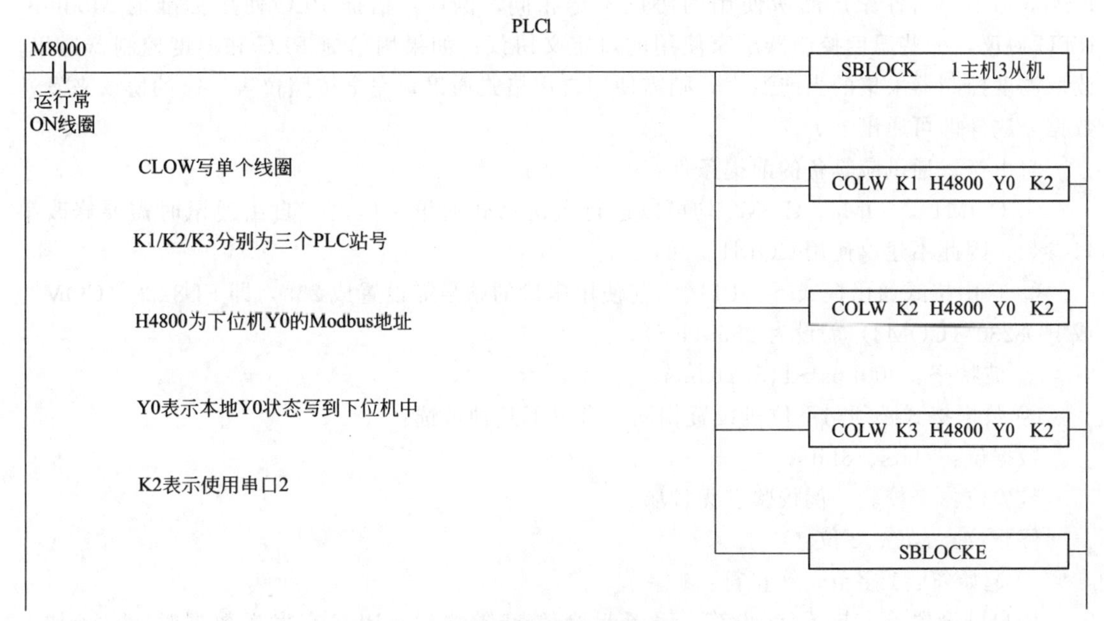

图 5-2-14 使用信捷特有的顺序功能块 BLOCK

上面的写法 BLOCK 前面用了 M8000 作为导通条件，则不论 Y0 的状态是否变换，上位机会一直不断地把 Y0 的当前状态写到下位机中，这样即使通讯偶尔出错也不会有什么影响。

第三种方法，使用广播功能，程序如图 5-2-15 所示。

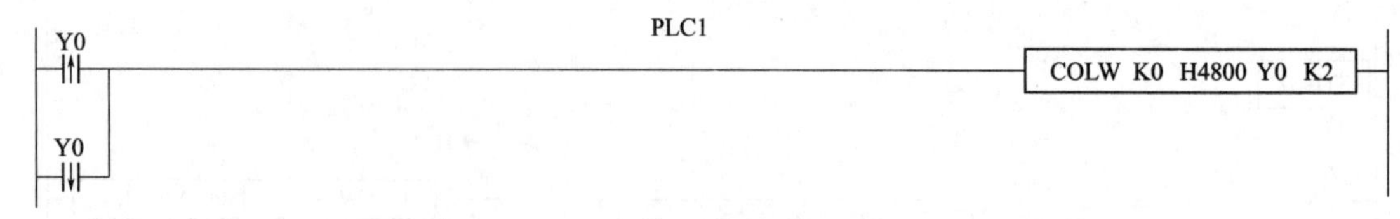

图 5-2-15 使用广播功能
广播站号为 0，所有下位机响应但是不会回复，注意广播不能进行读操作

当 Y0 状态发生改变的时候，将上位机的 Y0 状态广播到所有下位机，广播时候三台下位机 PLC 的同步性较以上两种方法更好。

5.3 自由格式通讯

5.3.1 通讯模式

自由格式通讯是以数据块的形式进行数据传送，受 PLC 缓存的限制，每次发送数据量最大为 128 字节。

自由格式通讯模式说明：

所谓自由格式，即自定义协议通讯，现在市场上很多智能设备都支持 RS232 或者 RS485 通讯，而各家产品所使用的协议不尽相同，例如：信捷 PLC 使用标准的 Modbus-RTU 协议，一些温度控制器厂家使用的自定义协议；如果用信捷 PLC 和温度控制器通讯，读取温度控制器采集的当前温度，则需使用自由格式通讯，完全按照仪表厂家的协议来发送数据，这样即可通讯上。

自由格式通讯应具备的前提条件：

① COM1、COM2、COM3 均可以进行自由格式通讯，但由于自由通讯时需要修改串口参数，因此不建议使用 COM1。

② 自由格式通讯模式下，PLC 当前使用串口的站号需设置成 255，即 FD8220（COM2）或 FD8230（COM3）需设为 255（FF）。

③ 波特率：300bps～115.2Kbps。

④ 数据格式必须与下位机设置相同，有以下几种可选：

数据位：7bits、8bits；

校验位：奇校验、偶校验、无校验；

停止位：1 位、2 位。

⑤ 起始符：1 字节；终止符：1 字节。

用户可设置一个起始/终止符，设置起始/终止符之后，PLC 在发送数据时，自动加上起始/终止符，在接收数据时，自动去掉起始/终止符。

其实起始符、终止符可以看成是协议中数据帧头帧尾，因此，如果下位机通讯有起始符终止符时，既可以在软件中设定，也可以将其写在协议中。

⑥ 通讯形式：8 位、16 位。

选择 8 位缓冲形式进行通讯时，通讯过程中寄存器的高字节是无效的，PLC 只利用寄存器的低字节进行发送和接收数据。

选择 16 位缓冲形式进行通讯时，PLC 发送数据时，是先发送低字节数据，再发送高字节数据。

5.3.2 适用场合

什么时候需要使用自由通讯？

以上节中所述的情况为例，信捷 PLC 与温控仪表通讯，而仪表使用自己的通讯协议，协议规定读取温度需发送“:”“R”“T”“CR”四个字符，各字符含义如表 5-3-1 所示。

表 5-3-1 字符含义

字符	含义
:	数据开始
R	读功能
T	温度
CR	回车，数据结束

PLC 需要将上述字符的 ASCII 码发送到仪表，才能读取到仪表测得的当前温度值。通过查询 ASCII 码表可得到各字符的 ASCII 码值（十六进制），如表 5-3-2 所示。

表 5-3-2 字符对应的 ASCII 码值

字符	对应 ASCII 码值
:	3A
R	52
T	54
CR	0D

显然按照上面描述的情况，使用 Modbus 指令不能通讯，这个时候就需要使用自由格式通讯。关于详细的使用在后面章节中会以此为例来编写样例程序。

5.3.3 指令形式

5.3.3.1 发送数据[SEND]

将本机内指定的数据写到指定局号指定地址的指令。SEND 指令及操作数、字软元件如表 5-3-3～表 5-3-5 所示。

表 5-3-3 SEND 指令

发送数据[SEND]			
16 位指令	SEND	32 位指令	—
执行条件	常开/闭、边沿触发	适用机型	XC2、XC3、XC5、XCM、XCC
硬件要求	—	软件要求	—

表 5-3-4 操作数

操作数	作用	类型
S1	指定本地发送数据的首地址编号	16 位,BIN
S2	指定发送字符个数的数据或软元件地址编号	16 位,BIN
n	指定通讯口编号	16 位,BIN

表 5-3-5 字软元件

操作数	系统									常数	模块	
	D	FD	ED	TD	CD	DX	DY	DM	DS	K/H	ID	QD
S1	●	●		●	●							
S2	●	●		●	●					●		
n	●									K		

SEND 指令应用如图 5-3-1 所示。

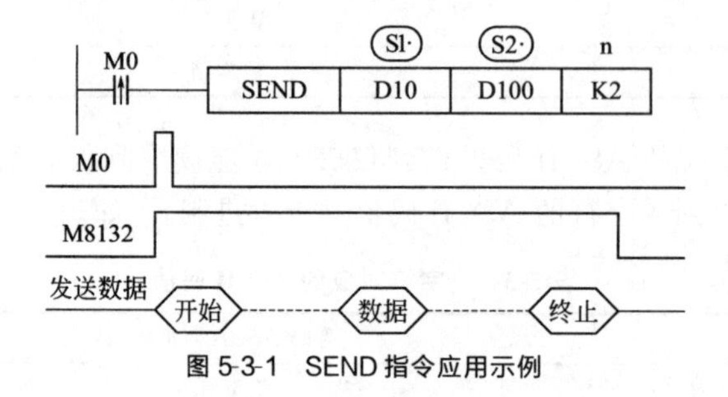

图 5-3-1 SEND 指令应用示例

数据发送指令，M0 的一次上升沿发送一次数据。通讯口号。范围：K2～K3。在数据发送过程中“正在发送”标志位 M8132（COM2）置 ON。

5.3.3.2 接收数据[RCV]

将指定局号的数据写到本机内指定地址的指令。RCV 指令及操作数、字软元件如表 5-3-6～表 5-3-8 所示。

表 5-3-6 RCV 指令

接收数据[RCV]			
16 位指令	RCV	32 位指令	—
执行条件	常开/闭、边沿触发	适用机型	XC2、XC3、XC5、XCM、XCC
硬件要求	—	软件要求	—

表 5-3-7 操作数

操作数	作用	类型
S1	指定本地接收数据的首地址编号	16 位,BIN
S2	指定接收字符个数的数据或软元件地址编号	16 位,BIN
n	指定通讯口编号	16 位,BIN

表 5-3-8　字软元件

操作数	系统									常数	模块	
	D	FD	ED	TD	CD	DX	DY	DM	DS	K/H	ID	QD
S1	●	●		●	●							
S2	●	●		●	●					●		
n										●		

RCV 指令应用如图 5-3-2 所示。

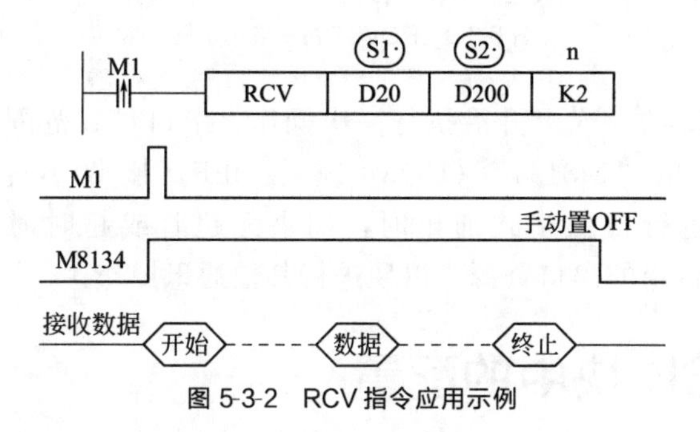

图 5-3-2　RCV 指令应用示例

数据接收指令，M0 的一次上升沿接收一次数据。通讯口号范围：K2～K3。在数据接收过程中“正在接收”标志位 M8134（COM2）置 ON。

如果要求 PLC 只收不发或先收后发，需将通讯回复超时（FD8223）设为 0ms。

5.3.3.3　释放串口[RCVST]

将指定的串口资源进行释放的指令。RCVST 指令及操作数、字软元件如表 5-3-9～表 5-3-11 所示。

表 5-3-9　RCVST 指令

释放串口[RCVST]			
16 位指令	RCVST	32 位指令	—
执行条件	常开/闭、上升沿触发	适用机型	XC2、XC3、XC5、XCM、XCC
硬件要求	—	软件要求	—

表 5-3-10　操作数

操作数	作用	类型
n	指定要释放的串口编号	16 位，BIN

表 5-3-11　字软元件

操作数	系统									常数	模块	
	D	FD	ED	TD	CD	DX	DY	DM	DS	K/H	ID	QD
n										K		

RCVST 指令应用如图 5-3-3 所示。

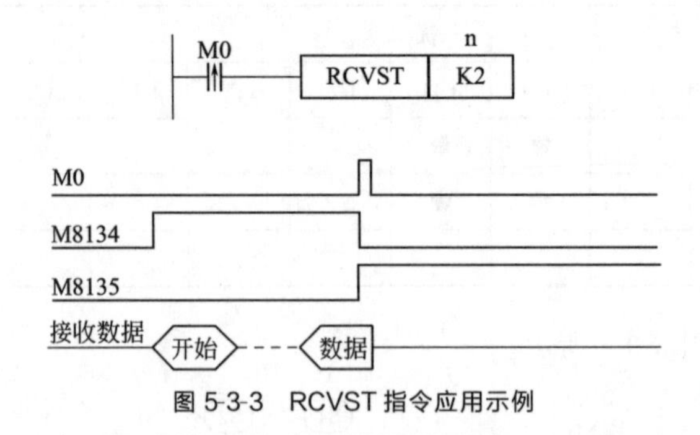

图 5-3-3　RCVST 指令应用示例

释放串口指令，M0 的一次上升沿执行一次操作。串口号。范围：K2～K3。释放串口时，将正在接收标志位“M8134”（COM2）置 OFF，接收不完整标志位“M8135”（COM2）置 ON。在进行自由格式通讯时，如果无超时或超时时间设定过长，可通过 RCVST 指令立即释放占用的串口资源，以便进行其他通讯操作。

5.3.4　BLOCK 块中的配置

除了直接写自由格式通讯指令外，也可以通过 BLOCK 功能块来进行自由格式的数据收发。在写 BLOCK 自由格式通讯前，首先对串口（此处选择串口 2）进行设定，如图 5-3-4 所示。

图 5-3-4　串口设定

缓冲位数、起始符/终止符、波特率、数据位、停止位、奇偶校验设置完后，请“写入 PLC”，并将 PLC 断电重启，让设置生效。

打开 BLOCK 顺序功能块，点击“插入”—“自由格式通讯”，如图 5-3-5 所示。在弹出的配置窗口中，可选择是“发送”或“接收”、首地址编号、串口号、缓冲位数，如图 5-3-6 所示（此处勾选“是否含通讯指令”）。

如图设置完后，点击“添加”按钮，弹出数据和校验设置，先对数据进行设置，设定数据首地址仍为 D0，长度设为 5，则占用寄存器 D0～D4，如图 5-3-7 所示。

点击“确定”按钮，完成数据的设定，如图 5-3-8 所示。

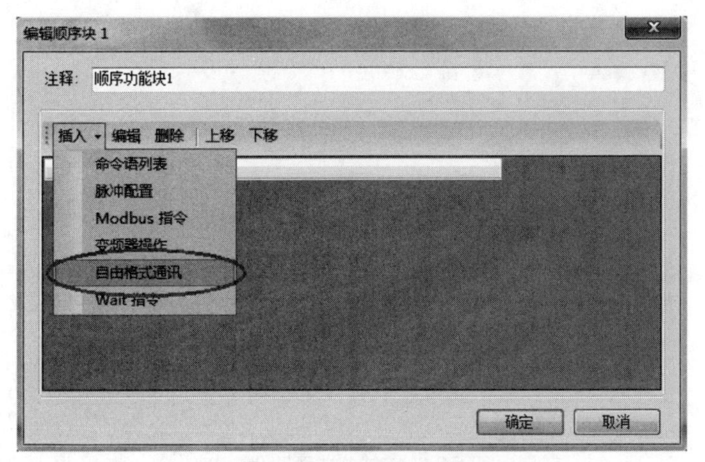

图 5-3-5　插入自由格式通讯

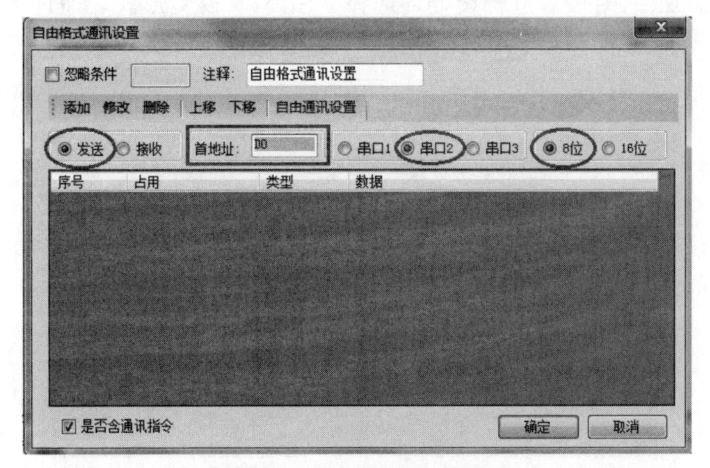

图 5-3-6　自由格式通讯设置 1

图 5-3-7　自由格式通讯设置 2

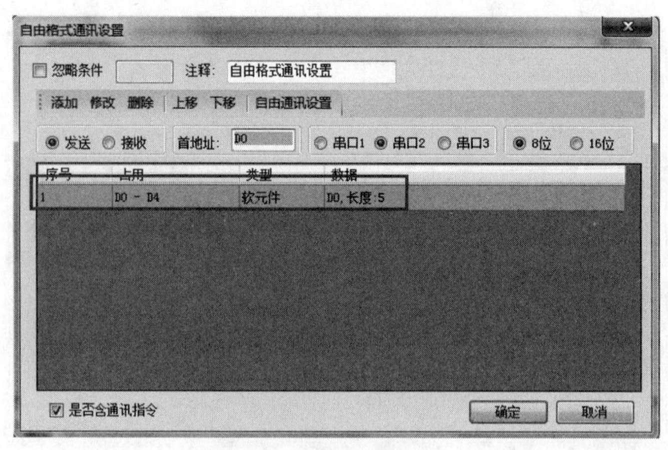

图5-3-8 自由格式通讯设置3

继续点击“添加”，对校验进行设置，选择“SUM”校验形式，地址为D0，长度为5，如图5-3-9所示。

图5-3-9 自由格式通讯设置4

设置完后，点击“确定”按钮，校验码占用D5寄存器，如图5-3-10所示。

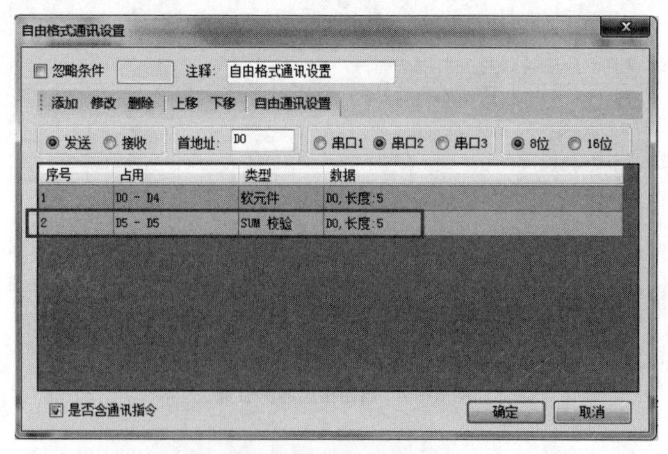

图5-3-10 自由格式通讯设置5

5.3.5 自由格式通讯样例

前面说明为什么要使用自由格式通讯的时候，举例信捷 PLC 和温控仪表通讯，下面就此例进行说明。

操作步骤：

① 先将硬件线路连接好。这里使用 PLC 的串口 2 来通讯，即将仪表上的 485＋接 PLC 输出端的 A，仪表上的 485－接 PLC 输出端的 B。

② 按照温控仪表的通讯参数将 PLC 的串口参数设定好（注意自由通讯 PLC 站号设置成 255，即把 FD8220 的值设置为 255），参数设置好后重新上电才能生效。

③ 按照协议编写程序。

读取温度需发送：“:”　“R”　“T”　“CR”

“:”　————　数据开始

“R”　————　读功能

“T”　————　温度

“CR”　————　回车，数据结束

自由格式通讯也有如下两种写法。

① 普通写法如图 5-3-11 所示。

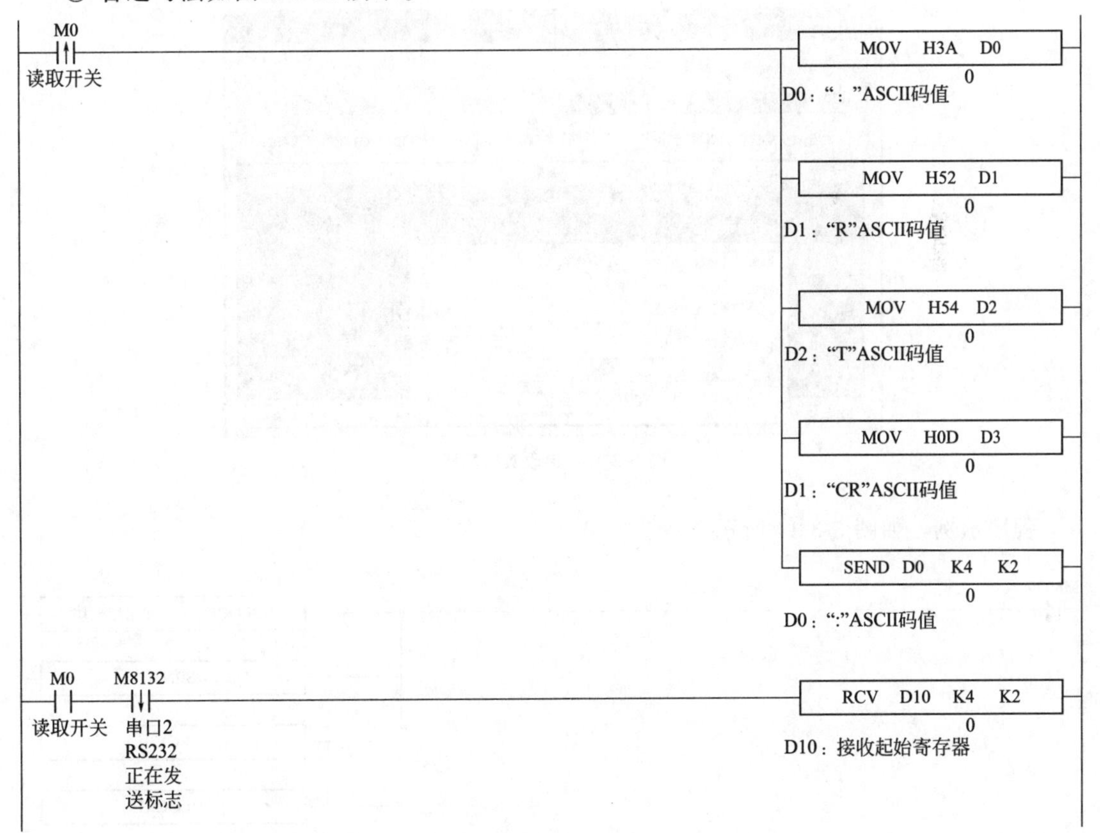

图 5-3-11　普通写法

如果需要使用流程，可以参考Modbus例程中的方法，利用串口通讯的标志位进行流程切换。

② 使用信捷特有的顺序功能块（BLOCK）。

发送数据配置，如图5-3-12所示。

图5-3-12　发送数据配置

接收数据配置，如图5-3-13所示。

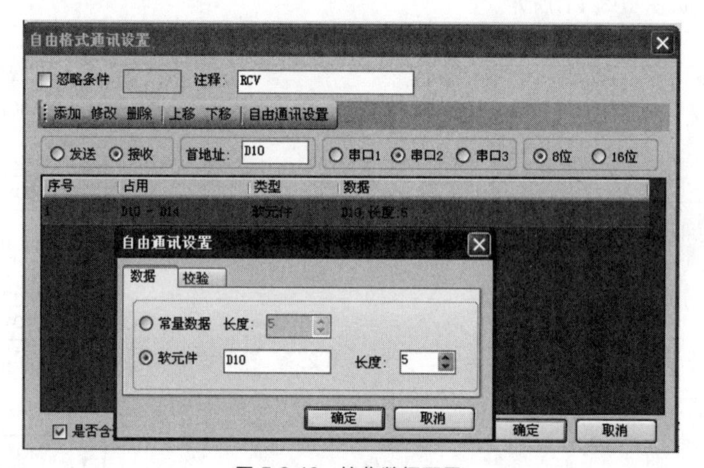

图5-3-13　接收数据配置

程序示例，如图5-3-14所示。

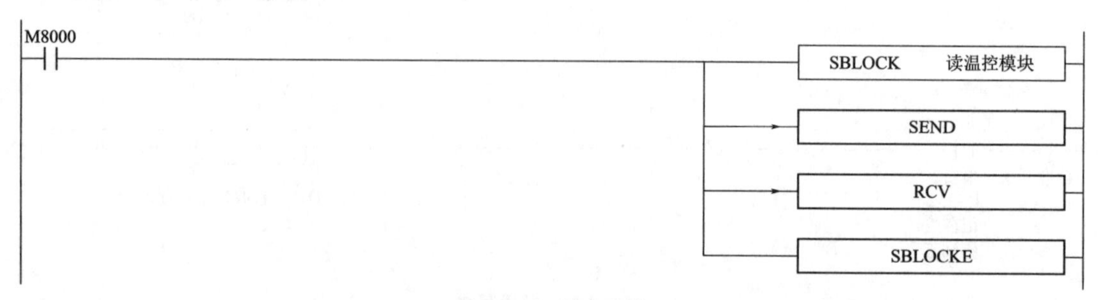

图5-3-14　程序示例

此处触发条件使用的是常开线圈 M8000，当 M8000 导通后，PLC 将会处于不断读取模块温度状态；如果仅需单次读操作，可将 M8000 常开线圈触发换成 M8002 上升沿触发。

事实上，Modbus-RTU 协议可以看成自由协议中比较特殊的一种，两者关系类似椭圆与圆，可尝试使用自由格式来实现 Modbus 指令的功能。

第6章

应用程序举例

本章讲解几个实际例子，以提高对控制器的综合应用能力。

6.1 PLC 对电动机负载的控制

6.1.1 设计步骤

在设计 PLC 的控制程序时，不要认为只是设计梯形图，梯形图只是其中最核心的部分。应分析题目的控制要求，知道要用到哪些输入信号、哪些输出信号；梯形图设计时把可能出现的情况都考虑到了没有，程序能否对外部发生的情况作出反应；PLC 与外部设备是如何连接的，这些都要考虑到。总结程序设计的步骤如下。

（1）I/O 分配

列表将所要使用的输入继电器、输出继电器的作用、地址、连接设备写出来。

（2）梯形图设计

梯形图设计时要将控制设备可能发生的情况都考虑到，这样无论控制设备发生何种故障，只要程序设计时考虑到了，PLC 都能作出报警、停机等反应。

梯形图设计时，要仔细分析各元件之间的逻辑关系，不要将梯形图画的很臃肿，即在元件的触点上并联很多支路，逻辑关系很复杂。这种设计方法不好。梯形图设计的要很清新，条理清楚。

初设计好的梯形图不一定就是正确的，要在 PLC 上调试，反复修改，直到最后合适。

（3）外部接线图

外部接线图就是 PLC 是如何控制设备的原理图。PLC 的外部接线图一般比较简单，因为很多控制都在梯形图中完成了。初学者往往认为 PLC 的外部接线图较难设计，多练习画外部接线图就能解决这个问题。

6.1.2 典型小程序

（1）自锁程序

① 关断优先自锁程序，如图 6-1-1 所示。

当执行关断指令，X1有信号，无论X0的状态如何，输出Y0的线圈均为OFF（断电）。

② 启动优先自锁程序，如图6-1-2所示。

当执行启动指令，X0有信号，无论X1的状态如何，输出Y0的线圈均为ON（得电）。

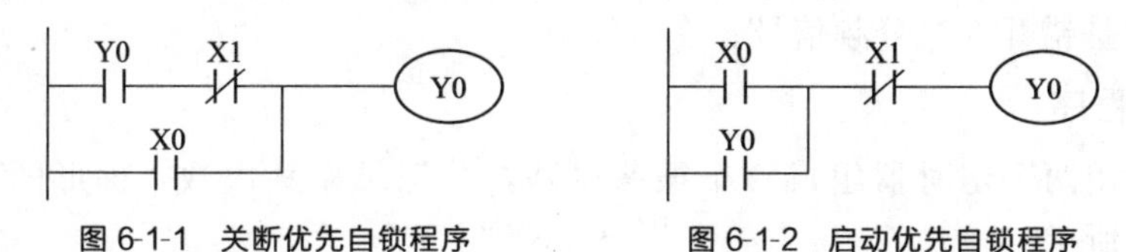

图6-1-1 关断优先自锁程序　　图6-1-2 启动优先自锁程序

（2）互锁程序

互锁程序用于不允许同时动作的两个继电器的控制，如电机的正反转控制。互锁程序梯形图如图6-1-3所示。

在图6-1-3中，按下正转启动按钮，X0接通，使输出继电器Y0的线圈得电，与此同时，Y0的常闭触点断开，断开输出继电器Y1支路，只要Y0工作，Y1就不可能工作。反之，当按下反转启动按钮，原理一样，即在某一时刻，Y0和Y1只能一个工作，另一个处于停止状态。

（3）优先级程序

优先级程序梯形图如图6-1-4所示。

图6-1-4中的X0～X2是与三个不同的启动按钮SB0～SB2相连接的输入继电器，分别控制输出继电器Y0～Y2。在任意时刻，按下SB0～SB2中的任一个按钮，都只能有一个与所按下的按钮相对应的输出继电器得电，之后再按下任意一个按钮都不可能有第二个输出继电器得电了。

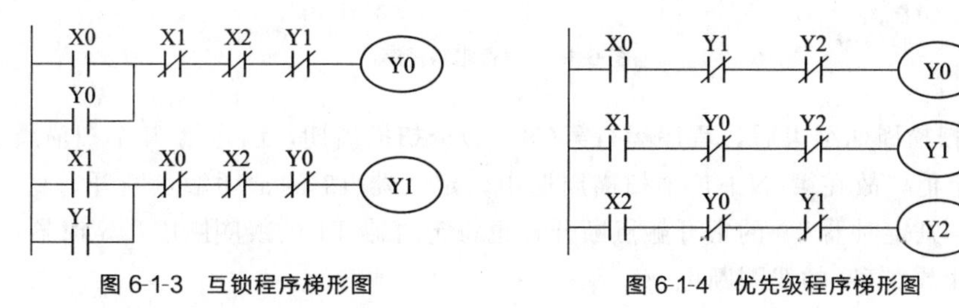

图6-1-3 互锁程序梯形图　　图6-1-4 优先级程序梯形图

（4）分频程序

分频器程序梯形图如图6-1-5所示。

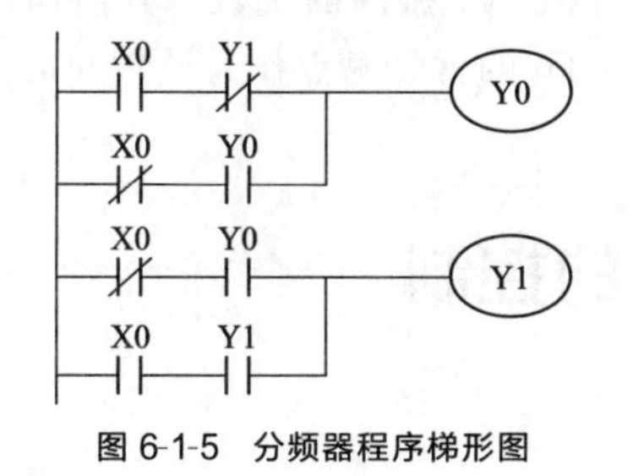

图6-1-5 分频器程序梯形图

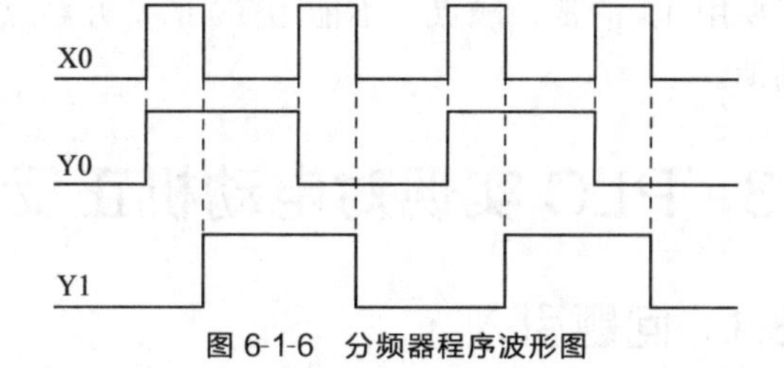

图6-1-6 分频器程序波形图

波形图是根据元件的线圈、触点的动作过程所画的波形，其中高电平表示元件线圈得电和触点闭合；低电平表示元件线圈失电和触点断开。

在图 6-1-5 所示梯形图中，当输入继电器 X0 输入如图 6-1-6 所示的信号时，输出继电器 Y0、Y1 的输出是错开的二分频信号。

（5）振荡程序

图 6-1-7 采用两个定时器组成一个振荡电路，并记录振荡次数，梯形图、时序图如图 6-1-7(a)、(b) 所示。

从时序图中可知，当程序启动运行，M0 的线圈得电后。定时器 T0 的线圈延时到 5s 后，其常开触点 T0 闭合，定时器 T1 的线圈得电。

假设当定时器 T1 的线圈延时到 5s，程序运行了 N 个扫描周期，则在第 N 个扫描周期，C0 的线圈得电，计数一次。

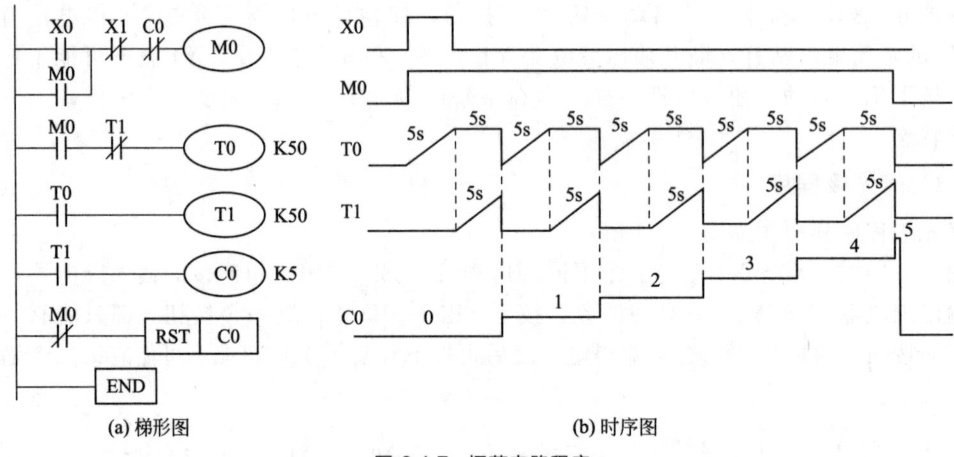

(a) 梯形图　　　　(b) 时序图

图 6-1-7　振荡电路程序

第 N 个扫描周期结束后，程序运行第(N+1)个扫描周期，因在第 N 个扫描周期中，T1 已延时到设定值，故在第(N+1)个扫描周期中，定时器 T1 的常闭触点断开，将定时器 T0 的线圈断电，则定时器 T0 的常开触点断开，也将定时器 T1 的线圈断电，定时器 T1 的常开触点断开，计数器 C0 的线圈断电。

第(N+1)个扫描周期结束后，程序运行第(N+2)个扫描周期，此时定时器 T1 的常闭触点闭合，定时器 T0 的线圈第二次得电，延时开始，重复上述过程。

综上所示，在一个振荡周期内，定时器 T0 的线圈得电 10s，失电一个扫描周期后马上得电，进入第二个振荡周期，如此循环。计数器 C0 计 T0、T1 振荡的次数，其前面的计数开关，要用 T1 的常开触点，不能用 T0 的常开触点，用 T0 的常开触点作为计数开关，少计半个周期。

6.1.3 PLC 实现对电动机正反转的控制

6.1.3.1 问题引入

有资料统计，工厂中 80％的负载为电动机负载。而在电动机负载中，交流异步电动机又占有绝大多数。所以掌握对交流异步电动机的控制，是学生学习简单 PLC 编程，理论联系实际最好途径之一。而电动机正反转控制又是工厂中最常用的控制电路。通过对该控制电路的学习，可使学生掌握 PLC 编程最基本的知识。

6.1.3.2 问题解决

（1）控制要求

用 PLC 控制电动机的运行，能实现正转、反转的可逆运行。

（2）训练要达到的目的

① 掌握元件的自锁、互锁的设计方法。

② 掌握过载保护的实现方法。

③ 掌握外部接线图的设计方法，学会实际接线。

（3）控制要求分析

具有双重互锁的电动机正反转控制，在电气控制中，使用交流接触器接线实现。如图 6-1-8 所示。

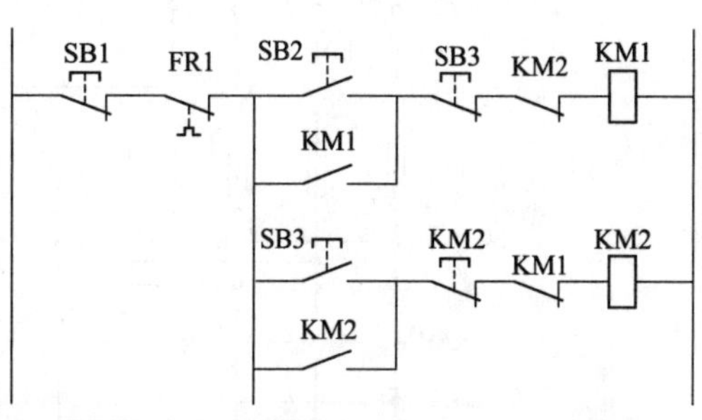

图 6-1-8 具有双重互锁的电动机正反转控制原理图

使用 PLC 控制时，各元件之间的逻辑关系不再通过接线实现，而是通过画梯形图表现图 6-1-8 中的逻辑关系，PLC 通过指令去实现，所以称为程序逻辑。

梯形图设计不是将电气控制原理图翻译成梯形图。你可以不懂电气控制原理图，但你一定要知道电气元件的控制过程、控制要求，然后根据这些去设计梯形图。

（4）实训设备

XC3-32R-E 一台；电路控制板（由空气开关、交流接触器、热继电器、熔断器组成）一块；0.5kW 4 极三相异步电动机一台。

（5）设计步骤

① I/O 信号分配。

输入/输出信号分配如表 6-1-1 所示。

表 6-1-1 输入/输出信号分配表

输 入(I)			输 出(O)		
元件	功能	信号地址	元件	功能	信号地址
按钮 SB1	电机正转信号	X0	KM1	控制电机正转	Y0
按钮 SB2	电机反转信号	X1	KM2	控制电机反转	Y1
按钮 SB3	电机停止信号	X3			
FR1	过载保护信号	X2			

② 梯形图如图 6-1-9 所示。

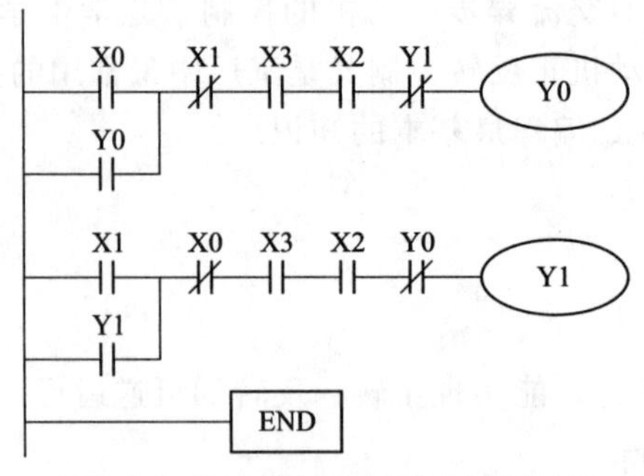

图 6-1-9　PLC 控制电动机正反转梯形图

③ 可编程控制器的外部接线图如图 6-1-10 所示。

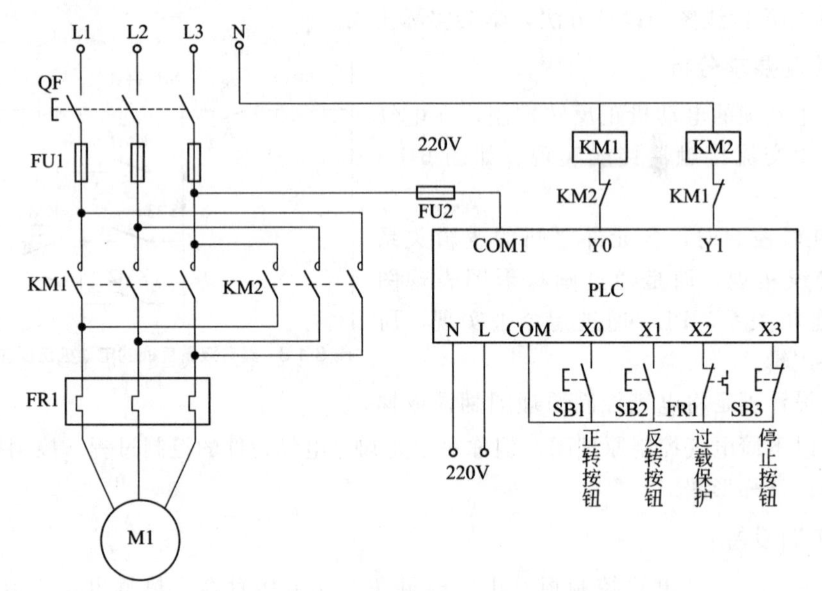

图 6-1-10　电动机正反转控制的 PLC 外部接线图

（6）程序讲解

① 停止信号、过载保护信号为什么使用常闭触点控制？

停止按钮 SB3、过载保护 FR1 使用常闭触点，则使输入继电器 X3、X2 与公共点 COM 接通，梯形图中的 X3、X2 的常开触点将闭合。当给正转或反转启动信号时，输出继电器 Y0 或 Y1 能正常输出。

在工业控制中，具有“停止”和“过载保护”等关系到安全保障功能的信号一般都应使用常闭触点，防止因不能及时发现断线故障而失去作用。

② 交流接触器的线圈为什么要加电气互锁？

电动机正反转的主电路中，交流接触器 KM1 和 KM2 的主触点不能同时闭合，并且必须保证，一个接触器的主触点断开以后，另一个接触器的主触点才能闭合。

为了实现上述条件，梯形图中输出继电器 Y0、Y1 的线圈就不能同时得电，这样在梯形图中就要加程序互锁。即在输出 Y0 线圈的一路中，加元件 Y1 的常闭触点；在输出 Y1 线圈的一路中，加元件 Y0 的常闭触点。当 Y0 的线圈带电时，Y1 的线圈因 Y0 的常闭触点断开而不能得电；同样的道理，当Y1的线圈带电时，Y0的线圈因Y1的常闭触点断开而不能得电。

为了保证电动机能从正转直接切换到反转，梯形图中必须加类似按钮机械互锁的程序互锁。即在输出Y0线圈的一路中，加反转控制信号X1的常闭触点；在输出Y1线圈的一路中，加正转控制信号X0的常闭触点。这样能做到电动机正反转的直接切换。

当电动机加正转控制信号时，输入继电器X0的常开触点闭合，常闭触点断开。常闭触点断开反转输出Y1的线圈，交流接触器KM2的线圈失电，电动机停止反转，同时Y1的常闭触点闭合，正转输出继电器Y0的线圈带电，交流接触器KM1的线圈得电，电动机正转。

当电动机加反转控制信号时，输入继电器X1的常开触点闭合，常闭触点断开。常闭触点断开正转输出Y0的线圈，交流接触器KM1的线圈失电，电动机停止正转，同时Y0的常闭触点闭合，反转输出继电器Y1的线圈带电，交流接触器KM2的线圈得电，电动机反转。

在PLC的输出回路中，KM1的线圈和KM2的线圈之间必须加电气互锁。一是避免当交流接触器主触点熔焊在一起而不能断开时，造成主回路短路。二是电动机正反转切换时，PLC输出继电器Y0、Y1几乎是同时动作，容易造成一个交流接触器的主触点还没有断开，另一个交流接触器的主触点已经闭合，造成主回路短路。

③ 过载保护为什么放在PLC的输入端，而不放在输出控制端?

电动机的过载保护一定要加在PLC控制电路的输入回路中，当电动机出现过载时，热继电器的常闭触点断开，过载信号通过输入继电器X2被采集到PLC，断开程序的运行，使输出继电器Y0或Y1同时失电，交流接触器KM1或KM2的线圈断电，电动机停止运行。

如果过载保护放在输出控制端，当电动机出现过载时，热继电器的常闭触点断开，只是把PLC输出端的电源切断，而PLC的程序还在运行，当热继电器冷却后，其常闭触点闭合，电动机又会重新在过载下运行。造成电动机的间歇运行。

（7）运行调试

① 将指令程序输入PLC主机，运行调试并验证程序的正确性。

② 按图6-1-10完成PLC外部硬件接线，并检查主回路是否换相，控制回路是否加电气互锁，电源是否加的220V。

③ 确认控制系统及程序正确无误后，通电试车。

④ 在老师的指导下，分析可能出现故障的原因。

6.1.4 PLC实现对电动机点动长动控制

6.1.4.1 问题引入

在各种机床的控制电路中，对电动机实现点动和长动的控制很普遍。掌握该程序的设计方法，在生产实际中会有广泛的用途。

6.1.4.2 问题解决

（1）控制要求

某生产设备有一台电动机，除连续运行控制外，还需要用点动控制调整生产设备的运行。当按按钮 SB2 时，电动机实现长动运行。按停止按钮 SB3 时，电动机停止运行。电动机要有过载保护。

（2）讲解要达到的目的

① 巩固元件自锁、互锁的设计方法。

② 学会使用辅助继电器 M。

③ 继续领会 PLC 外部接线图的设计方法，学会实际接线。

（3）控制要求分析

根据控制要求可分析出如下两点：

① 点动和长动之间要能相互切换，停止按钮只控制长动运行。

② 过载保护对点动和长动都起保护作用。

（4）实训设备

XC3-32R-E 一台；电路控制板（元件同前）一块；0.5kW 4 极三相异步电动机一台。

（5）设计步骤

① I/O 信号分配。

输入/输出信号分配如表 6-1-2 所示。

表 6-1-2　输入/输出信号分配表

输　入(I)			输　出(O)		
元件	功能	信号地址	元件	功能	信号地址
按钮 SB1	电机点动信号	X0	KM1	控制电机运行	Y0
按钮 SB2	电机长动信号	X1			
按钮 SB3	电机停止信号	X2			
FR1	过载保护信号	X3			

② 梯形图如图 6-1-11 所示。

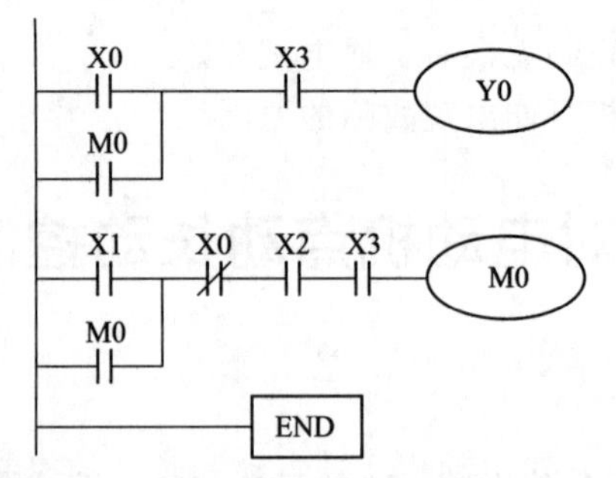

图 6-1-11　PLC 控制电动机的点动长动梯形图

③ 可编程控制器的外部接线图如图 6-1-12 所示。

（6）程序讲解

① 电动机的点动和长动都使用同一个输出继电器 Y0 控制。程序设计时不要使用两个输出继电器去控制电动机点动和长动，这样虽然可行，但浪费资源。

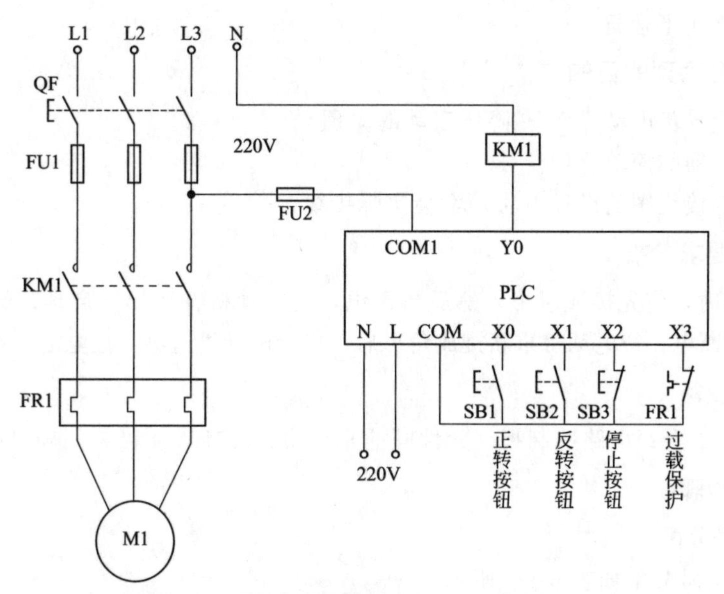

图 6-1-12　电动机点动长动控制的 PLC 外部接线图

② 程序设计时不要将输出继电器 Y0 输出两次。即点动输出一次，长动输出一次，这样造成双线圈输出。

③ 要学会使用辅助继电器 M。电动机长动运行时，将 M0 自锁，然后通过 M0 的常开触点去控制输出继电器 Y0 的运行，使电动机长动运行。

④ 电动机过载时，无论点动和长动，电动机都将停止运行。

（7）运行调试

① 将指令程序输入 PLC 主机，运行调试并验证程序的正确性。

② 按图 6-1-12 完成 PLC 外部硬件接线，并检查 PLC 负载电源是否为 220V。

③ 确认控制系统及程序正确无误后，通电试车。

④ 在老师的指导下，分析可能出现故障的原因。

6.1.5　PLC 实现对电动机 Y-△降压启动运行的控制

6.1.5.1　问题引入

三相异步电动机作全压启动时，其启动电流很大，达到电动机额定电流的 3～7 倍。如果电动机的功率大，其启动电流会相当大，对电网造成很大的冲击。为了降低电动机的启动电流，最常用的办法就是电动机星形启动，因为电机星形运行时其电流只是角形运行时电流的 1/3，故电动机星形启动可降低启动电流。但电动机星形启动力矩也只有全电压启动时力矩的 1/3，故电动机启动起来后，要马上切换到角形运行。中间的时间大概在 4～6s。

6.1.5.2　问题解决

（1）控制要求

按电动机的启动按钮，电动机 M 先作星形启动，6s 后，控制回路自动切换到角形连接，电动机M作角形运行。

（2）训练要达到的目的

① 熟悉三相异步电动机Y-△降压启动的原理。

② 学会定时器的简单应用。

③ 掌握外部接线图的设计方法，学会实际接线。

（3）控制要求分析

电动机启动时，应先接成星形，然后再送电，使电动机在星形下启动；转换成角形运行时，应将电动机断电，待电动机重新接成角形后，再给电动机送电，让电动机在角形下运行。

（4）实训设备

XC3-32R-E一台；电路控制板（元件同前）一块；0.5kW 4极三相异步电动机一台。

（5）设计步骤

① I/O信号分配。

输入/输出信号分配如表6-1-3所示。

表6-1-3 输入/输出信号分配表

输入(I)			输出(O)		
元件	功能	信号地址	元件	功能	信号地址
按钮SB1	电机启动	X0	KM1	控制电机电源	Y0
按钮SB2	电机停止	X1	KM2	控制电机角形运行	Y1
FR1	过载保护	X2	KM3	控制电机星形启动	Y2

② 程序设计的梯形图如图6-1-13所示。

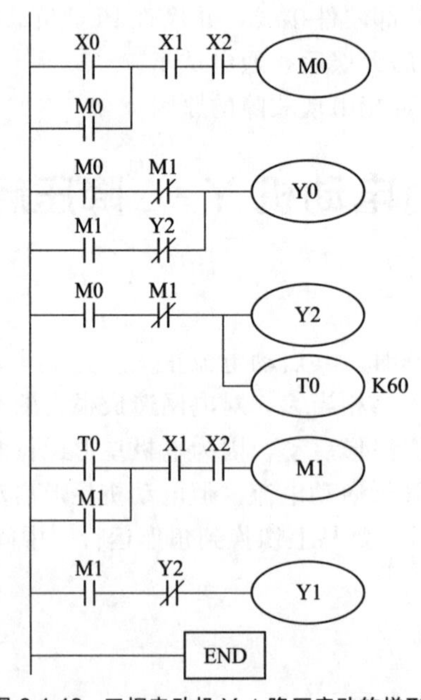

图6-1-13 三相电动机Y-△降压启动的梯形图

③ 可编程控制器的外部接线图如图 6-1-14 所示。

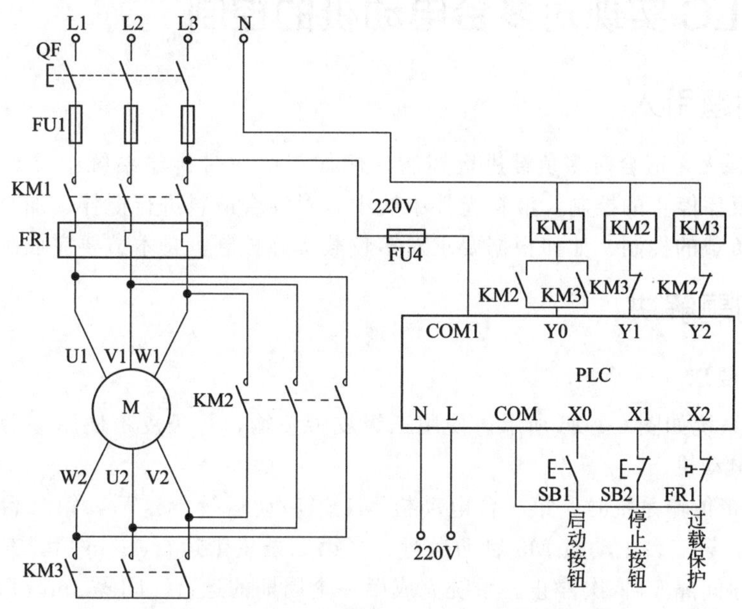

图 6-1-14　电动机 Y-△降压启动的 PLC 外部接线图

（6）程序讲解

对于正常运行为三角形接法的电动机，在启动时，定子绕组先接成星形，当电动机转速上升到接近额定转速时，将定子绕组接线方式由星形改接成三角形，使电动机进入全压正常运行。一般功率在 4kW 以上的三相异步电动机均为三角形接法，因此均可采用 Y-△降压启动的方法来限制启动电流。

程序运行中，KM2、KM3 不允许同时带电运行。为保证安全、可靠，梯形图设计时，使用程序互锁，限制 Y2、Y1 的线圈不能同时得电。接线图中，KM2、KM3 的线圈回路中，加上电气互锁。双重互锁保证 KM2、KM3 的线圈不能同时带电，避免短路事故的发生。

Y-△降压启动中，电动机应该是先接成 Y 形，然后再通电，使电动机在 Y 形下启动。△形运行时，也应该是电动机先接成△形，然后再通电，使电动机在△形下运行。故 PLC 控制的接线图中，在 KM1 的线圈回路上，串接了 KM2、KM3 常开触点组成的并联电路。只有当 KM2 或 KM3 闭合后，KM1 线圈才能得电。这样就可以避免当 KM2 或 KM3 元件出故障，电动机不能接成 Y 形或△形时，KM1 线圈得电，其常开触点闭合，还给电动机送电的情况发生。这种情况是不允许发生的。

（7）运行调试

① 将指令程序输入 PLC 主机，运行调试并验证程序的正确性。

② 按图 6-1-14 完成 PLC 外部硬件接线，并检查主回路接线是否正确，控制回路是否加电气互锁，Y1 是否控制 KM2 的线圈，Y2 是否控制 KM3 的线圈。

③ 确认控制系统及程序正确无误后，通电试车，如有故障出现，应紧急停车。

④ 在老师的指导下，分析可能出现故障的原因。

6.1.6 PLC 实现对多台电动机的控制

6.1.6.1 问题引入

PLC 功能强大，适合对多负载进行控制。例如三级皮带传输系统中，对三台电动机实行顺序启动、反序停止的控制。液料搅拌系统中，对混合液料进行搅拌、加热及散热的控制等都涉及了多负载的控制。如何根据要求对多负载实施控制，是本节要完成的任务。

6.1.6.2 问题解决

（1）控制要求

① 某传输系统如图 6-1-15 所示。使用三级皮带传输，每条皮带使用一台电动机进行控制，共用三台电动机。

② 启动皮带传输系统时，第一台电动机 M1 先启动运行，5s 后，第二台电动机 M2 启动运行，5s 后，第三台电动机 M3 启动运行。当第三条皮带运行 1min 后，三台电动机按与启动相反的顺序间隔 5s 依次停止。系统完成第一个周期的运行。间隔 2min 后，系统重复上述过程，完成第二个周期的运行。如此完成 5 个周期后，系统自动停止。

③ 按停止按钮，可随时停止皮带传输系统运行。

④ 皮带传输系统运行时，如果有一台电动机过载，系统自动停止。

⑤ 如果要调整皮带上的物料，此时可单独运行控制该皮带的电动机。

⑥ 皮带调整运行与整个系统传输运行不能同时进行。

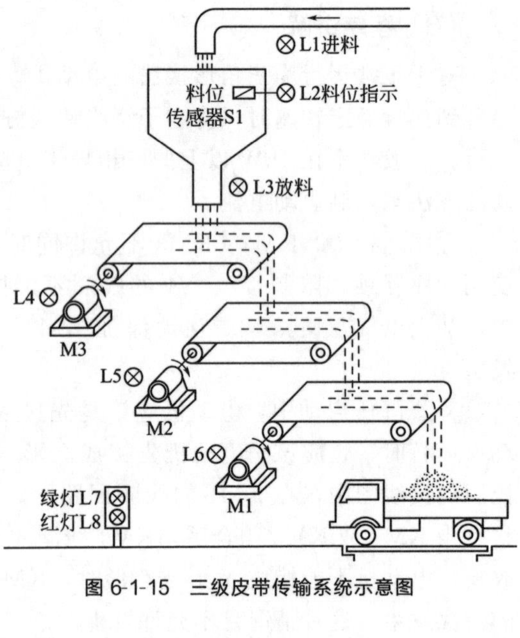

图 6-1-15 三级皮带传输系统示意图

（2）训练要达到的目的

① 熟练掌握定时器、计数器的应用。

② 尝试掌握复杂程序的编写方法。

（3）控制要求分析

三级皮带控制系统的核心其实是三台电动机的顺序启动、反序停止，循环 5 次的控制程序。皮带单独调整时，是电动机点动控制程序。

程序设计时，要解决的主要问题是：程序的循环，循环次数，系统运行与皮带单独调整的互锁等问题。

（4）实训设备

XC3-32R-E 一台；电路控制板（元件同前）一块；0.5kW 4 极三相异步电动机三台。

（5）设计步骤

① I/O 信号分配。

输入/输出信号分配如表 6-1-4 所示。

表 6-1-4　输入/输出信号分配表

输　入(I)			输　出(O)		
元件	功能	信号地址	元件	功能	信号地址
按钮 SB1	三台电机顺序控制启动信号	X0	KM1	控制电机 M1 运行	Y0
按钮 SB2	三台电机顺序控制停止信号	X1	KM2	控制电机 M2 运行	Y1
FR1	M1 过载保护信号	X2	KM3	控制电机 M3 运行	Y2
FR2	M2 过载保护信号	X3			
FR3	M3 过载保护信号	X4			
按钮 SB3	M1 调整信号	X5			
按钮 SB4	M2 调整信号	X6			
按钮 SB5	M3 调整信号	X7			

② 程序设计的梯形图如图 6-1-16 所示。

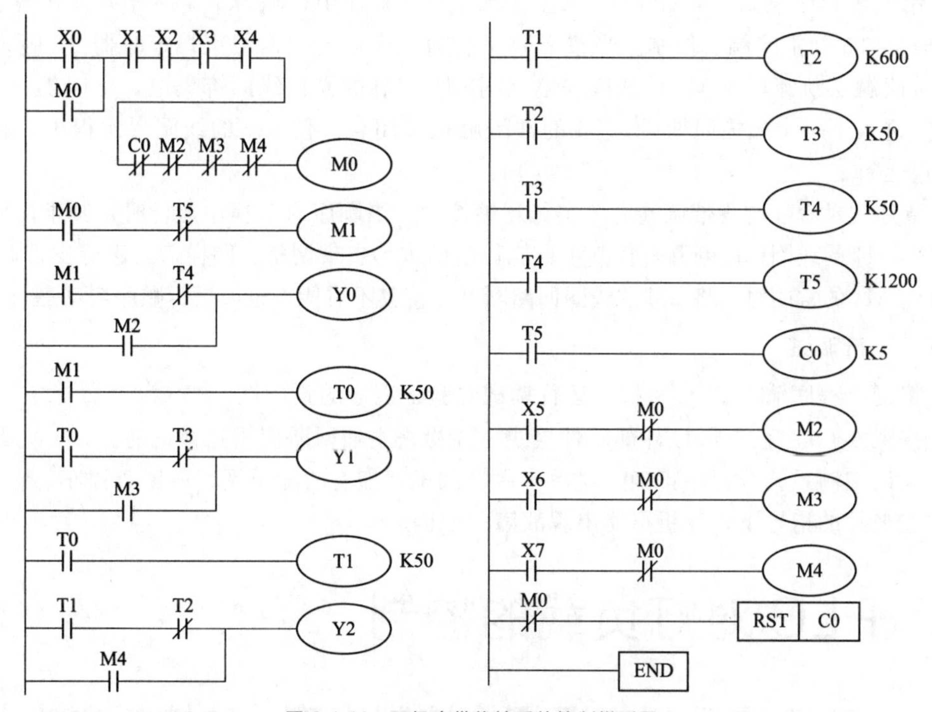

图 6-1-16　三级皮带传输系统控制梯形图

③ 可编程控制器的外部接线图如图 6-1-17 所示。

(6) 程序讲解

① 图 6-1-17 所示梯形图实际由两部分组成：一部分是由 M0 控制的电机顺序启动，循环 5 次的程序；另一部分是三台电动机调整皮带的程序。

② 第一部分程序中，第一段程序控制 M0 的线圈，为控制三台电动机顺序启动的总开

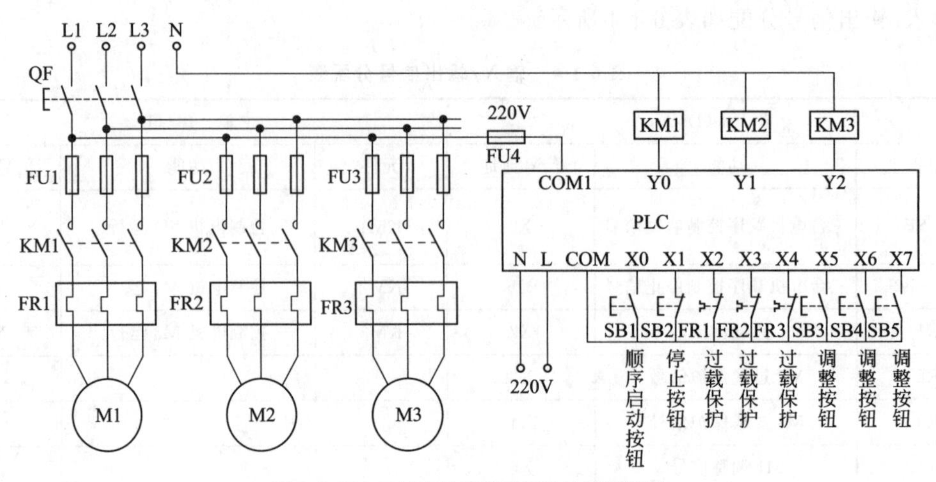

图 6-1-17 三级皮带传输系统的外部接线图

关，当有停止信号、过载信号、电动机调整信号时，M0 线圈都失电，三台电动机顺序启动的程序不能执行。

③ 第二段程序控制 M1 的线圈。M1 在顺序启动程序中，相当于循环开关。其得电与失电由定时器 T5 的常闭触点控制。当整个顺序启动程序运行一遍结束，定时器 T5 延时时间到，其常闭触点断开，使 M1 的线圈失电，则 M1 控制的元件线圈都失电，定时器 T5 线圈也失电。进入下一个扫描周期后，T5 的常闭触点又闭合，使 M1 的线圈再次得电，程序进入下一遍运行。

④ 顺序启动程序与皮带调整程序实行互锁控制。当顺序启动程序运行时，其常闭触点将 M2、M3、M4 的线圈回路断开，使其不可能得电而进行皮带调整。同样，当进行皮带调整时，M2、M3、M4 的常闭触点将 M0 的线圈回路断开，使其不可能得电而进行顺序启动运行。

（7）运行调试

① 将指令程序输入 PLC 主机，运行调试并验证程序的正确性。

② 按图 6-1-17 完成 PLC 外部硬件接线，并检查主辅回路接线是否正确。

③ 确认控制系统及程序正确无误后，通电试车，如有故障出现，应紧急停车。

④ 在老师的指导下，分析可能出现故障的原因。

6.2 PLC 对灯负载的控制

6.2.1 PLC 实现对交通灯的控制（第一种控制方式）

6.2.1.1 问题引入

在城市道路交通中，交通灯的使用非常普遍。交通灯一天 24 小时在不停地运行，其可靠性、稳定性要求非常高。用 PLC 对交通灯实施控制，完全能满足交通灯对控制和性能上的要求。如果要添加新的控制项目，PLC 也很容易实现。

6.2.1.2 问题解决

(1) 控制要求

控制要求按表 6-2-1 进行。

表 6-2-1 交通灯控制信号分配表

<table>
<tr><td rowspan="2">东西向</td><td>绿灯 Y0</td><td>绿灯 Y0 闪烁</td><td>黄灯 Y1</td><td colspan="2" rowspan="2">红灯 Y2</td><td>红灯 Y2</td></tr>
<tr><td>20s</td><td>ON 0.5s OFF 0.5s
2 次</td><td>2s</td><td>黄灯 Y1</td></tr>
<tr><td rowspan="2">南北向</td><td colspan="2" rowspan="2">红灯 Y3</td><td>红灯 Y3</td><td>绿灯 Y4</td><td>绿灯 Y4 闪烁</td><td>黄灯 Y5</td></tr>
<tr><td>黄灯 Y5</td><td>30s</td><td>ON 0.5s OFF 0.5s
2 次</td><td>2s</td></tr>
</table>

(2) 训练要达到的目的

① 联系实际，观察常见的交通灯的变化过程。

② 如何将振荡程序进行灵活运用。

③ 如何进行程序的顺序设计。

④ 掌握 PLC 控制交通灯的外部接线图的设计方法，学会实际接线。

(3) 控制要求分析

一般的交通灯控制，东西向、南北向灯的变化中，从绿灯变化到红灯，灯的变化过程非常清楚，给人的提示很到位，但红灯变到绿灯却很突然，给人一点提示都没有。在人性化设计方面有缺陷，交通管理部门也注意到了这个问题，在新建的交通灯和改建的交通灯中，很多都改成了表 6-2-1 所示的控制方式。即红灯在变到绿灯的最后 2s，黄灯亮，给人以提示，告诉人们，红灯即将要转换成绿灯。使处于两个方向的人都能得到对等的信号。

(4) 实训设备

XC3-32R-E 一台；电路控制板一块；交通灯模拟板一块。

(5) 设计步骤

① I/O 信号分配。

输入/输出信号分配如表 6-2-2 所示。

表 6-2-2 输入/输出信号分配表

输　入(I)			输　出(O)		
元件	功能	信号地址	元件	功能	信号地址
按钮 SB1	程序启动按钮	X0	KM1	控制东西向绿灯	Y0
按钮 SB2	程序停止按钮	X1	KM2	控制东西向黄灯	Y1
			KM3	控制东西向红灯	Y2
			KM4	控制南北向绿灯	Y4
			KM5	控制南北向黄灯	Y5
			KM6	控制南北向红灯	Y3

② 程序设计的梯形图如图 6-2-1 所示。

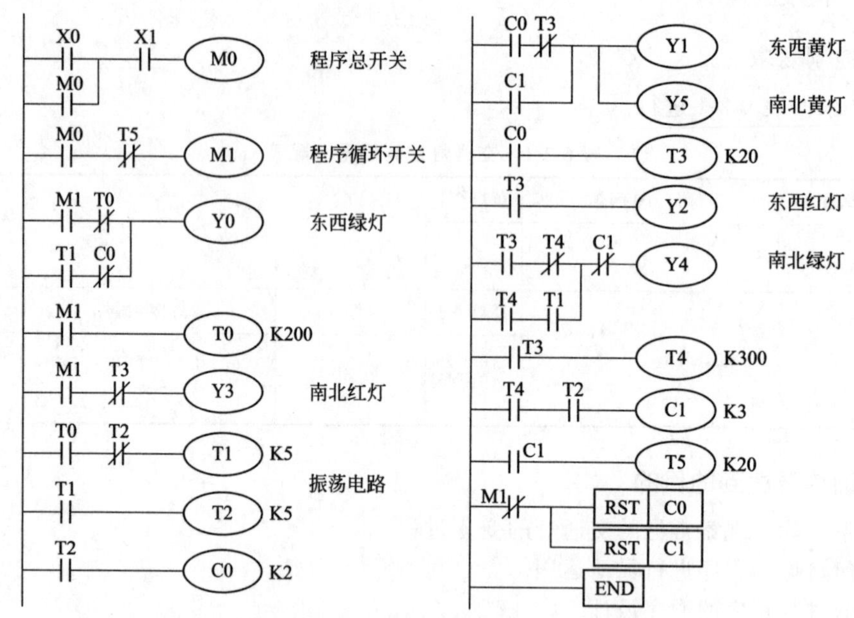

图 6-2-1　PLC 控制的交通灯梯形图（一）

③ 可编程控制器的外部接线图如图 6-2-2 所示。

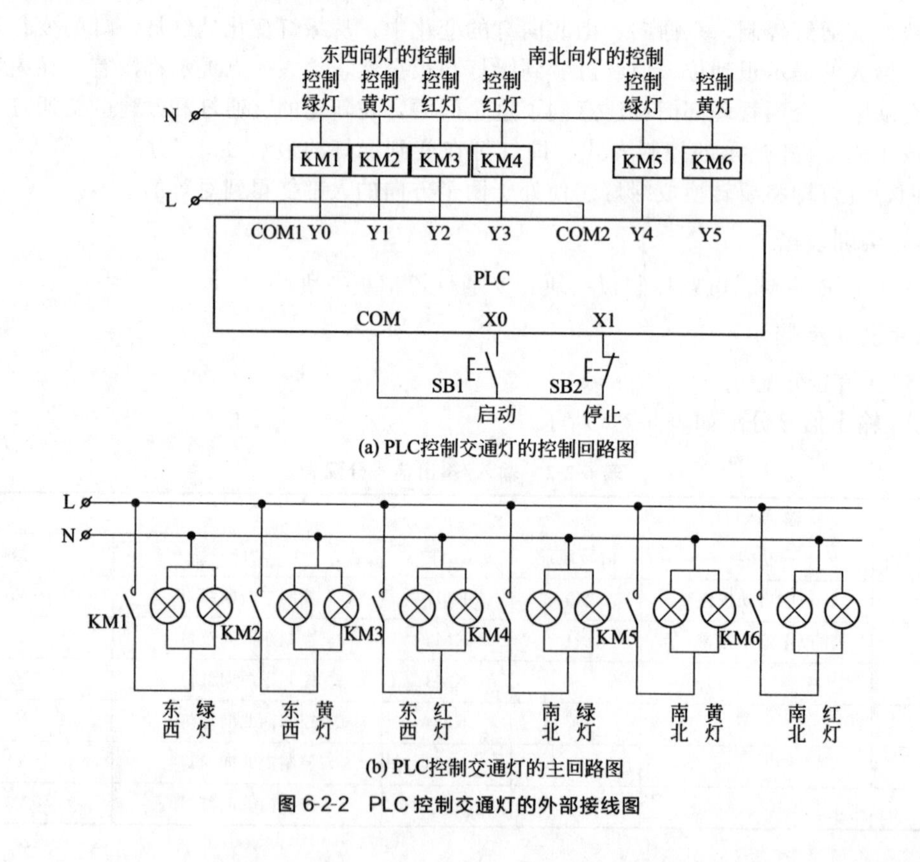

图 6-2-2　PLC 控制交通灯的外部接线图

(6)程序讲解

交通灯的控制是纯粹的逻辑控制，按灯变化的顺序进行设计。从绿灯亮变化到红灯灭为一个周期，不断地循环。其中程序的循环使用辅助继电器 M1 作为循环控制开关，当程序运行到结束，定时器 T5 延时 2s 后，T5 的常闭触点断开，辅助继电器 M1 的线圈失电，由 M1 控制的元件全部失电，当元件 T5 的线圈失电后，其常闭触点闭合，辅助继电器 M1 的线圈又重新得电，程序开始循环进入下一个周期。

灯的闪烁则使用了由 T1、T2 组成的振荡电路，计数器 C0 的计数由定时器 T2 的常开触点控制；计数器 C1 的计数则由定时器 T4、T2 组成的串联电路控制，因为 C1 的计数必须等到定时器 T4 延时时间到才可以计数，并且要多计一次数。因为 Y4 一得电，T4、T2 就闭合，C1 就计数一次，如还按 2 次计数，Y4 就会少闪一次。

(7) 运行调试

① 将指令程序输入 PLC 主机，运行调试并验证程序的正确性。

② 按图 6-2-2 完成 PLC 外部硬件接线。

③ 确认控制系统及程序正确无误后，通电调试硬件系统。

④ 在老师的指导下，分析可能出现故障的原因。

6.2.2 PLC 实现对交通灯的控制(第二种控制方式)

6.2.2.1 问题引入

使用 PLC 对交通灯进行控制，很容易实现交通灯的稳定性、可靠性要求。同时采取不同的编程方式，也很容易达到添加新项目的目的，而不用在软件上增加太大的投资。

6.2.2.2 问题解决

(1)控制要求

控制要求如表 6-2-1 所示。

(2)训练要达到的目的

① 了解使用子程序的条件。

② 如何设计子程序。

(3)控制要求分析

当程序中有公共部分，并且被反复调用的，一般可将公共部分设置成子程序。在交通灯运行中，东西向，南北向，都有绿灯的闪烁，属于共有的部分。这样可以将闪烁程序设置成子程序，每次绿灯要闪烁时，都调用子程序。

(4)实训设备(同 6. 2. 1 实训设备)

(5)设计步骤

① I/O 信号分配。

输入/输出信号分配如表 6-2-2 所示。

② 程序设计的梯形图如图 6-2-3 所示。

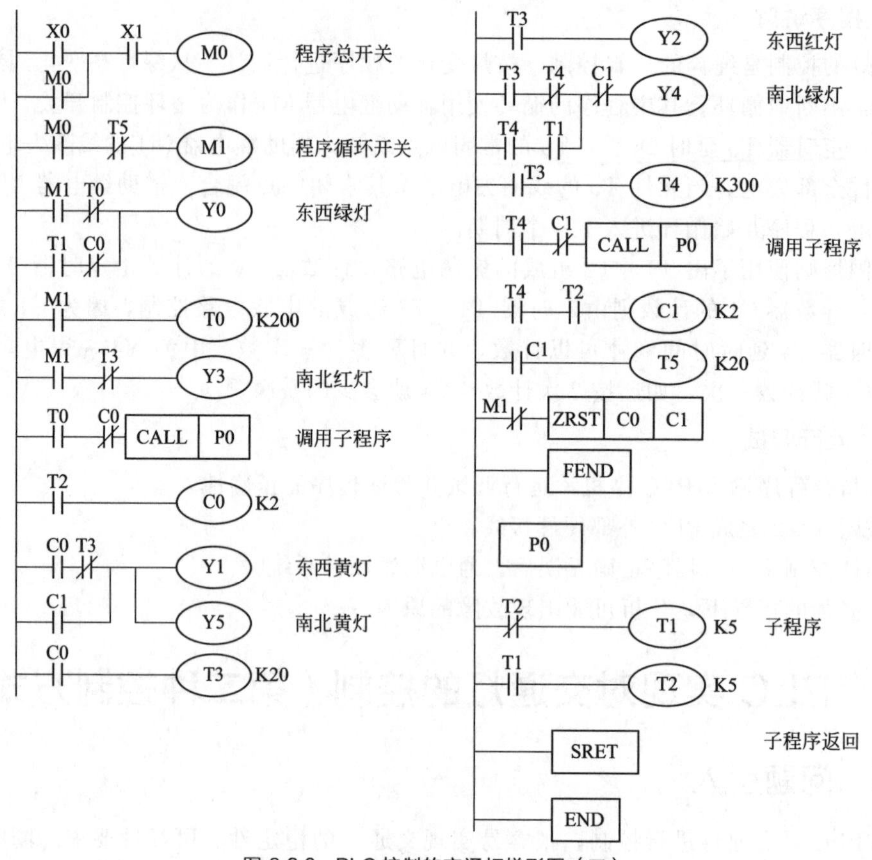

图 6-2-3　PLC 控制的交通灯梯形图（二）

③ 可编程控制器的外部接线图如图 6-2-2 所示。

（6）程序讲解

使用子程序调用指令设计程序时，交通灯的逻辑控制部分并没有发生变化，变化的只是将共用部分“振荡程序”作为子程序。使用子程序调用指令设计程序时，注意两点：

① 子程序可以反复被调用。

② 子程序调用完后，要立即停止调用。

（7）运行调试

① 将图 6-2-3 所示程序输入 PLC 主机，运行调试并验证程序的正确性。

② 在老师的指导下，分析程序可能出现故障的原因。

6.2.3　PLC 实现对交通灯的控制（第三种控制方式）

6.2.3.1　问题引入

掌握多种编程方式实现对交通灯的控制，对掌握 PLC 指令、学习 PLC 控制程序的编写方法，开阔思路都是一种很好的方法。

6.2.3.2 问题解决

(1)控制要求

控制要求见表6-2-1。

(2)训练要达到的目的

熟练使用各种触点比较指令。

(3)控制要求分析

仔细分析交通灯的控制要求，会发现绿灯、黄灯、红灯分别是在不同时间区间亮。这样就可以使用触点比较指令，设置出不同的时间区间，以达到控制绿灯、黄灯、红灯亮的目的。

(4)实训设备(同6.2.1实训设备)

(5)设计步骤

① I/O信号分配。

输入/输出信号分配见表6-2-2。

② 程序设计的梯形图如图6-2-4所示。

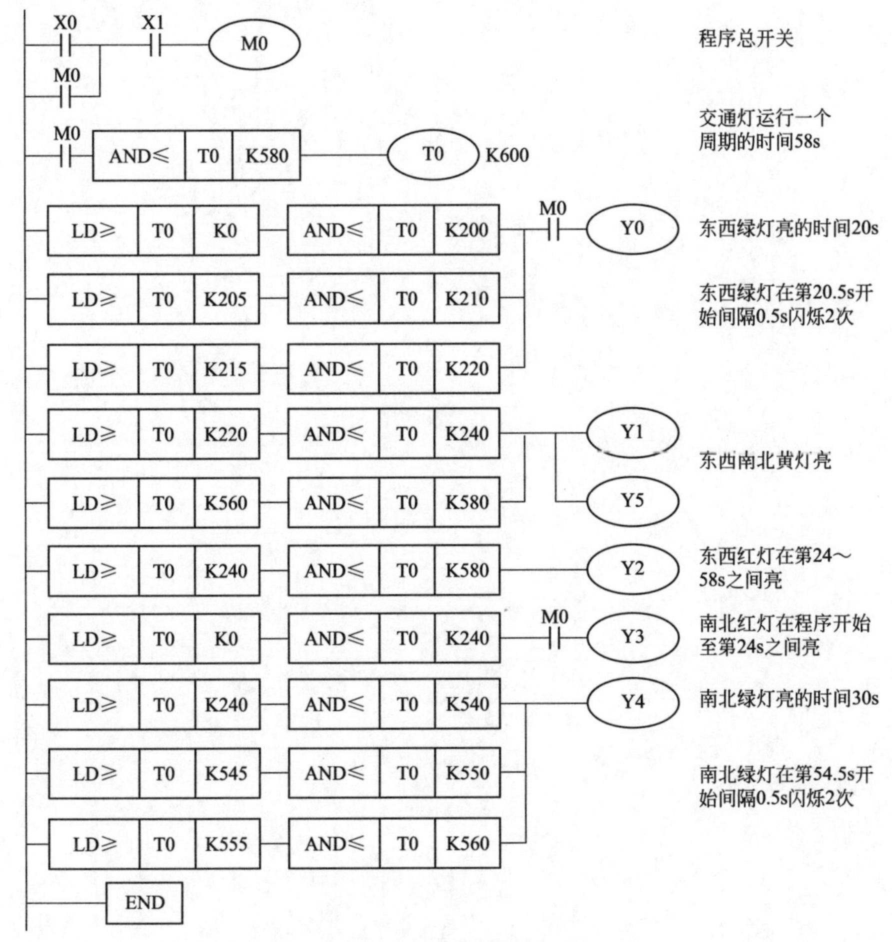

图6-2-4 PLC控制的交通灯梯形图(三)

③ 可编程控制器的外部接线图如图 6-2-2 所示。

（6）程序讲解

该程序全部使用触点比较控制交通灯的变化，想法新颖，编程简单。使用一个定时器 T0 控制交通灯一个周期的运行时间。让绿灯、黄灯、红灯在一个周期内的不同时间段点亮，不用考虑它们之间控制的逻辑关系，只要计算准时间即可。修改灯亮的时间也很方便。唯一的缺点是闪烁程序。当绿灯只闪烁 2 次还可，如果闪烁的次数多，则闪烁程序相应的就要增加，造成程序冗长。

（7）运行调试

① 将图 6-2-4 程序输入 PLC 主机，运行调试并验证程序的正确性。

② 在老师的指导下，分析程序可能出现故障的原因。

第7章

XCPPro V3. 1编程软件

7.1 使用说明

7.1.1 安装步骤

下面以 XCPPro V3. 3q 为例，说明软件的安装和卸载步骤。

如果您的操作系统是 XP 或 WIN7-32，且未安装过 Framework2. 0 库，要先在信捷官网（www. xinje. com）的“下载中心”里下载文件名为“Microsoft NET Framework 2. 0（初次安装 XCPPro 时，先安装此程序）”的文件，然后运行位于安装文件夹中的“dotnetfx”子文件夹下的安装程序“dotnetfx. exe”，如图 7-1-1 所示。

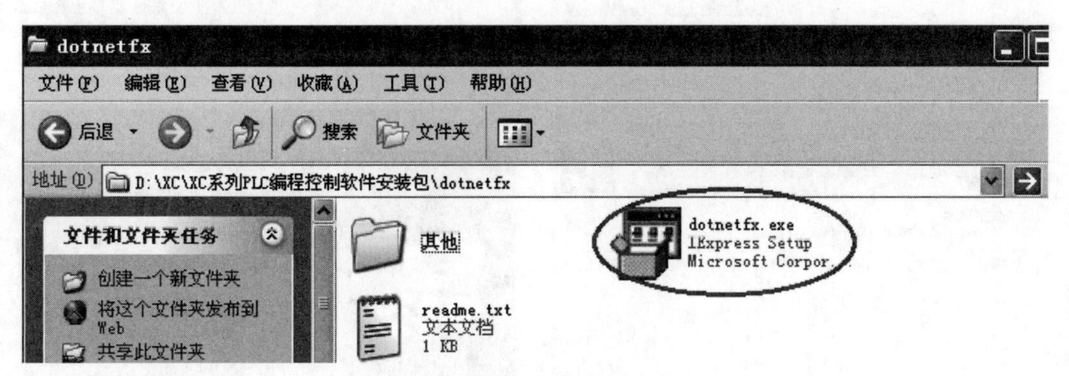

图 7-1-1 运行 dotnetfx. exe

注意：如果您的操作系统是 WIN7-64 或 WIN8 及以上，请在微软官网下载并安装“Microsoft NET Framework 4. 0”。

整个安装过程如图 7-1-2～图 7-1-6 所示。双击运行安装文件 setup. exe，点击“下一步”，选择软件安装路径，一直点击“下一步”，直到出现“安装”按钮。显示正“在安装 XCPPro”请等待，直到显示“安装完成”，点击“关闭”，到此为止，XCP 软件安装结束。

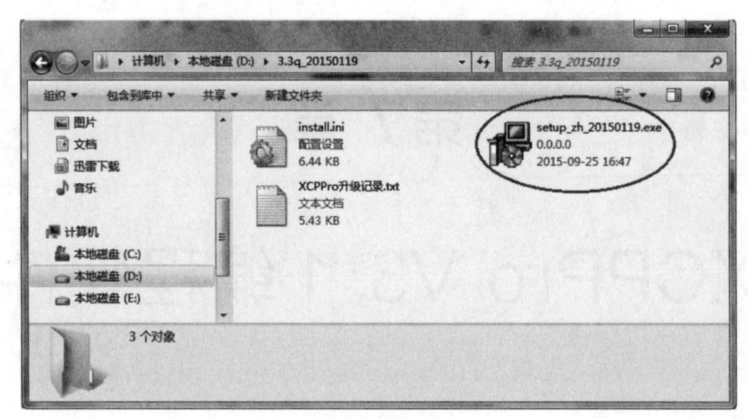

图 7-1-2　安装过程一

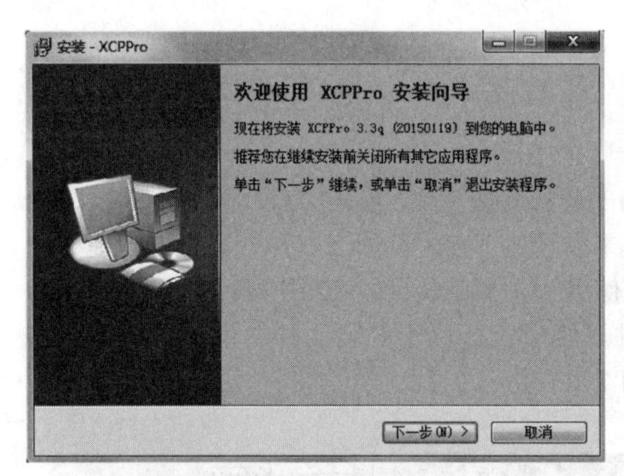

图 7-1-3　安装过程二

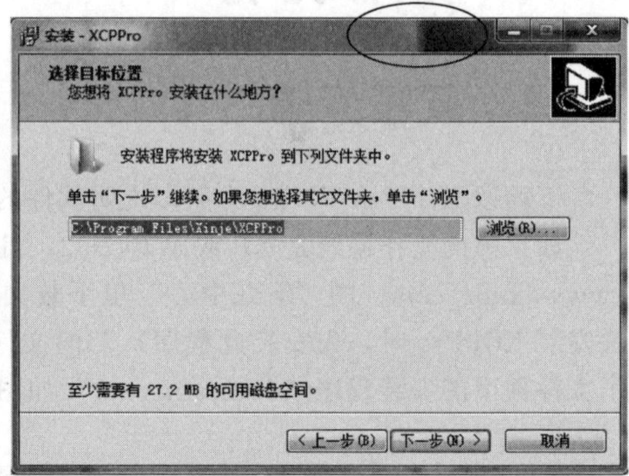

图 7-1-4　安装过程三

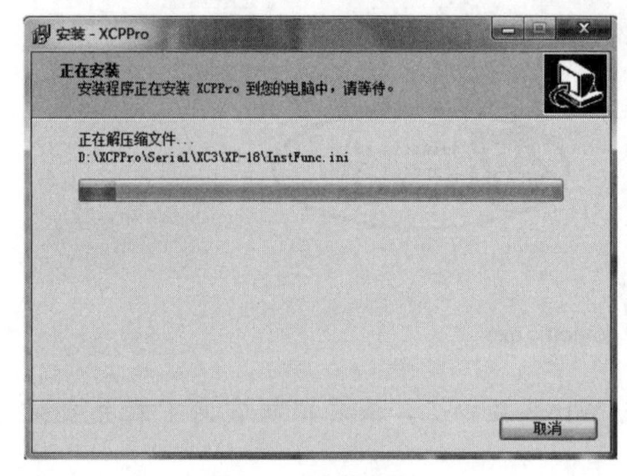

图 7-1-5　安装过程四

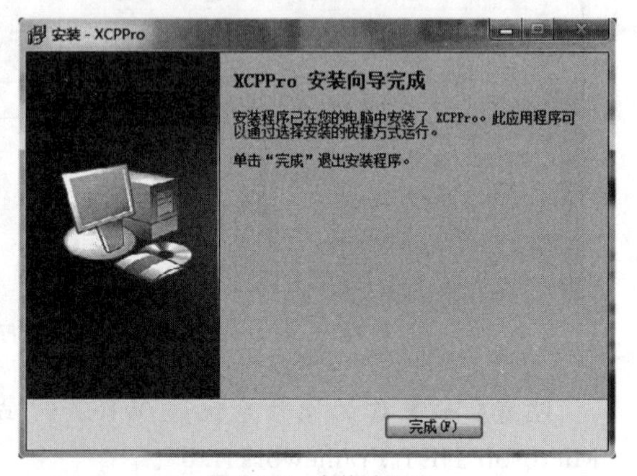

图 7-1-6　安装过程五

7.1.2　卸载步骤

① 选择［开始］—［设置］—［控制面板］。

② 双击添加和删除应用程序。

③ 选中［添加或删除程序］中的 XCPPro 3.3q 后，按［卸载］。
整个卸载过程如图 7-1-7～图 7-1-10 所示。

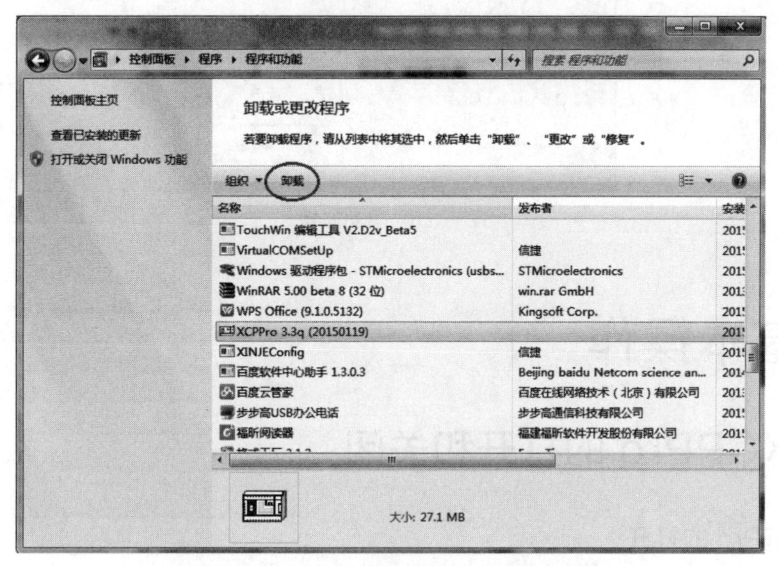

图 7-1-7　在添加或删除程序画面中点击［是］

图 7-1-8　确认完全删除 XCPPro 及它的所有组件

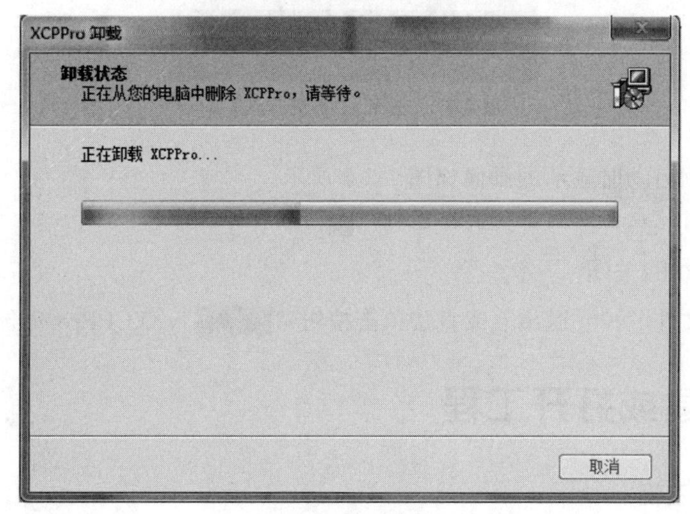

图 7-1-9　正在卸载

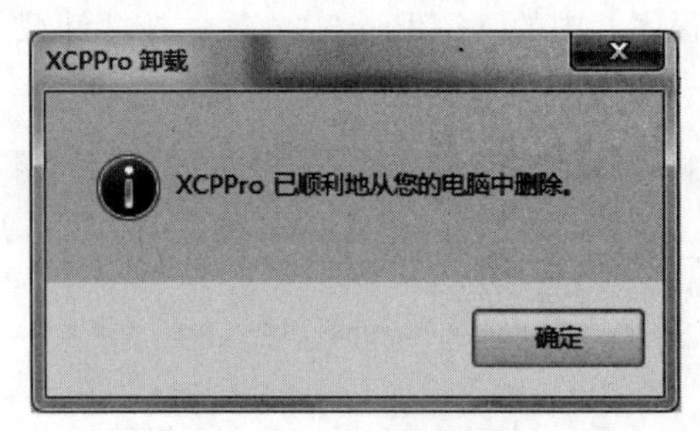

图 7-1-10　成功卸载

7.2　基本操作

7.2.1　XCPPro 的打开和关闭

（1）XCPPro 的打开

① 选择［开始］—［所有程序］—［XINJE］—［XCPPro］—［XC 系列编程工具］，如图 7-2-1 所示。

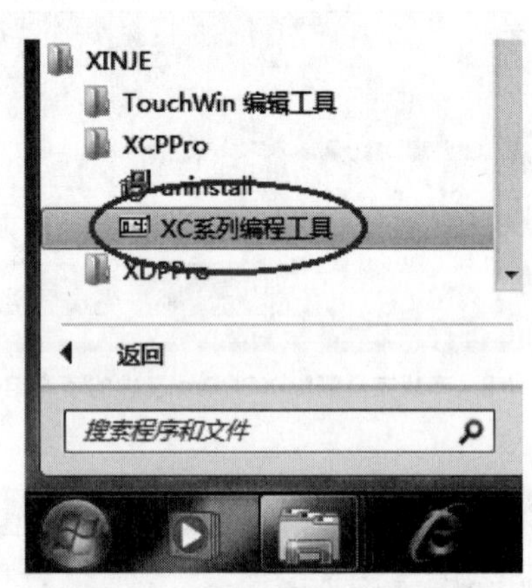

图 7-2-1　选择 XC 系列编程工具

② XCPPro 刚启动时显示的画面如图 7-2-2 所示。

注：也可以通过双击桌面上的快捷图标“ ”来打开程序。

（2）XCPPro 的关闭

选择菜单［文件］—［退出］或直接单击按钮“ ”，XCPPro 就会关闭。

7.2.2　创建或打开工程

（1）创建新工程

① 选择［文件］—［创建新工程（Ctrl+N)］或点击图标“ ”，弹出“机型选择”窗

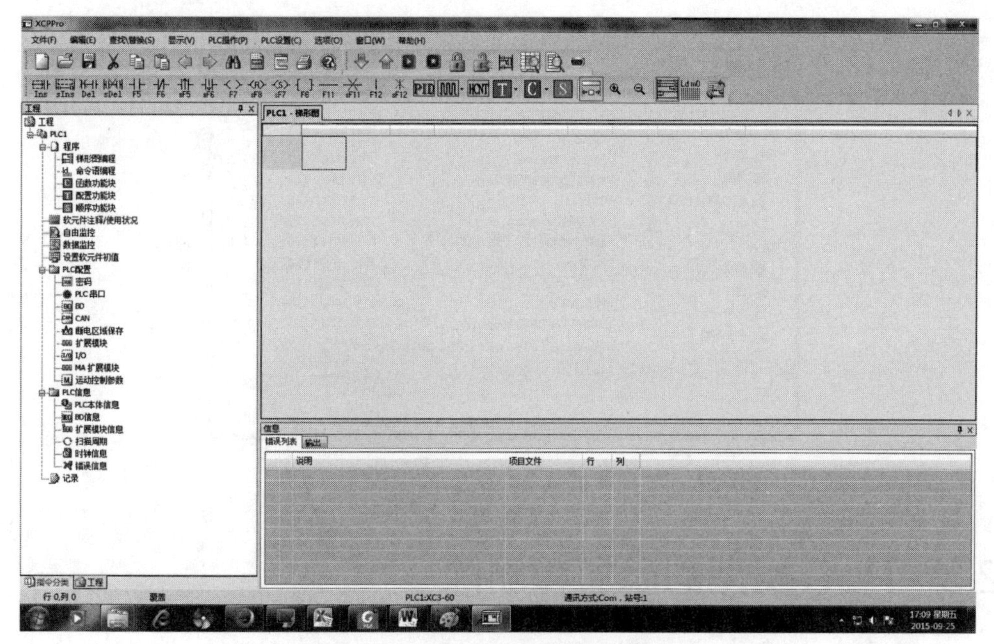

图 7-2-2　XCPPro 刚启动时显示的画面

口。如果当前已连接 PLC，软件将自动检测出机型，选为默认，如图 7-2-3 所示。

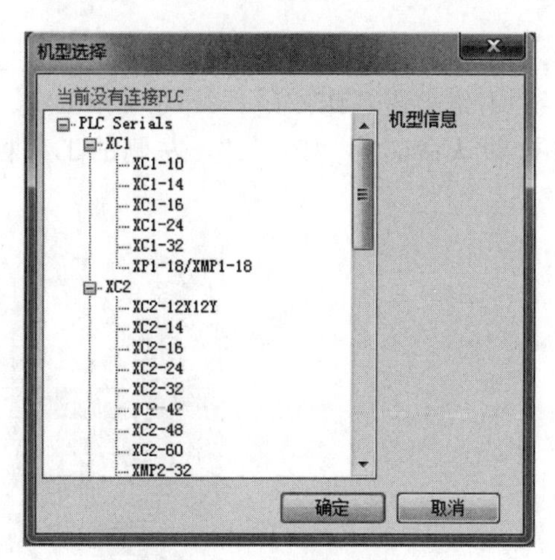

图 7-2-3　机型选择窗口

② 在“机型选择”窗口中选好 PLC 的型号，然后点击［确定］，则完成一个新工程的建立。

（2）打开工程

选择［文件］—［打开工程］或点击图标“”，然后在“打开 PLC 工程文件”对话框中选择 *.xcp 类型文件，点击［打开］就完成了。如图 7-2-4 所示。

注意： 通常打开一个 XCP 工程时，软件检测发现其为旧版本文件时，会先对原文件进行备份，文件名统一为 *.bak，需要使用之前的文件时，只要将后缀改为“.xcp”，用 XCPPro 打开即可。

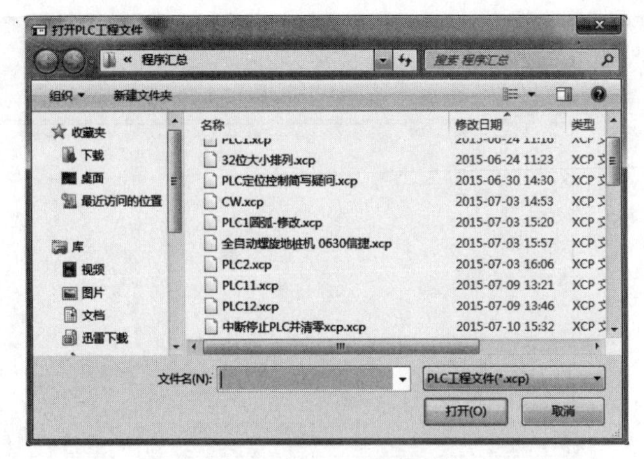

图 7-2-4　打开 PLC 工程文件

7.2.3　PLC 类型的添加和删除

工程新创建时，将被默认为 PLC1，当用户需要对多个 PLC 进行编辑时，可以在同一个界面下添加多个 PLC 编辑对象。

（1）添加 PLC

方法一：单击［文件］—［添加 PLC］。

方法二：至左侧工程栏，右键点击［PLC1］—［添加 PLC］。如图 7-2-5 所示。

成功添加 PLC 后，将被默认命名为“PLC2”，左侧的工程栏也起了相应变化，如图 7-2-6 所示。

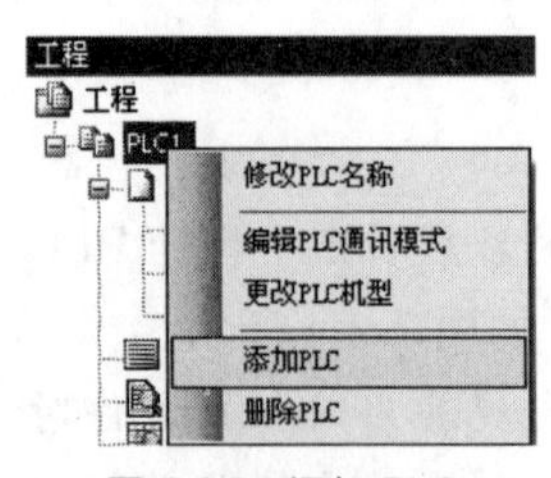

图 7-2-5　添加 PLC

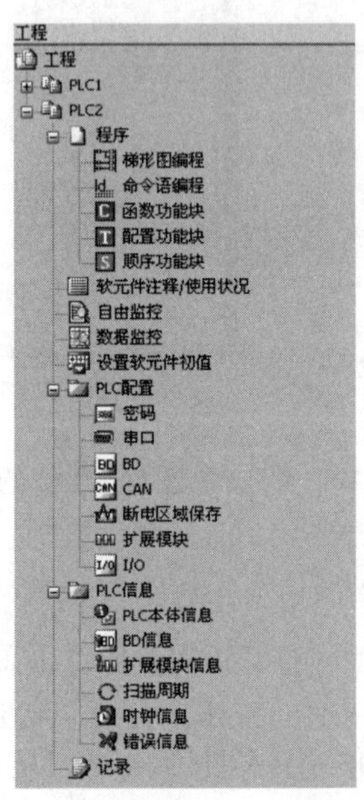

图 7-2-6　工程栏

对不同 PLC 进行编辑时，只需点击各个 PLC 即可，另外，用户还可对相应 PLC 修改合适的名称、编辑通讯模式、更改机型或直接删除操作。

（2）删除机型

方法一：直接右键点击要删除的 PLC，选择“删除 PLC”。

方法二：先选中要删除的 PLC，然后至［文件］—［删除 PLC］。

执行操作后，系统将提示是否确认删除，如图 7-2-7 所示。

确认删除，请点击“确定”，否则点击“取消”。

图 7-2-7　删除 PLC

7.3　编辑环境介绍

7.3.1　界面基本构成

界面构成如图 7-3-1 所示。

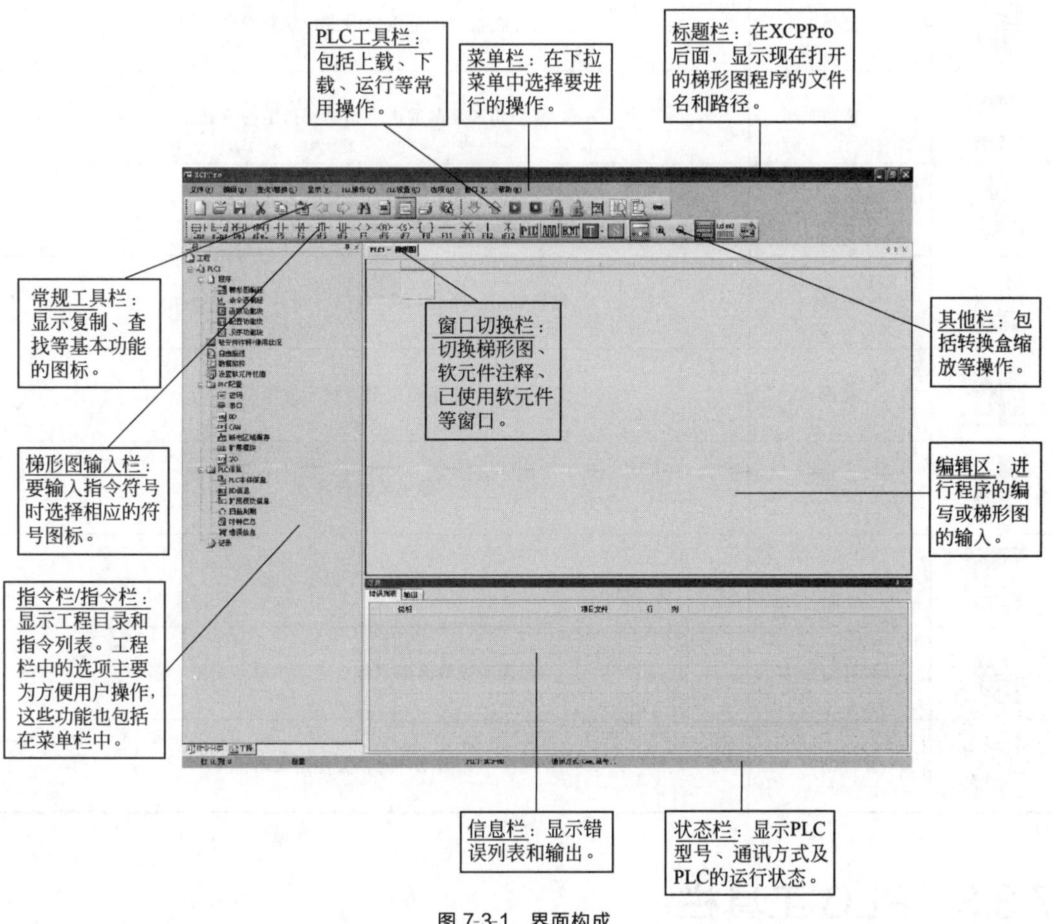

图 7-3-1　界面构成

7.3.2 常规工具栏

常规工具栏如表 7-3-1 所示。

表 7-3-1 常规工具栏

	新建	新建一个工程
	打开	打开已存在的梯形图程序、注释等文件
	储存	对编辑过的梯形图程序、注释等文件进行另存为的操作
	剪切	在指定的范围之内进行剪切操作
	复制	在指令的范围之内进行复制操作
	粘贴	将剪切和复制的内容粘贴到指定的位置上
	后退	返回上一个光标所在区域
	向前	跳转到后一个光标所在区域(相对于后退操作)
	查找	在指定范围查找元件等
	注释	显示软元件注释
	指令提示	是否开启指令提示功能
	打印	将程序按梯形图或指令表形式打印出来
	帮助	查看 XC 的相关使用说明

7.3.3 PLC 工具栏

PLC 工具栏如表 7-3-2 所示。

图 7-3-2　PLC 工具栏

	下载	将编辑的程序或数据下载到 PLC 内存中
	上传	将 PLC 内存中的程序或数据读出来
	运行	将 PLC 状态设置为运行状态
	停止	将 PLC 状态设置为停止状态
	加锁	对程序进行加锁
	解锁	对程序进行解锁
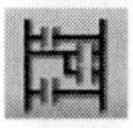	梯形图监控	对梯形图程序运行过程进行监控
	数据监控	对 PLC 所有软元件的状态或数值进行监控、设置
	自由监控	对指定的 PLC 软元件的状态和数值进行监控、设置
	软件串口设置	对软件的串口进行设置

7.3.4　梯形图输入栏

梯形图输入栏如表 7-3-3 所示。

表 7-3-3　梯形图输入栏

 Ins	插入一节点	 sF7	置位线圈
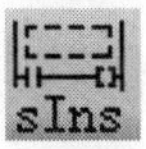 sIns	插入一行	 F8	指令框
 Del	删除一节点	 F11	横线
 sDel	删除一行	 sF11	删除横线
 F5	常开节点	 F12	竖线
 F6	常闭节点	 sF12	删除竖线

续表

sF5	上升沿	PID	添加 PID 指令
sF6	下降沿		添加脉冲输出指令
F7	输出线圈	HCNT	添加 24 段高速计数指令
sF8	复位线圈	T	对 G-BOX 进行短信配置
		S	配置顺序功能块 BLOCK

7.3.5 其他

常用工具栏如表 7-3-4 所示。

表 7-3-4　常用工具栏

	自动适应列宽	自动调整列宽到合适的长度
	放大	放大梯形图
	缩小	缩小梯形图
	转换到梯形图	将指令表转换成梯形图
Ld m0	转换到指令表	将梯形图转换到指令表
	语法检查	对用户程序进行语法上的检查

7.3.6 PLC 操作

PLC 的基本操作里，有下面几项需要注意，如图 7-3-2 所示。

保密下载的使用：使用保密下载之后，PLC 中的程序或数据将永远无法上传，因而程序无法破解，以此来保护用户的知识产权，使用时请务必注意。

上电停止 PLC：当 PLC 中的用户程序发生错误，导致一运行就无法通讯时，使用“上电停止 PLC”功能让 PLC 一上电就停止运行，这样可以重新下载正确的用户程序。执行该功能后，并对 PLC 断电再上电，软件将提示上电停止 PLC 成功。

程序的加锁/解锁：用户设定此功能时，首先设置用户程序口令，然后下载，口令将与程序一起下载到PLC中，用户要上传时，先要输入口令，使PLC解锁后才能上传。

PLC程序有口令时，仍然可以重新下载用户程序，将原程序覆盖。口令主要保护用户程序。

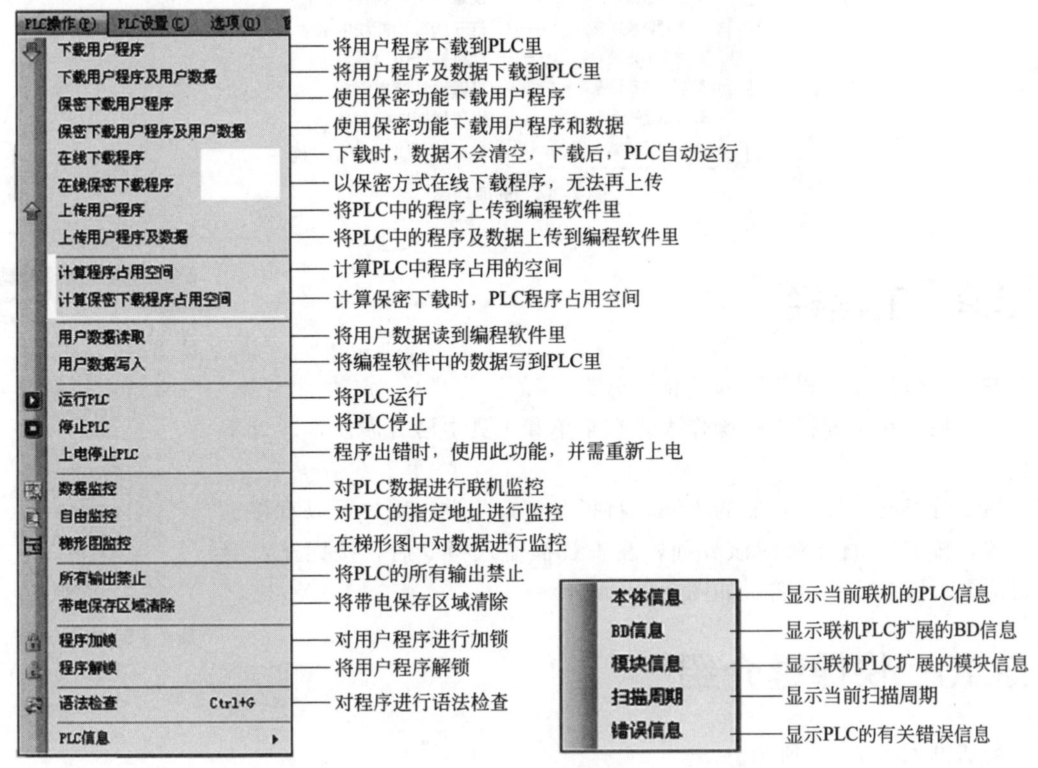

图7-3-2 PLC操作菜单

7.3.7 PLC设置

PLC设置菜单如图7-3-3所示。

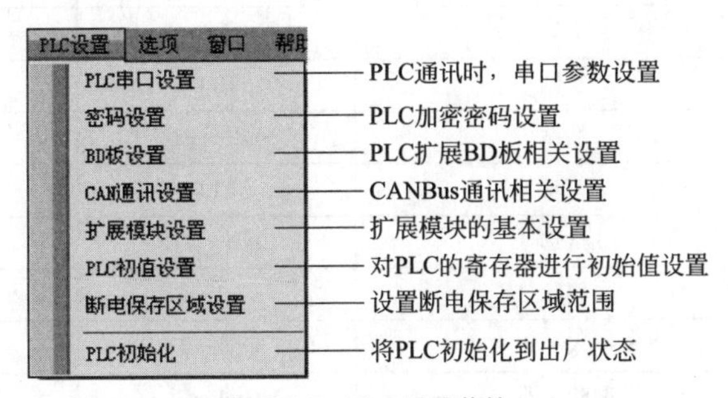

图7-3-3 PLC设置菜单

7.3.8 选项

选项菜单如图7-3-4所示。

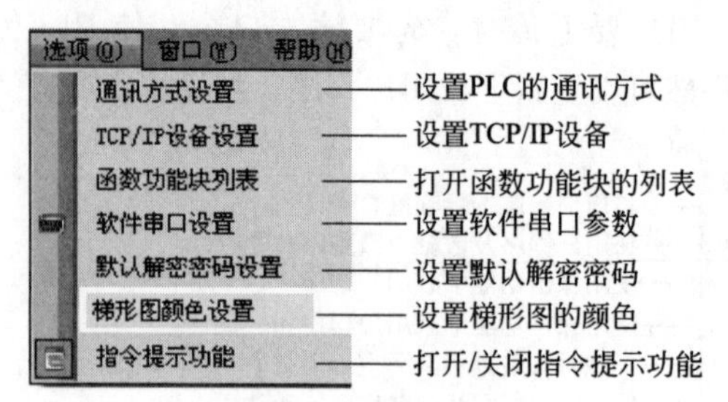

图 7-3-4 选项菜单

7.3.9 工程栏

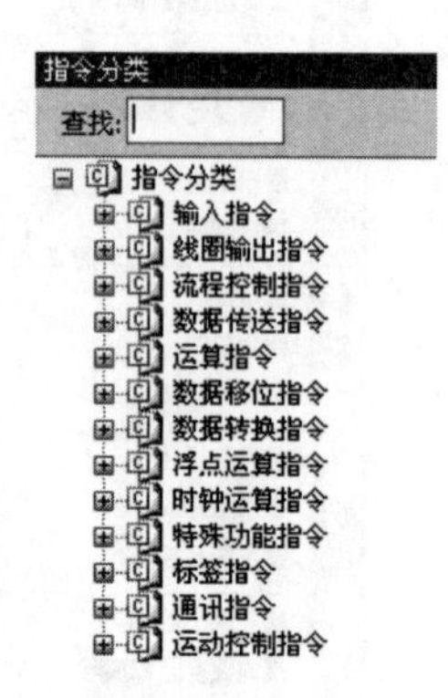

图 7-3-5 指令分类栏

左侧栏包括“工程栏”和“指令分类栏”。

工程栏：在工程栏中的操作大多在菜单和工具中已有涉及，此处不再赘述。

指令分类栏：按照功能的不同，将指令进行归类，用户可以直接进行查找，按 F8，直接激活该界面，在查找框输入指令后，按回车，会在对应梯形图输入指令名，如图 7-3-5 所示。

7.3.10 快捷键介绍

快捷键如表 7-3-5 所示。

表 7-3-5 快捷键

Ctrl+N	新建工程	Shift+ F6	下降沿
Ctrl+S	保存工程	F7	输出
Ctrl+P	打印设置	Shift+ F8	复位
Ctrl+Z	撤销	Shift+ F7	置位
Ctrl+Y	重做	F8	其他
Ctrl+C	复制	F11	横线
Ctrl+V	粘贴	Shift+F11	删除横线
Ctrl+X	剪切	F12	竖线
Ctrl+A	全选	Shift+F12	删除竖线
Delete	删除	Ctrl+F	软元件查找
Shift+Insert	插入一行	Ctrl+T	步号查找
Shift+Delete	删除一行	Ctrl+R	替换
Ins	插入一个节点	Alt+Left	返回
F5	常开线圈	Alt+Right	前进
F6	常闭线圈	Ctrl+G	语法检查
Shift+ F5	上升沿	F1	帮助

7.4 简单功能的实现

7.4.1 联机

① 点击菜单栏［选项］—［软件串口设置］，或点击图标“”。如图 7-4-1 所示。

② 在“设置软件串口”窗口中选择正确的通讯串口、波特率、奇偶校验，或者点击“检测”，软件将会自动检测并设定正确的通讯串口、波特率、奇偶校验。

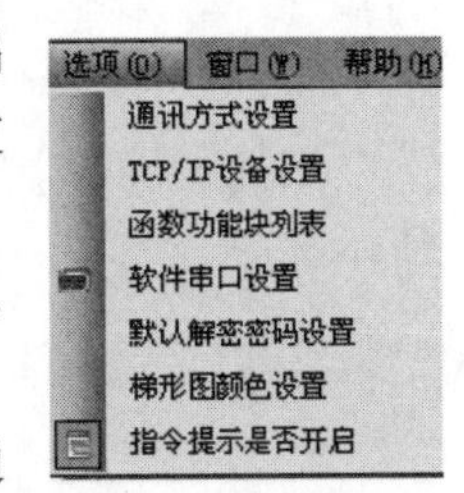

图 7-4-1 选项

③ 当“设置软件串口”窗口的左下方红字显示“成功连接 PLC”时，联机成功，点击［确定］，继续进行其他操作。如图 7-4-2 所示。

④ 联机未成功时，“设置软件串口”窗口的左下方红字显示“串口通讯超时错误”或“ModBus 通讯：设备地址错误”，请检查电脑串口、通讯线以及 PLC 通讯口。如图 7-4-3 所示。

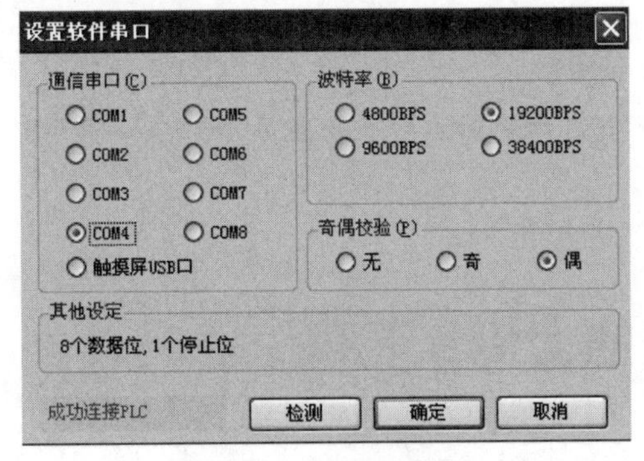

图 7-4-2 设置软件串口 1

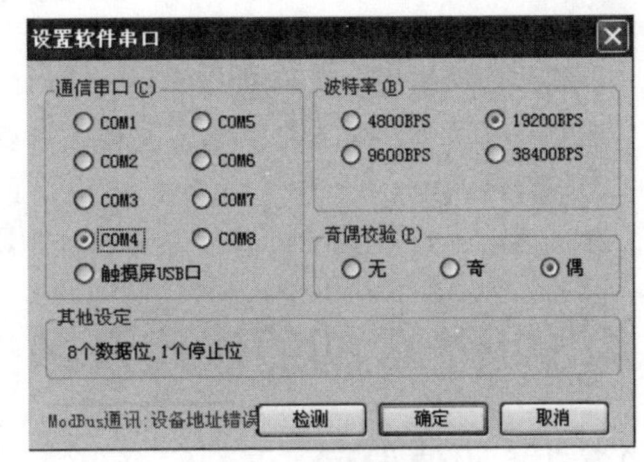

图 7-4-3 设置软件串口 2

7.4.2 程序的上传、下载及 PLC 状态控制

① 联机成功之后，点击菜单栏［PLC 操作］—［上传用户程序及用户数据］或点击工具栏图标，可以将 PLC 中的程序进行上载。点击菜单栏［工程］—［保存工程］或图标，将程序保存。如图 7-4-4 所示。

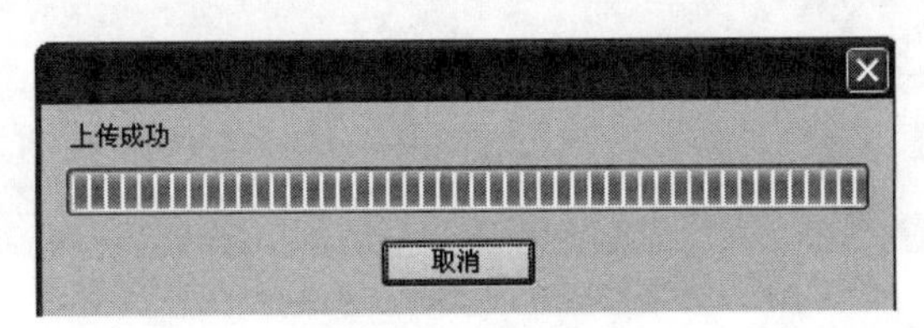

图 7-4-4 上传成功

② 联机成功之后，点击菜单栏［PLC 操作］—［下载用户程序及用户数据］或点击工

具栏图标，可以将程序下载至PLC中。若PLC正在运行，则弹出停止运行PLC的对话框。如图7-4-5所示。

图7-4-5 正在编译

选择“确定”，PLC将停止运行，下载新程序。下载程序时，弹出进度条。如图7-4-6所示。

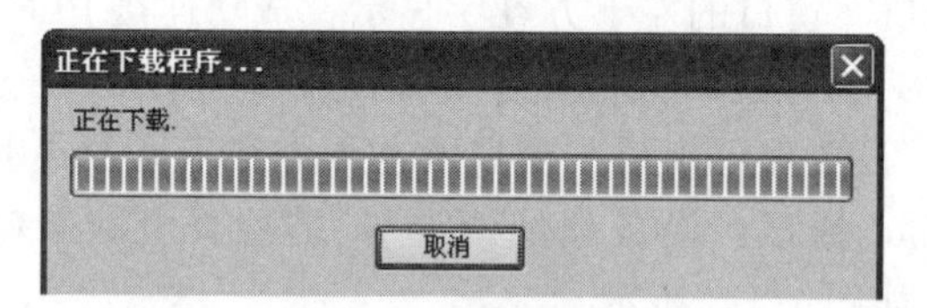

图7-4-6 正在下载程序

下载程序结束后，点击按钮运行PLC。

注意：如果程序设置了口令，或者是保密下载，则界面右边会出现6个红点。

③ 状态控制。

联机之后，点击按钮运行PLC；点击按钮停止PLC。

7.4.3 PLC初值设定及数据的上传、下载

7.4.3.1 初值设定

点击工程栏中的［设置软元件初值］项，弹出预设软元件初值窗口。如图7-4-7所示。

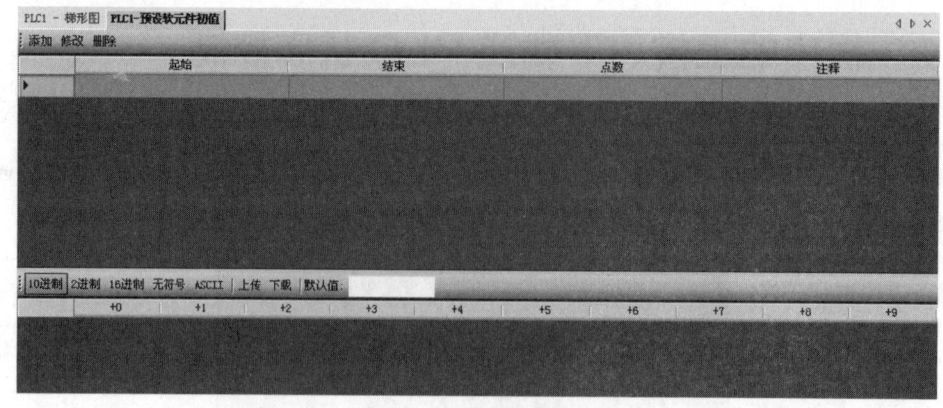

图7-4-7 设置软元件初值

“上传”：将PLC中软元件的数值上载；“下载”：将设置的数值下载到PLC中。

数值可以在“10进制”“2进制”“16进制”“无符号”“ASCII”之间转换。

软元件的添加：点击“添加”按钮，弹出添加软元件初值范围对话框，选择寄存器的类型“D”或“FD”，然后设置起始地址和结束地址。如图 7-4-8 所示。

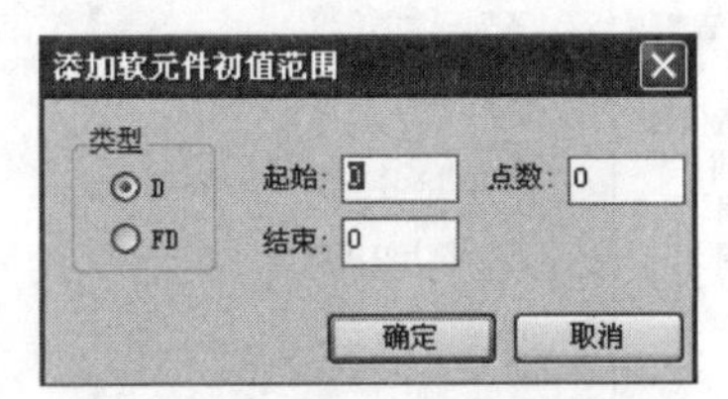

图 7-4-8 添加软元件初值范围

如图 7-4-9 所示是添加的两段寄存器的初值设定，双击地址号，修改数值。

PLC1 - 梯形图 PLC1-预设软元件初值

添加 修改 删除

起始	结束	点数	注释
D0	D10	11	
D100	D120	21	

10进制 2进制 16进制 无符号 ASCII 上传 下载 默认值:

	+0	+1	+2	+3	+4	+5	+6	+7	+8	+9
D100	0	0	0	0	0	0	0	0	0	0
D110	0	0	0	0	0	0	0	0	0	0
D120	0									

图 7-4-9 添加的两段寄存器的初值设定

7.4.3.2 数据的上传、下载

方法一：操作对象如果是部分地址，则可以先设初值，再点击“上传”“下载”按钮。

方法二：操作对象如果是全部地址，可以点击菜单栏中的［PLC 操作］—［用户数据的读取］、［用户数据的写入］。

7.4.4 PLC 以及模块信息的查询

方法一：

① 点击［工程栏］—［PLC 信息］，出现一个目录；

② 分别点击“PLC 本体信息”“BD 板信息”“扩展模块信息”“扫描周期”“错误信息”可以查看相应的信息。

方法二：

直接在左侧的［工程栏］—［PLC 信息］中点击相关项查看，如图 7-4-10 所示。

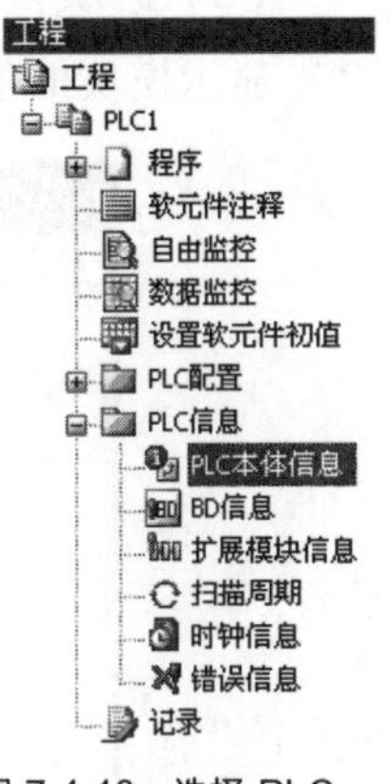

图 7-4-10 选择 PLC 本体信息

(1) PLC 本体信息

显示 PLC 的系列、机型、下位机版本以及适合的上位机版本。如图 7-4-11 所示。

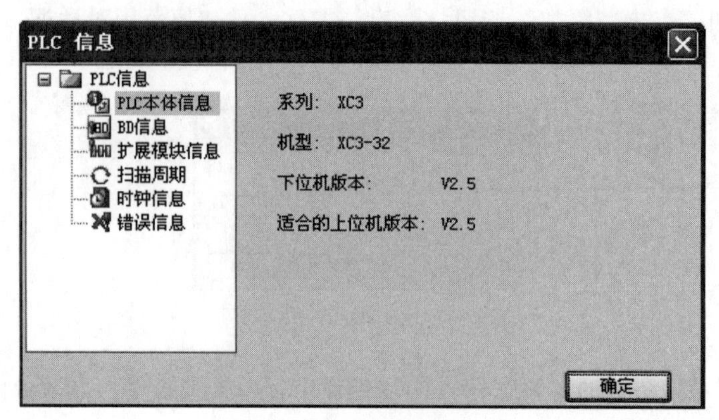

图 7-4-11 PLC 本体信息

（2）BD 板信息

显示 BD 的输入、输出点数，输入、输出字节数，主、次版本号以及 BD 版的名称。如图 7-4-12 所示。

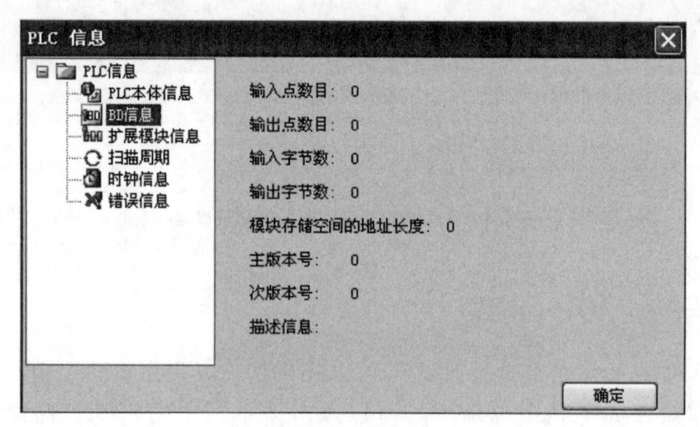

图 7-4-12 BD 信息

（3）扩展模块信息

显示模块的信息（内容同 BD 板）。如图 7-4-13 所示。

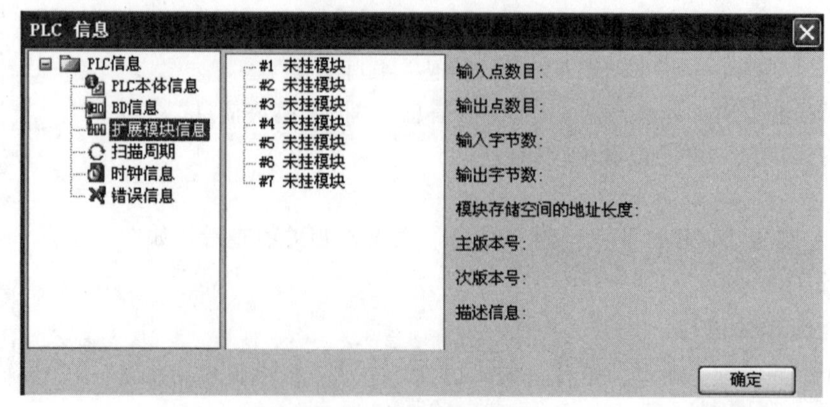

图 7-4-13 扩展模块信息

(4) 扫描周期

显示梯形图程序的当前扫描周期，最短、最长扫描周期。如图 7-4-14 所示。

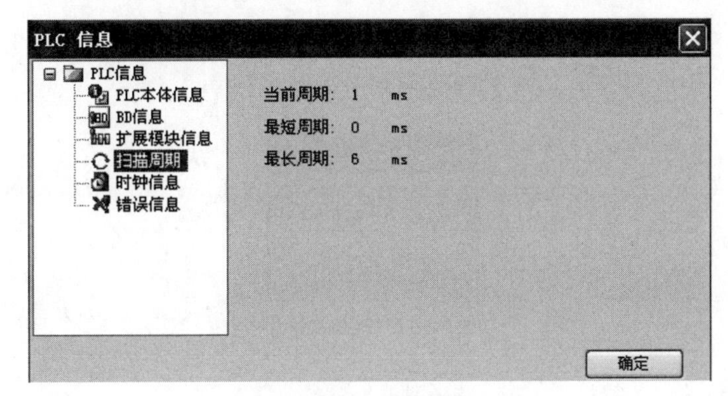

图 7-4-14 扫描周期

(5) 时钟信息

显示当前时钟日期信息。如图 7-4-15 所示。

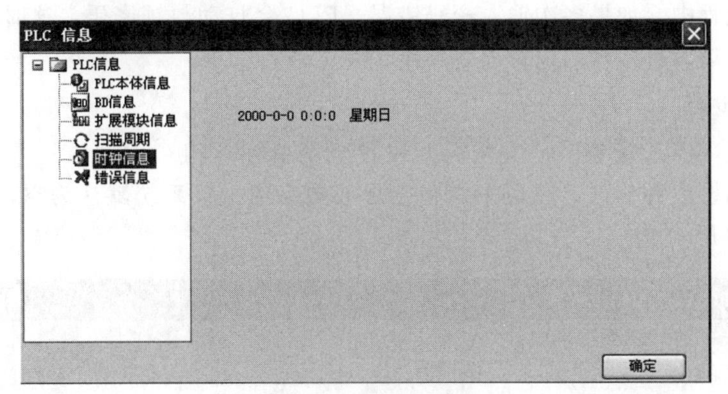

图 7-4-15 时钟信息

(6) 错误信息

显示编译错误信息。如图 7-4-16 所示。

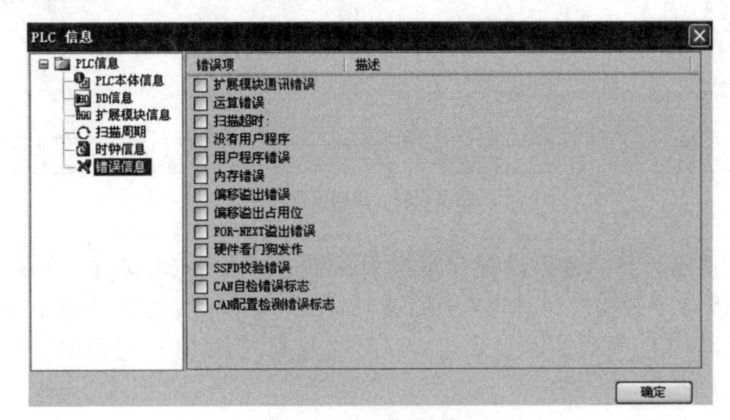

图 7-4-16 错误信息

7.4.5 PLC 的初始化

选择菜单栏［PLC 设置］—［PLC 初始化］，PLC 将被初始化到出厂设置。如图 7-4-17 所示。

图 7-4-17 PLC 初始化

7.4.6 程序加锁/解锁

当 PLC 设置密码以后，在程序加锁状态下，无法读出 PLC 中的程序，起到保护程序的作用。在上载过程中，如果多次输入密码错误，PLC 会自动封锁密码，这时需要将 PLC 重新上电，才可以进行打开密码以及上载操作。

（1）密码设置

点击工程栏［PLC 配置］—［密码］或者至菜单栏［PLC 设置］—［密码设置］项，可以进行密码的设定和修改。密码由六位字母或数字组成。系统默认为空，即没有设定密码。如图 7-4-18 所示。

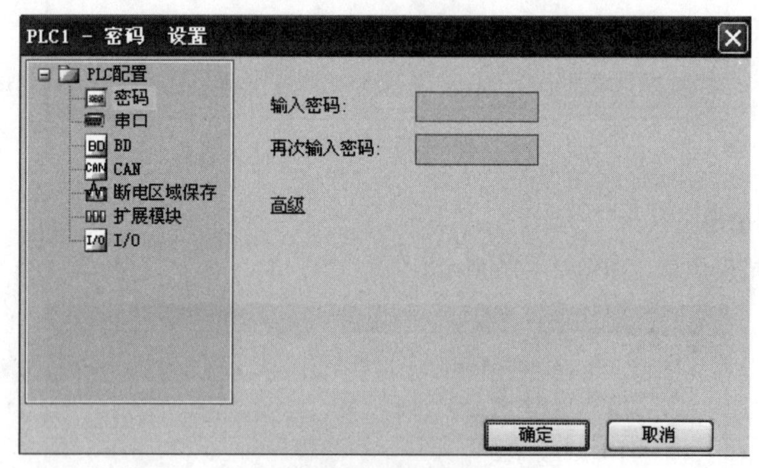

图 7-4-18 密码设置 1

如图 7-4-19 所示，在“密码设置”窗口中，单击“高级”，勾选“下载程序需要先解密”，则如要对 PLC 下载程序，必须先进行密码输入，正确后，方可下载。该功能是为防止误下载程序而导致 PLC 中的原有程序丢失，可以起到保护 PLC 的作用。但该功能必须慎用，如遗忘密码，PLC 将被锁定。

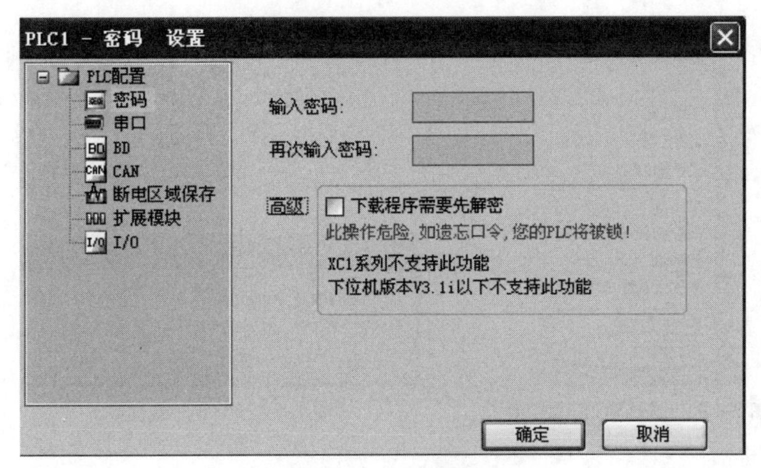

图 7-4-19 密码设置 2

(2) 加锁/解锁

成功设置密码之后，点击图标“”，对当前 PLC 进行加锁，那么在上载该 PLC 程序的过程中，只有输入正确的密码才能成功上传；点击图标“”，对当前 PLC 解锁，可正常上传。

(3) 默认解密密码设置

如图 7-4-20 所示，菜单栏［选项］—［默认解密密码设置］项中设置解密密码。

当用户在使用已加密 PLC 的过程中，需要频繁上传程序，或者对应不同加密 PLC，需要输入不同密码时，可以设置默认解密密码。如图所示，用户可以设置多个解密密码，在上传过程中，无须重复的输入密码。

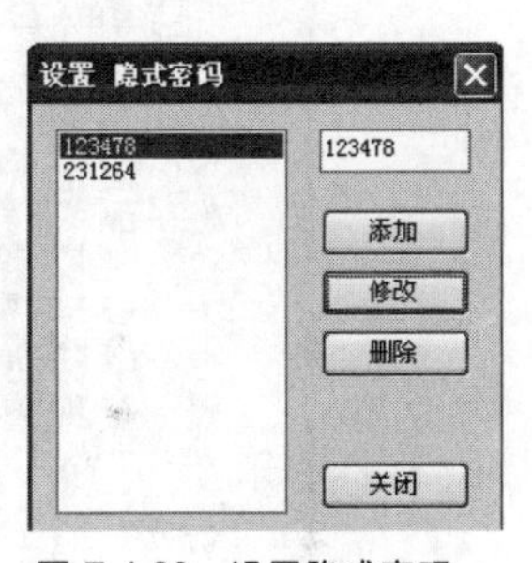

图 7-4-20 设置隐式密码

7.4.7 PLC 的三种保密方式

信捷 PLC 有三种保密方法。

(1) 导入/导出下载文件

打开菜单栏中“文件”菜单，如图 7-4-21 所示。

编辑好程序后点击“导出下载文件”，出现如图 7-4-22 所示对话框。

①“导出下载文件，供电脑下载”。

支持在未连接 PLC 的情况下将文件导出保存在电脑里，可通过电脑给 PLC 下载程序，点击“确定”后选择保存路径，导出的文件后缀为.xcp。

在 PLC 和电脑联机的情况下，若要下载已导出的文件，可在编程软件中“文件”菜单栏里点击“导入下载文件”，找到已保存好的文件，打开后出现如图 7-4-23 所示程序。

此时，程序编写部分是灰色的，下载的向下的箭头是亮的，可以直接点击下载。

在此模式下，用户可以下载和使用程序，但是无法查看和编辑程序。

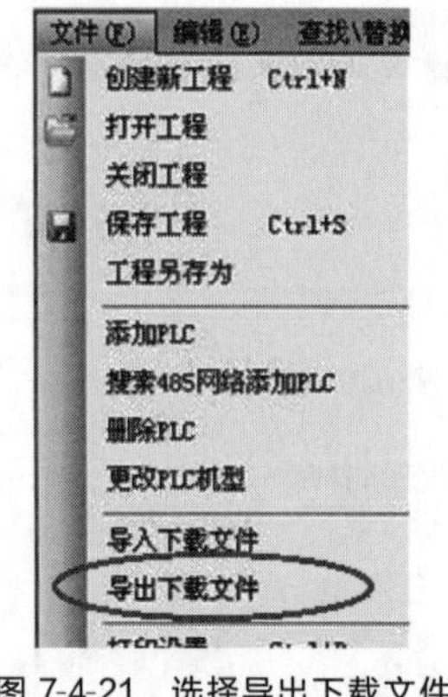

图 7-4-21 选择导出下载文件

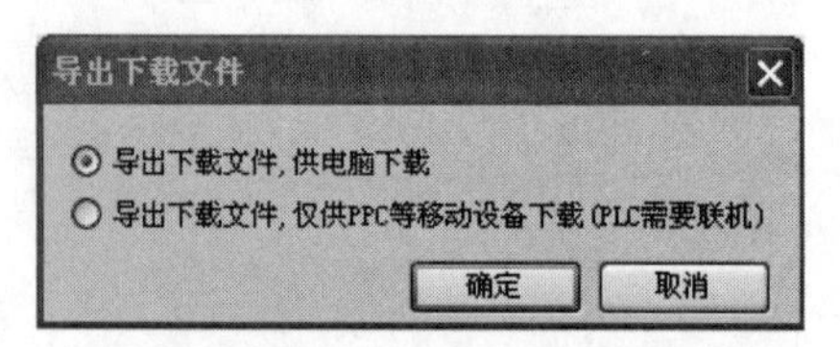

图 7-4-22 导出下载文件

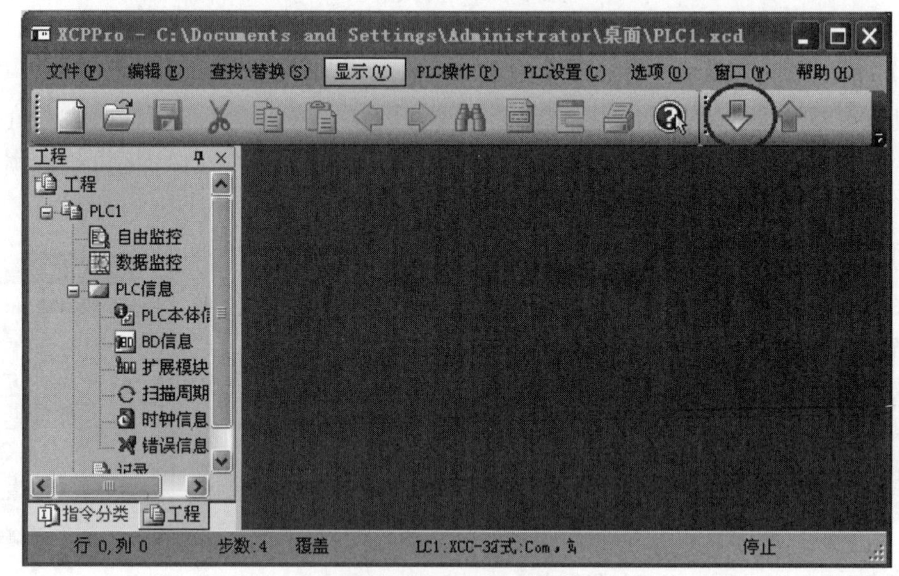

图 7-4-23 导入下载文件

②“导出下载文件，仅供 PPC 等移动设备下载（PLC 需要联机）”。

此功能是导出供 PDA 等移动设备下载用的文件，所以需要联机，使用方法同“导出下载文件，供电脑下载”。

（2）保密下载

使用保密下载之后，PLC 中的程序或数据将永远无法上传，因而程序无法破解，以此来保护用户的知识产权，使用时请务必注意。

打开菜单栏中“PLC 操作”菜单，如图 7-4-24 所示。

编辑好程序后点击“保密下载用户程序”或“保密下载用户程序及用户数据”，出现下面的窗口，如图 7-4-25 所示。保密下载时，进度条的右上角有红色省略号，与普通下载模式有此区别。

将程序或者程序及数据下载到 PLC 中后，程序无法上传，点击上传程序按钮，软件会提示“程序不存在”。

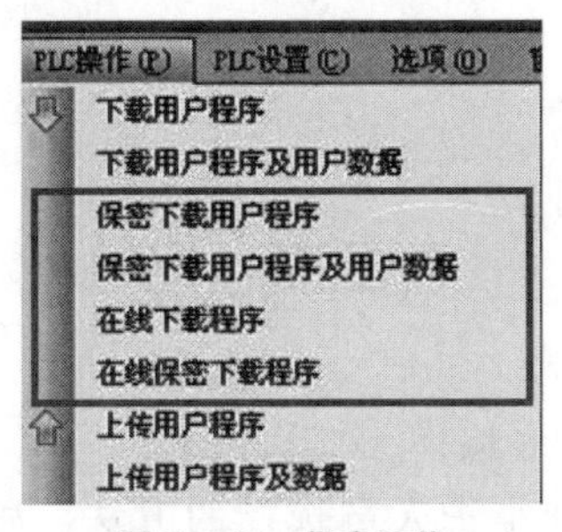

图 7-4-24 保密下载

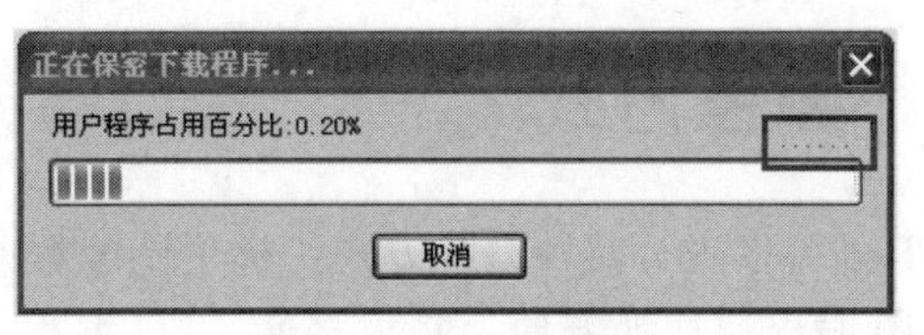

图 7-4-25 下载进程

(3) 加密码下载

打开菜单栏中“PLC 设置”菜单，如图 7-4-26 所示。

在程序编辑好了之后点击“密码设置”，出现下面的窗口，如图 7-4-27 所示。

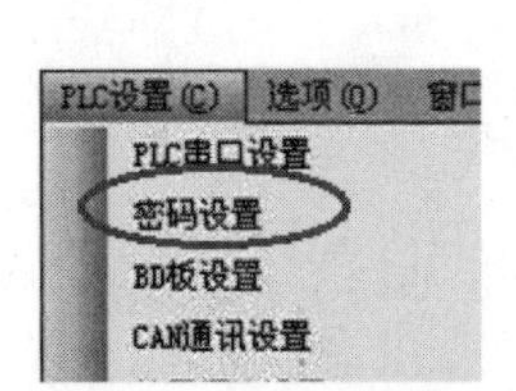

图 7-4-26 选择密码设置

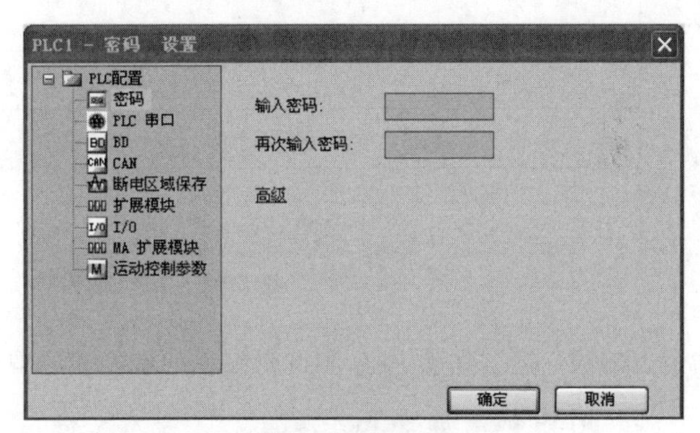

图 7-4-27 密码设置

在“输入密码”和“再次输入密码”框输入 6 位数字或英文密码，点击确定后下载程序到 PLC，那么可以对此 PLC 下载新的程序，不会有任何提示，但是上载程序时，则会提示“输入口令”对话框，此时，需要输入之前设置的密码才能上传程序，如图 7-4-28 所示。

若在设置密码的时候点击了“高级”中的☑，如图 7-4-29 所示。

图 7-4-28 输入口令

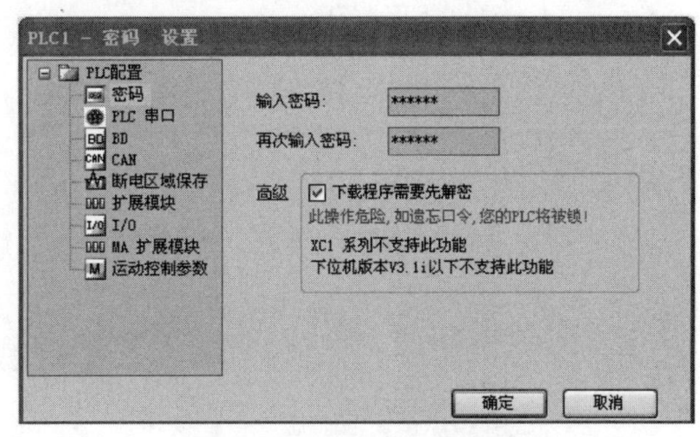

图 7-4-29 密码高级选项设置

点“确定”下载程序之后，无论是上传还是下载程序，都需要输入正确的密码。

7.5 编程操作

7.5.1 编程方式

XCPPro 可以进行两种编程方式：梯形图编程或指令表编程。

梯形图编程：直观方便，是大多数 PLC 编程人员和维护人员选择的方法，如图 7-5-1 所示。

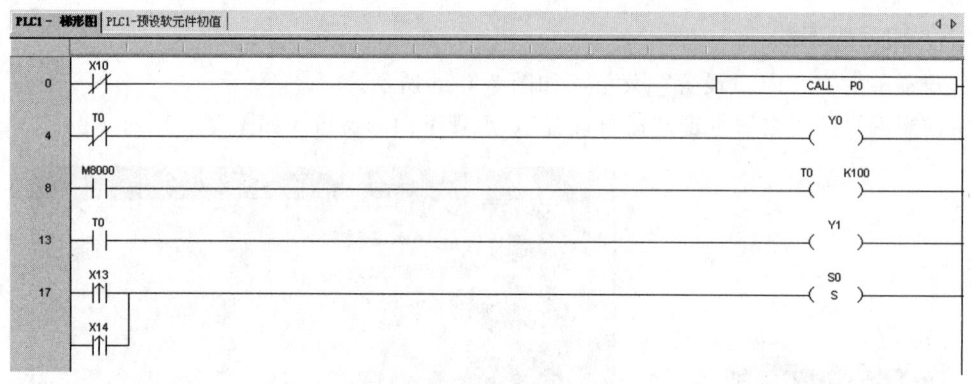

图 7-5-1 梯形图编程

指令表编程：适合熟悉 PLC 和逻辑编程的有经验的编程人员，如图 7-5-2 所示。

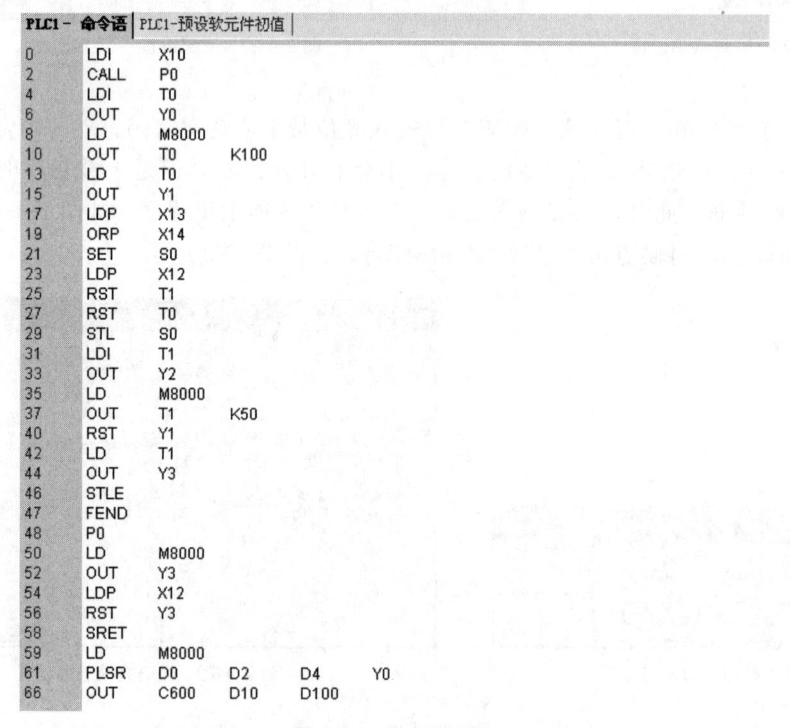
PLC1 - 命令语 | PLC1-预设软元件初值

```
0   LDI   X10
2   CALL  P0
4   LDI   T0
6   OUT   Y0
8   LD    M8000
10  OUT   T0     K100
13  LD    T0
15  OUT   Y1
17  LDP   X13
19  ORP   X14
21  SET   S0
23  LDP   X12
25  RST   T1
27  RST   T0
29  STL   S0
31  LDI   T1
33  OUT   Y2
35  LD    M8000
37  OUT   T1     K50
40  RST   Y1
42  LD    T1
44  OUT   Y3
46  STLE
47  FEND
48  P0
50  LD    M8000
52  OUT   Y3
54  LDP   X12
56  RST   Y3
58  SRET
59  LD    M8000
61  PLSR  D0     D2    D4    Y0
66  OUT   C600   D10   D100
```

图 7-5-2 指令表编程

7.5.2 指令符号的输入

7.5.2.1 指令提示

用户在梯形图模式下写指令时，可以通过点击图标“”打开指令提示功能，手动输入时，系统自动列出联想指令供用户选择，同时对操作数进行选用提示，帮助用户正确快速地完成指令的输入。如图 7-5-3、图 7-5-4 所示。

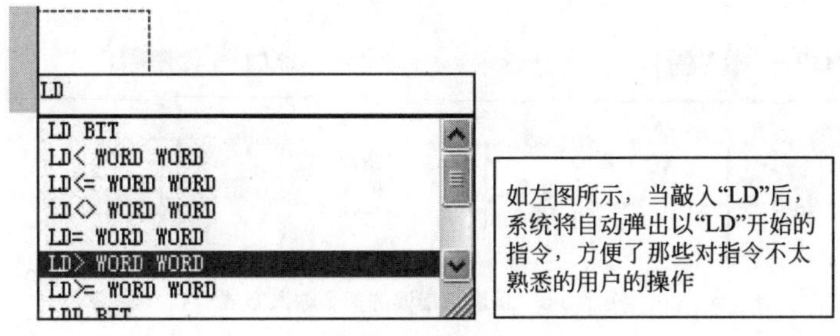

图 7-5-3 输入指令

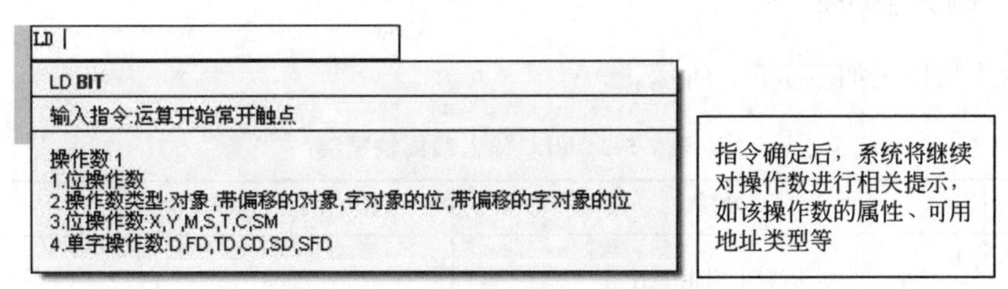

图 7-5-4 系统对操作数进行相关提示

7.5.2.2 输入节点

输入节点快捷键如表 7-5-1 所示。

表 7-5-1 输入节点快捷键

图标	功能	快捷键
F5	常开节点	F5
F6	常闭节点	F6
sF5	上升沿	Shift＋F5
sF6	下降沿	Shift＋F6

下面举例说明指令的输入，如图 7-5-5 所示。

鼠标左键单击选中梯形图上的某个接点，虚线框显示的区域就表示当前选中的接点；先

点击图标“-| |- F5”（或按 F5 键），图形显示一个对话框（LD M0），可以编辑对话框中指令和线圈，编辑完成之后按 Enter 键，如果输入错误，则该接点显示为红色。双击该接点，可重新输入操作。

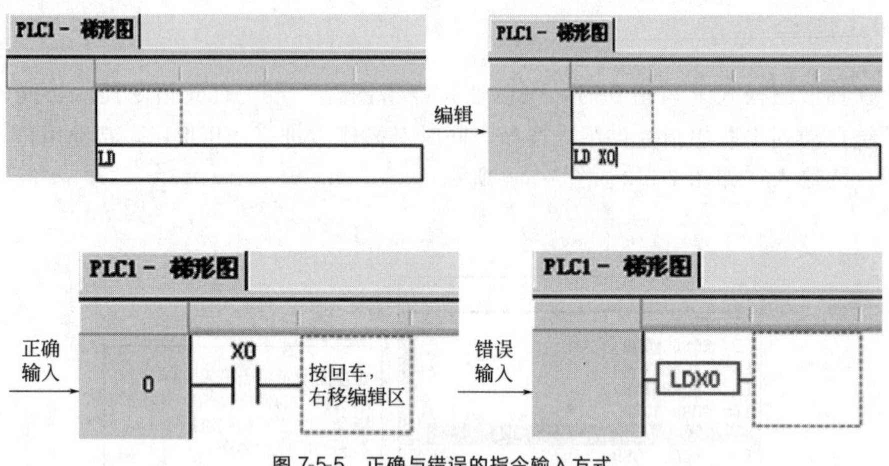

图 7-5-5 正确与错误的指令输入方式

7.5.2.3 输入线圈

输入线圈快捷键如表 7-5-2 所示。

表 7-5-2 PLC 输入线圈快捷键

图标	功能	快捷键
-( )- F7	输出线圈、计时和计数	F7
-(S)- sF7	置位线圈	Shift+F7
-(R)- sF8	复位线圈	Shift+F8
[ ] F8	编辑指令	F8

下面举例说明指令的输入。

【例 1】线圈输出步骤如图 7-5-6～图 7-5-9 所示。在梯形图的第一个接点输入 X0 后，虚线框右移一格，点击图标“-( )- F7”（或按 F7 键），出现指令对话框（OUT），在光标处输入 Y0。按回车 Enter 键，输入正确则虚线框移到下一行；如果输入不正确则该接点显示为红色，双击该接点进行修改。

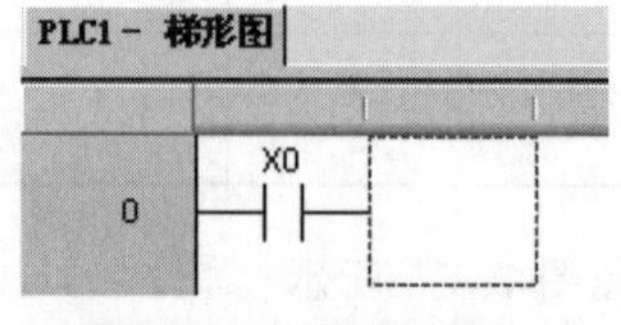

图 7-5-6 线圈输出步骤一

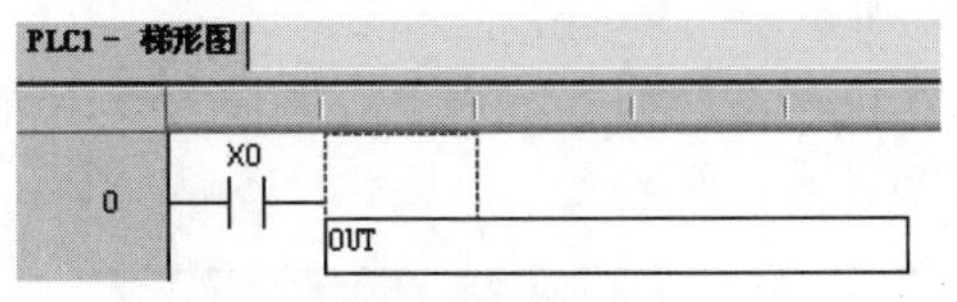

图 7-5-7 线圈输出步骤二

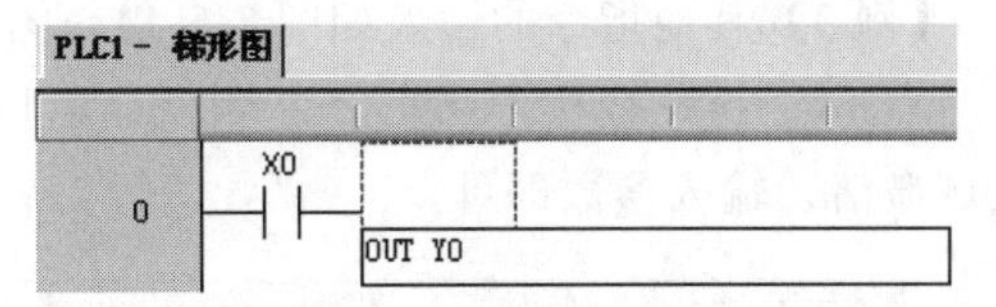

图 7-5-8 线圈输出步骤三

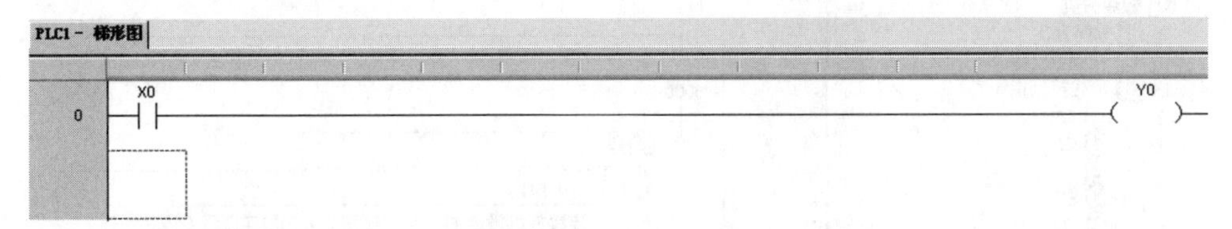

图 7-5-9 线圈输出步骤四

【例 2】定时器和计数器的输入如图 7-5-10～图 7-5-13 所示。

定时器的输入方式：OUT＋空格＋定时器编号＋空格＋定时时间。

输入正确后按回车 Enter 键，则虚线框自动换行。

计数器的输入方式：OUT＋空格＋计数器编号＋空格＋计数值。

输入正确后按回车 Enter 键，则虚线框自动换行。

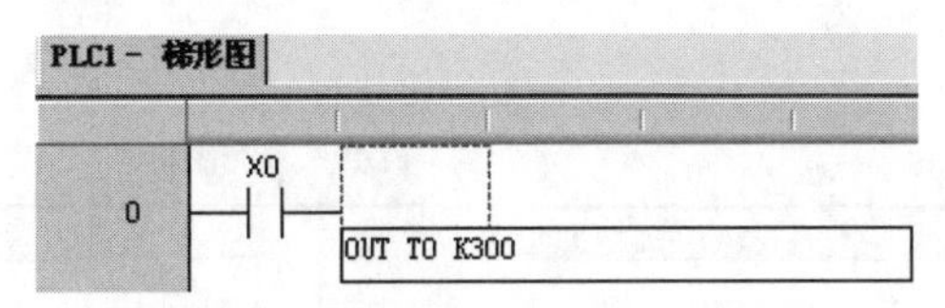

图 7-5-10 定时器和计数器的输入步骤一

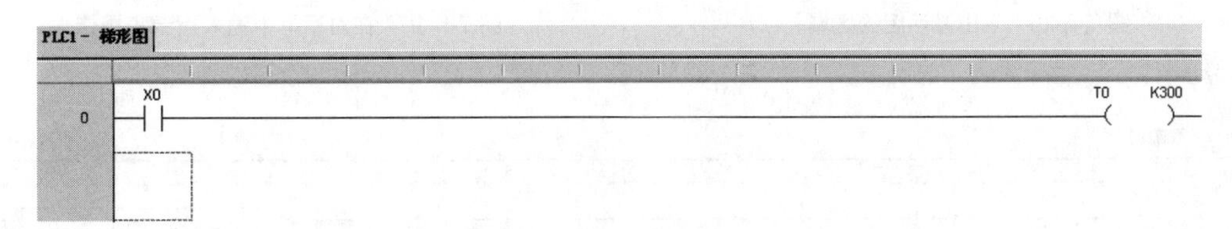

图 7-5-11 定时器和计数器的输入步骤二

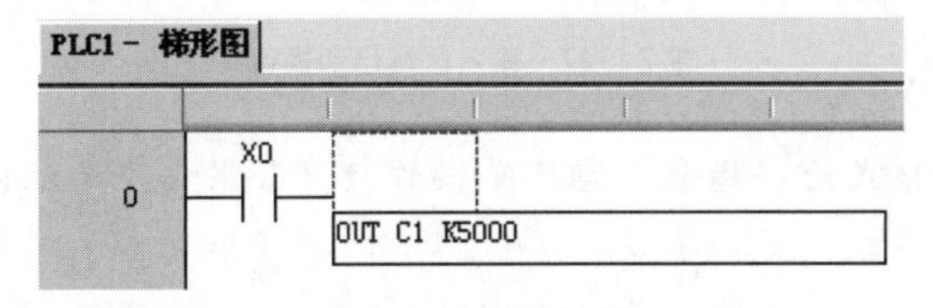

图 7-5-12 定时器和计数器的输入步骤三

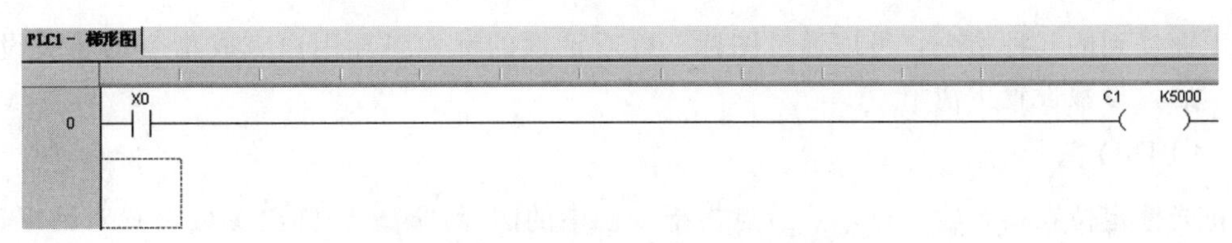

图 7-5-13 定时器和计数器的输入步骤四

【例 3】其他指令的输入如图 7-5-14～图 7-5-17 所示。

点击[F8]键（或按 F8 键），左侧栏显示指令列表；双击要输入的指令，该指令将在指定区域激活，输入参数即可。

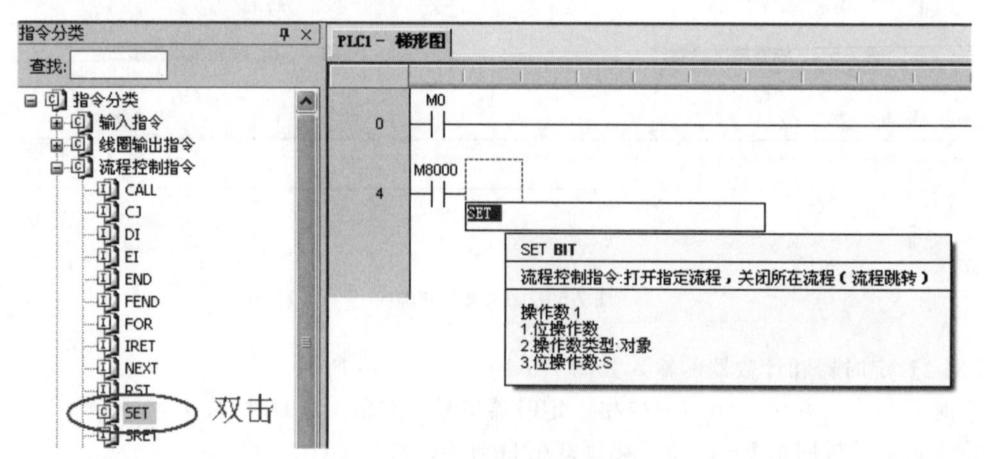

图 7-5-14 其他指令输入

熟悉指令的用户也可以双击输入区域，手动输入指令及参数。正确输入后按回车 Enter 键，输入区域自动换行。

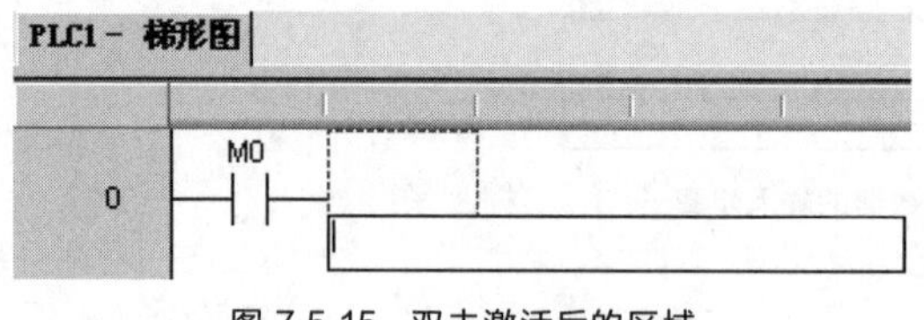

图 7-5-15 双击激活后的区域

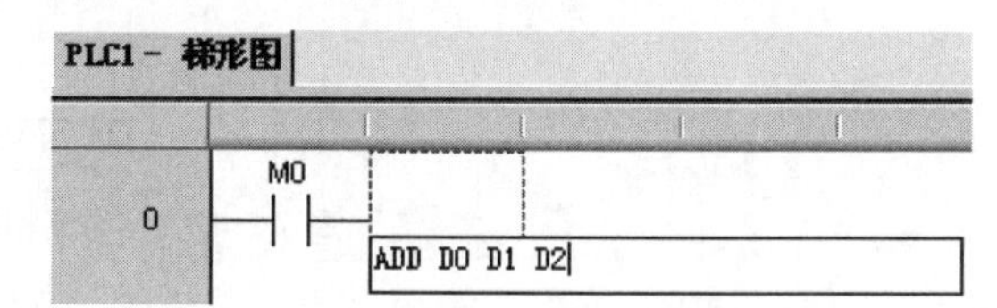

图 7-5-16 在对话框中输入指令和操作数

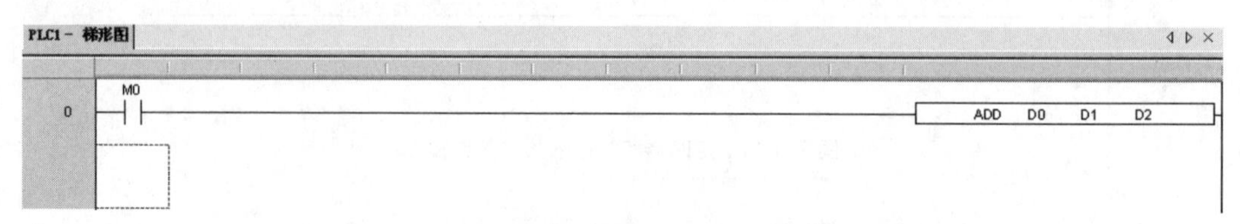

图 7-5-17 输入区域自动换行

注意：指令输入的格式为：指令＋空格＋操作数。如果接点为红色表示该接点有误。注意连线的完整，不能有残缺。

7.5.2.4 特殊指令

下面提到的几种指令，可以通过图标，以对话框的形式引导用户完成指令的相关设置，一目了然，参数设置更清晰。

（1）PID 指令

将光标定位在指令输入点，然后点击指令栏中的图标“PID”，弹出参数设置对话框，设置项目包括地址、常用 PID 参数、模式设定、超调、方向等基本设置，如图 7-5-18 所示。

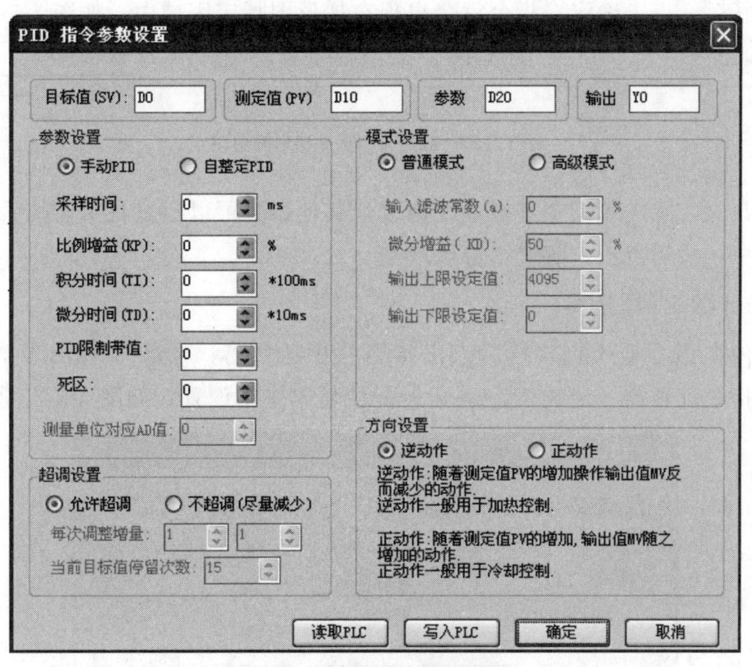

图 7-5-18　PID 指令参数设置

参数设置好后，点击确定，指令就会出现在梯形图窗口中，如图 7-5-19 所示。

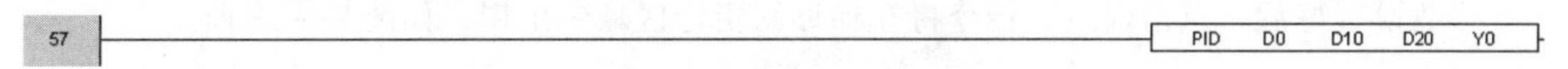

图 7-5-19　PID 指令梯形图窗口

要修改参数时，双击该指令进行地址修改，其他参数可以通过自由监控手动修改，也可以先单击该指令，然后点击“PID”，修改参数。

注意：脉冲、PID、高速计数配置的值是在用户数据下载的时候下载进 PLC 的。

(2) 脉冲输出指令

将光标定位在指令输入点，然后点击指令栏中的图标“”，弹出参数设置对话框，设置项目包括指令种类选择、位数、段数、频率、加减速时间、配置、地址等基本设置，如图 7-5-20 所示。

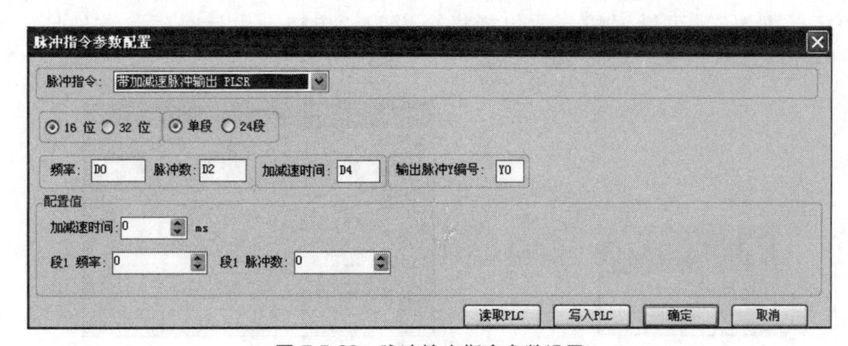

图 7-5-20　脉冲输出指令参数设置

参数设置好后，点击确定，指令就会出现在梯形图指定区域中，如图 7-5-21 所示。

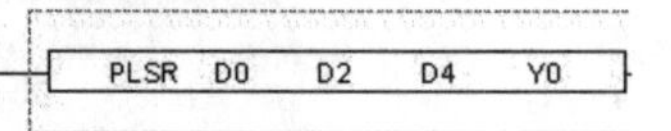

图 7-5-21　脉冲输出指令梯形图窗口

要修改参数时，双击该指令进行地址修改，其他参数可以通过自由监控手动修改，也可以先单击该指令，然后点击“”，修改参数。

（3）高速计数 24 段指令

将光标定位在指令输入点，然后点击指令栏中的图标“HCNT”，弹出参数设置对话框，设置项目包括指令计数器、比较值、24 段的配置值等基本设置，如图 7-5-22 所示。

图 7-5-22　高速计数 24 段指令参数设置

参数设置好后，点击确定，指令将在梯形图指定区域中出现，如图 7-5-23 所示。

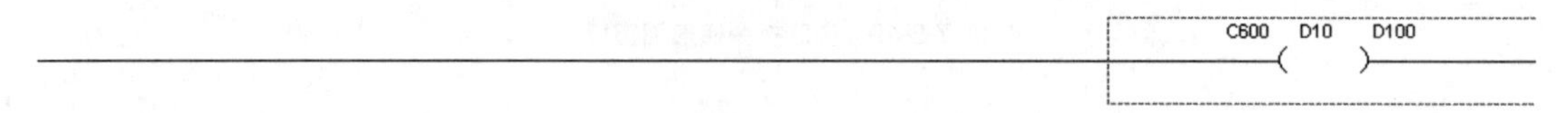

图 7-5-23　梯形图窗口

要修改参数时，双击该指令进行地址修改，其他参数可以通过自由监控手动修改，也可以先单击该指令，然后点击“HCNT”，修改参数。

（4）对 G-BOX 进行短信配置

当 XCPPro 成功连接网络模块 G-BOX 后，可以对其进行短信等配置。

点击指令栏中的图标“T”，弹出下拉菜单，如图 7-5-24 所示。

单击“短信配置”，可设置的参数包括指令说明、串口、电话号码、首地址、短信内容，如图 7-5-25 所示。

图 7-5-24　参数设置及指令调用

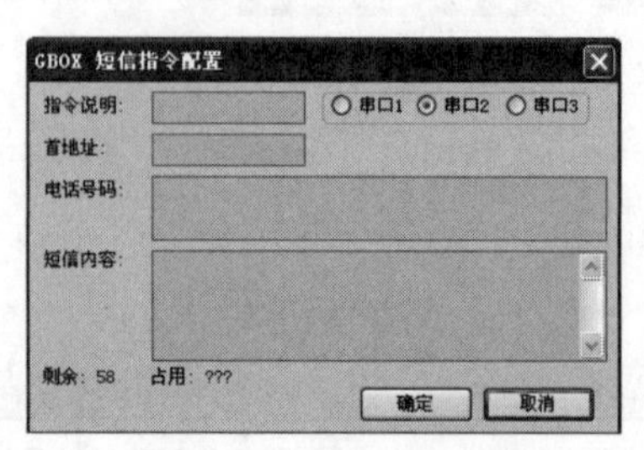

图 7-5-25　短信指令配置

单击“自由格式通讯”，则弹出如图 7-5-26 所示窗口。

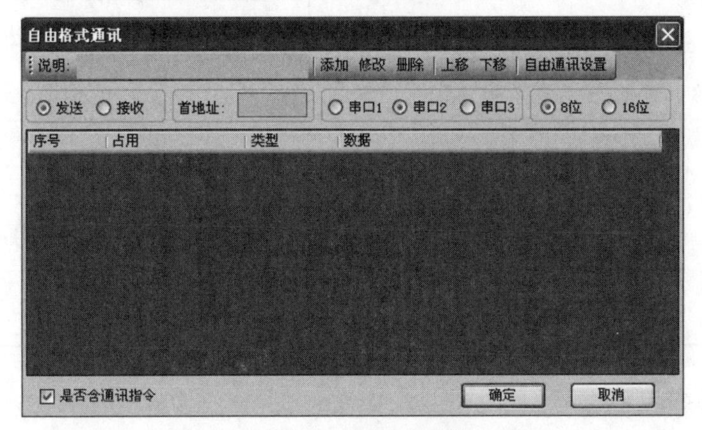

图 7-5-26 自由格式通讯

（5）配置顺序功能块 BLOCK

XCPPro V3.1 版本新增加顺序功能块 BLOCK 功能。BLOCK 是用于顺序执行程序，适用于多个脉冲输出、通讯等场合，BLOCK 内部的程序全部按照条件成立的先后顺序执行。BLOCK 中的指令以面板形式进行配置。

点击指令栏中的图标“S”，进入 BLOCK 配置界面，如图 7-5-27 所示。

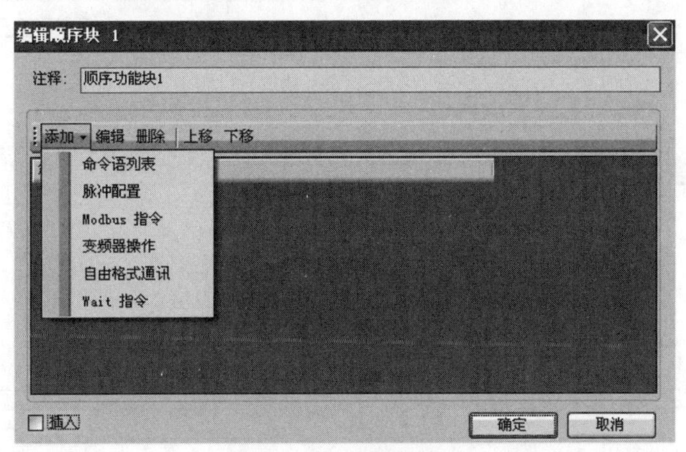

图 7-5-27 编辑顺序块

在配置窗口中，可以添加命令语列表、脉冲配置、Modbus 指令、变频器操作、自由格式通讯、Wait 指令。关于 BLOCK 的更多使用，请参见 PLC 用户手册 BLOCK 相关内容。

7.5.3 梯形图的编辑

7.5.3.1 横线与竖线的操作

横线与竖线的操作快捷键如表 7-5-3 所示。

表 7-5-3　横线与竖线的操作快捷键

图标	功能	快捷键
F11	插入横线	F11
F12	插入竖线	F12
sF11	删除横线	Shift+F11
sF12	删除竖线	Shift+F12

（1）插入横线与竖线

插入横线与竖线操作如图 7-5-28～图 7-5-31 所示。

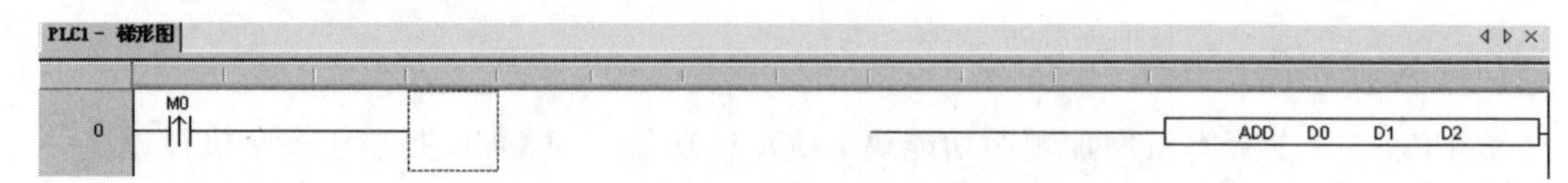

图 7-5-28　将虚线框移到需要输入的地方

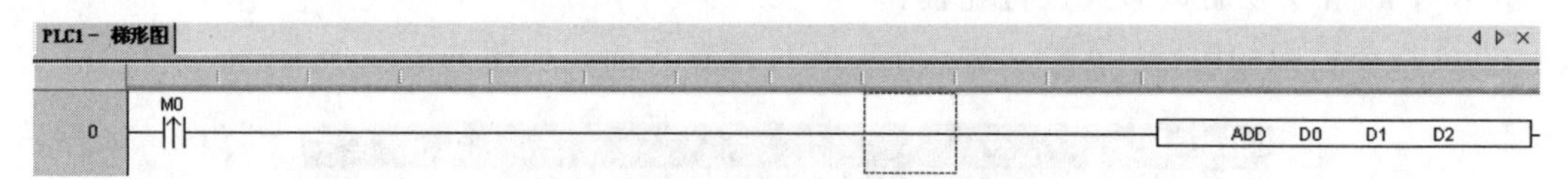

图 7-5-29　点击 F11 键（或按 F11 键）

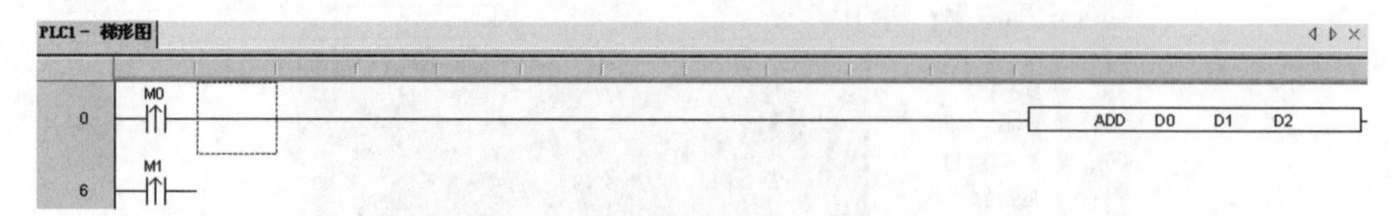

图 7-5-30　将虚线框移到需要输入地方的右上方

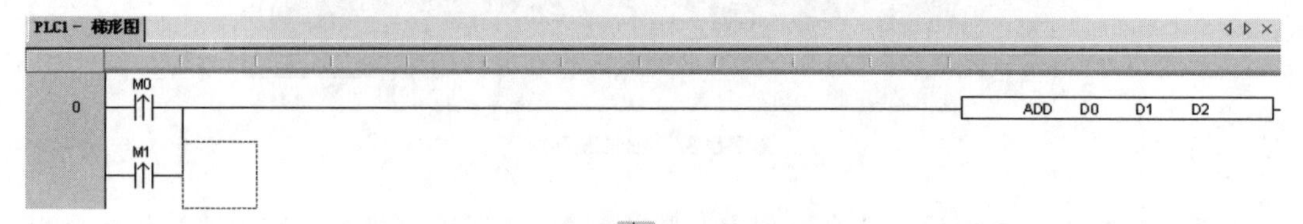

图 7-5-31　点击 F12 键（或按 F12 键）

（2）删除横线和竖线

删除横线：将虚线框移到需要消除的地方，点击 sF11 键（或按 Shift+F11 键）。

删除竖线：将虚线框移到需要消除地方的右上方，点击 sF12 键（或按 Shift+F12 键）。

7.5.3.2　接点与行的操作

接点与行的操作快捷键如表 7-5-4 所示。

表 7-5-4 接点与行的操作快捷键

图标	功能	快捷键
Ins	插入接点	Ins
sIns	插入行	Shift+Ins
Del	删除接点	Del
sDel	删除行	Shift+Del

① 插入接点操作如图 7-5-32、图 7-5-33 所示。

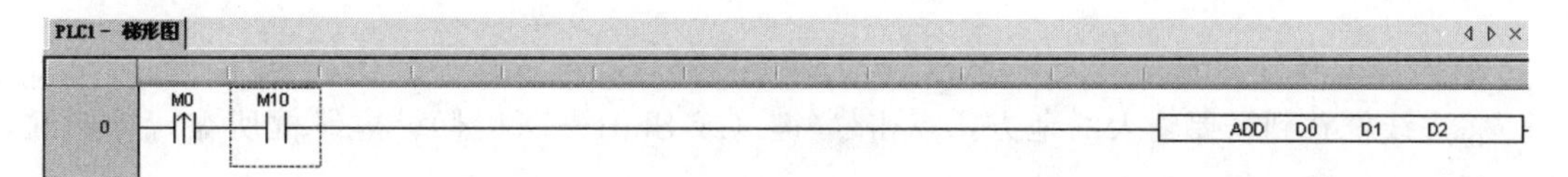

图 7-5-32 将虚线框移到需要输入的地方

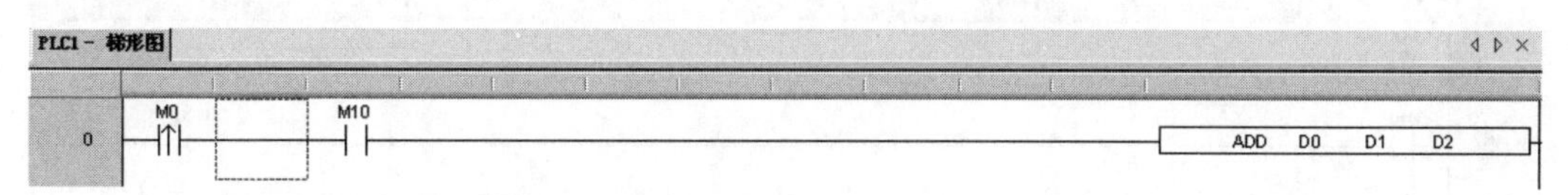

图 7-5-33 点击键（或按 Ins 键），接点往右延伸，虚线框处出现一空白列

② 插入行操作步骤如图 7-5-34、图 7-5-35 所示。

将虚线框移到需要输入的地方，点击键（或按 Ins 键），梯形图往下下移一行，虚线框处出现一空白行。

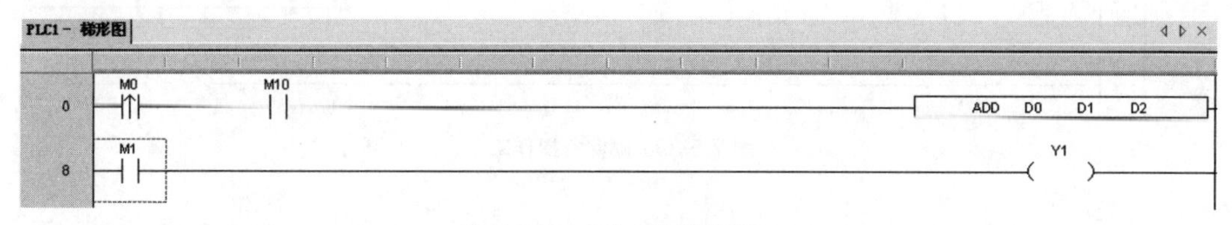

图 7-5-34 插入行操作步骤一

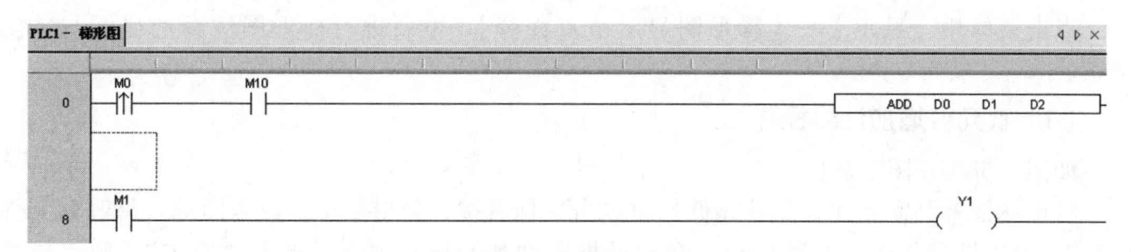

图 7-5-35 插入行操作步骤二

③ 删除接点操作步骤如图 7-5-36、图 7-5-37 所示。

将虚线框移到需要输入的地方，点击键（或按Del键），虚线框右移一列，出现一空白列。

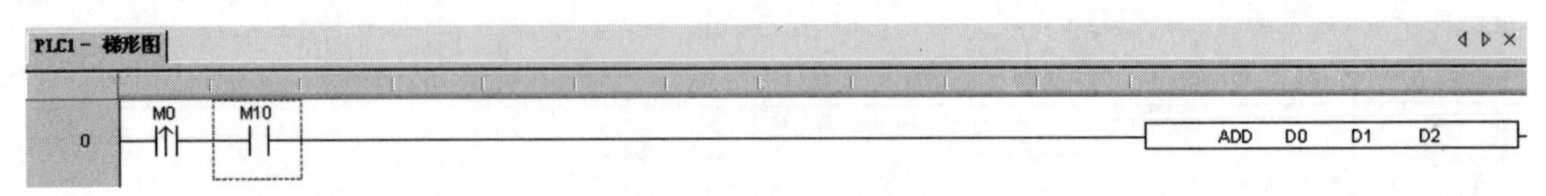

图 7-5-36 删除接点操作一

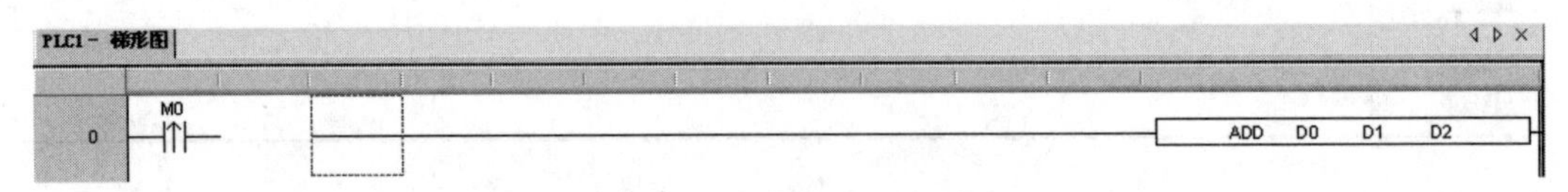

图 7-5-37 删除接点操作二

④ 删除行操作步骤如图 7-5-38、图 7-5-39 所示。

将虚线框移到需要输入的地方，点击键（或Shift＋Del键），虚线框所在行被删除，下一行自动上移一行。

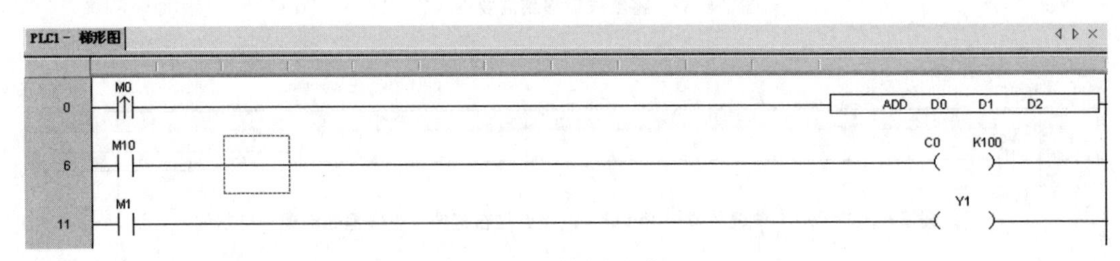

图 7-5-38 删除行操作一

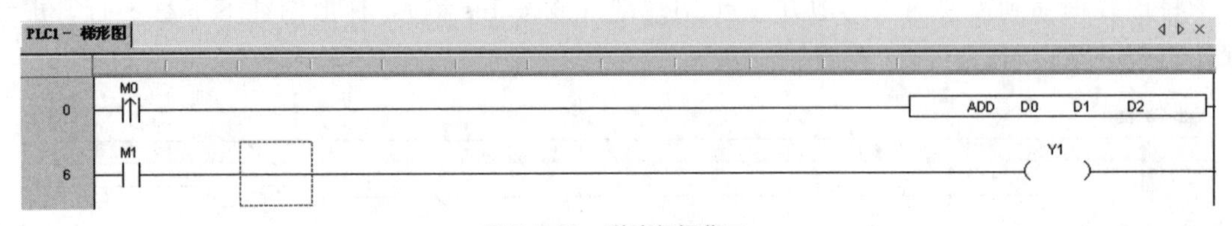

图 7-5-39 删除行操作二

7.5.3.3 注释的编辑

点击菜单栏［显示］—［梯形图显示节点注释］，可以进行梯形图注释的显示与关闭操作。

（1）软元件增加注释操作

如图 7-5-40～图 7-5-44。

将虚线框移到需要注释的软元件处，点击鼠标右键，弹出菜单，点击图标“修改软元件注释”，弹出该元件的注释对话框，在对话框中增加和修改文字，点击“确定”，则完成注释，在显示梯形图注释的条件下，所有元件的注释信息将显示在该元件的下方，在梯形图不显示注释的模式下，将鼠标移到软元件的上，会浮现一个信息框显示该软元件的注释信息。

点击左侧工程栏中的［软元件注释］或者单击菜单栏［显示］—［软元件显示列表］，

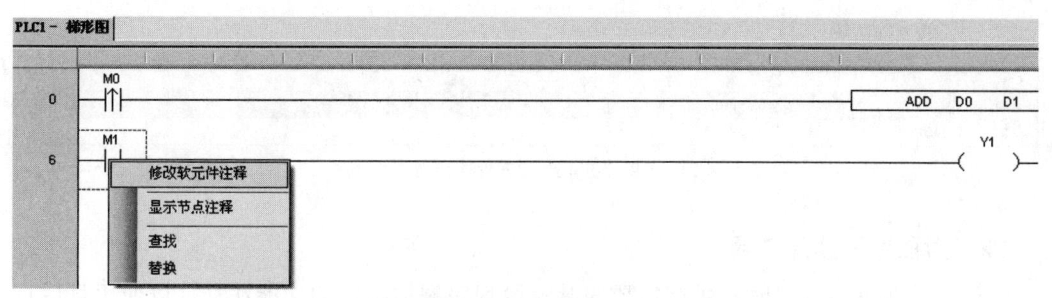

图 7-5-40 增加注释操作一

图 7-5-41 增加注释操作二

图 7-5-42 增加注释操作三

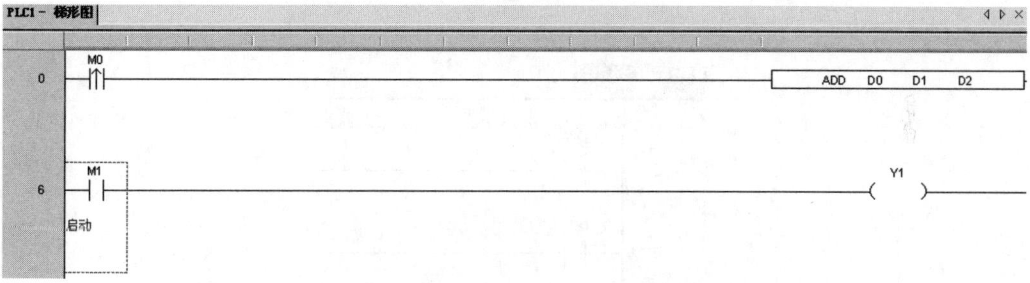

图 7-5-43 增加注释操作四

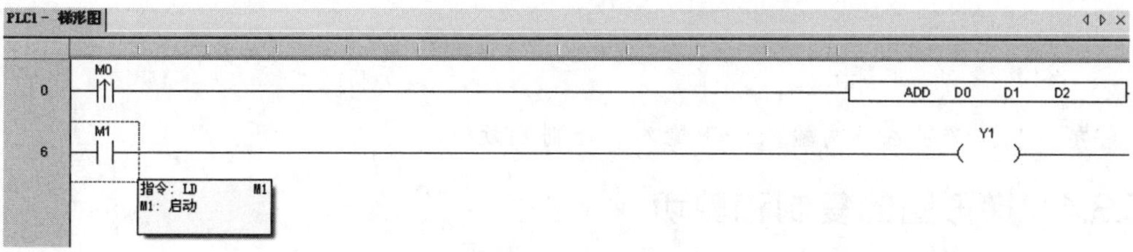

图 7-5-44 增加注释操作五

弹出 PLC1-软元件注释表，在软元件注释表中可以查看、修改、增加 PLC 所有软元件的注释。显示模式可分类显示，也可全部显示。如图 7-5-45 所示。

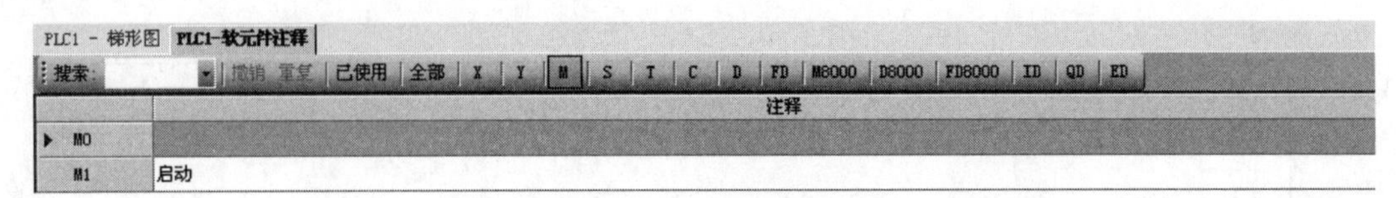

图 7-5-45 软元件注释表

（2）为程序段添加注释

编程人员在书写程序时，可能需要为某一段程序添加特定的功能注释，以便于日后理解程序段的作用，更便于修改。

为程序段添加注释时，在需要添加的地方双击鼠标左键，此时将弹出输入框，如图 7-5-46～图 7-5-48 所示。

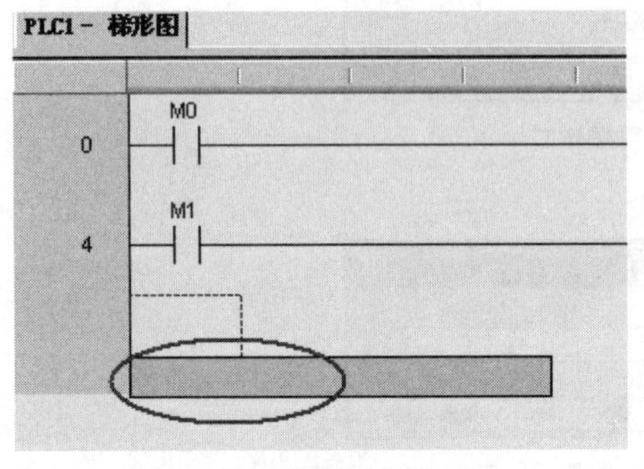

图 7-5-46 在需要添加的地方双击鼠标左键

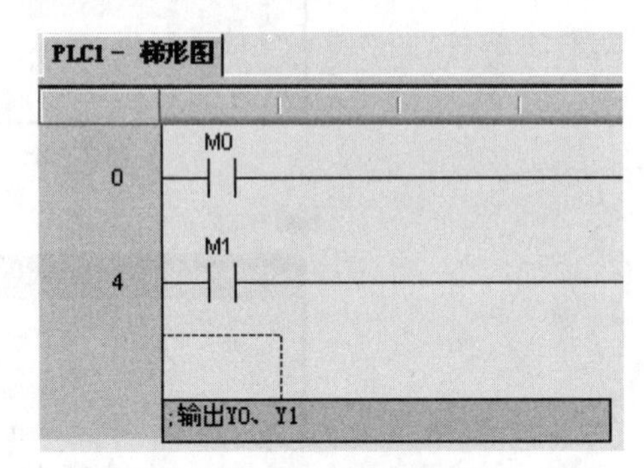

图 7-5-47 直接在输入框中输入“;”，其后再输入注释的内容

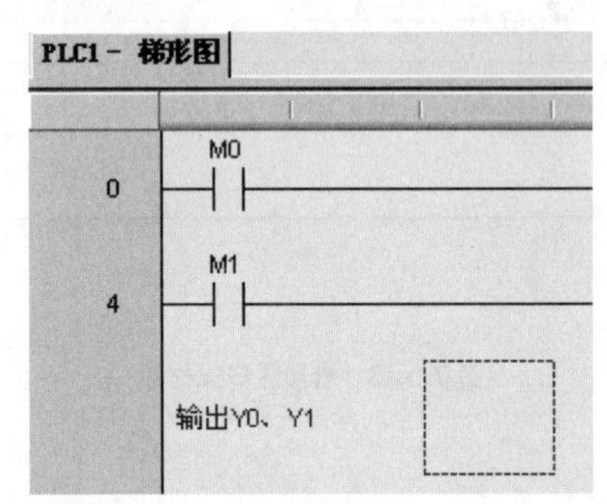

图 7-5-48 输入完毕后，在空白处单击，该条注释输入完毕，将呈现绿色字体

注意：“;”必须在英文输入法下输入，否则无效。

7.5.3.4 梯形图的复制和剪切

① 复制：虚线框移到需要输入的地方，按住鼠标坐标，拖动鼠标，被选中的区域会显示反色，点击键（或按 Ctrl＋C 键），如图 7-5-49 所示。

② 粘贴：将虚线框移到需要粘贴的位置，点击键（或按 Ctrl＋V 键），如图 7-5-50 所示。

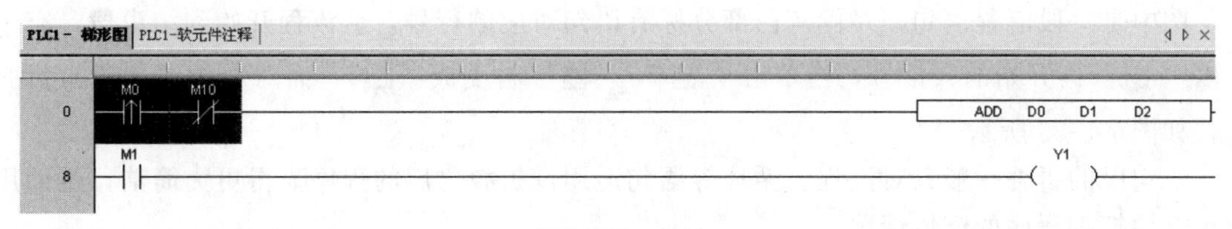

图 7-5-49　复制

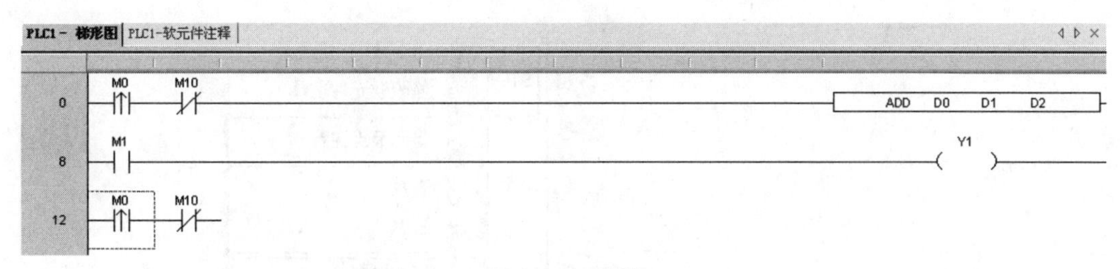

图 7-5-50　粘贴

③ 剪切：拖动鼠标选中需要剪切的区域，按键（或按 Ctrl+X 键），然后将虚线框移到需要粘贴的位置，点击键（或按 Ctrl+V 键），如图 7-5-51 所示。

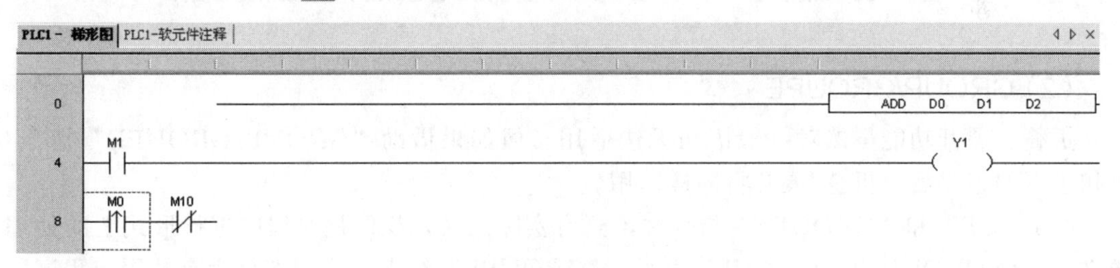

图 7-5-51　剪切

注意：可按住 Ctrl 键对节点多选来剪切或粘贴。

7.5.3.5　梯形图指令的管理

（1）语句的折叠和展开

当用户程序过长时，有效的指令管理能够帮助用户更好地理清思路，从而顺利地完成程序的编写，如图 7-5-52 所示。

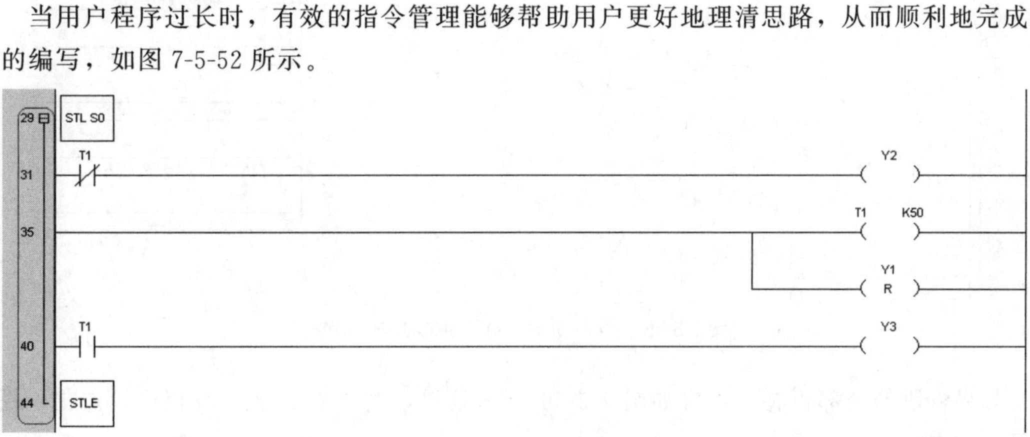

图 7-5-52　程序展开

图中是一段流程语句，左侧灰白部分标有语句对应的行号，从流程开始到结束段，有一个以“⊟”为开始的大括号，当单击“⊟”，“⊟”将变成“⊞”，而对应的语句段被折叠了，如图 7-5-53 所示。

语句段的折叠一般只对流程、循环等语句适用，折叠之后的程序显得更为简洁，帮助用户更好地把握程序的整体情况。

折叠和展开还可以通过鼠标右键的菜单来实现，如图 7-5-54 所示。

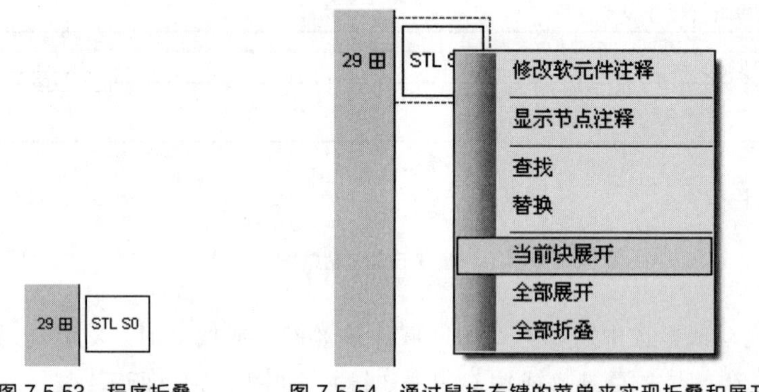

图 7-5-53　程序折叠　　图 7-5-54　通过鼠标右键的菜单来实现折叠和展开

（2）GROUP/GROUPE

折叠、展开功能虽然对一般语句无法适用，但如果借助“GROUP/GROUPE”指令对语句进行编组之后，折叠/展开将同样适用。

“GROUP”和“GROUPE”指令并不具有实际意义，仅仅是对程序进行形式上的处理。通常，一个 GROUP 以“GROUP”开始、“GROUPE”结束，中间部分为有效用户程序段，编组的依据可以是语段功能的不同或其他。下面是一个编组的例子，指令直接输入即可，如图 7-5-55 所示。

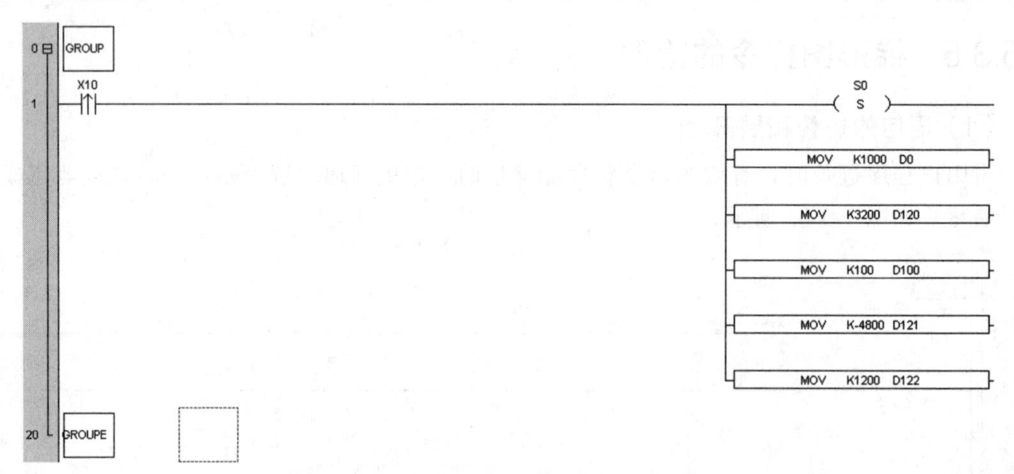

图 7-5-55　“GROUP”和“GROUPE”指令

如果将语句全部折叠，将有如图 7-5-56 所示效果，需要查看某一段程序，点击“⊞”即可，如图 7-5-56 所示。

同时，为便于管理，用户还可以在左侧的工程栏中进行查看，如图7-5-57所示，所有的可折叠项均记录在［梯形图编程］下，双击即可展开。

在这种折叠指令的前一行或后一行有梯级注释的话，会直接显示该梯级注释，如图7-5-57所示。

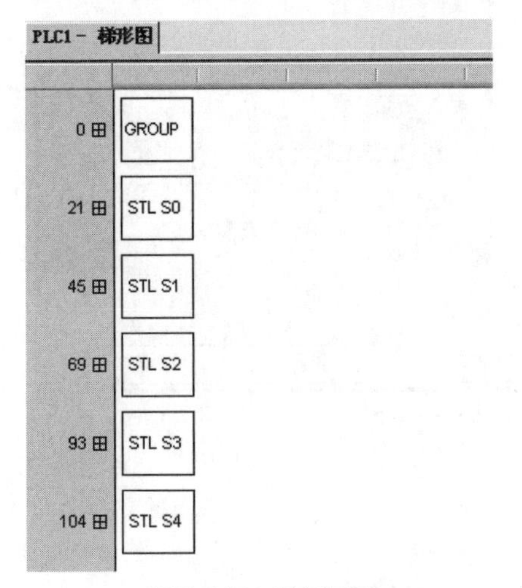

图7-5-56　语句折叠

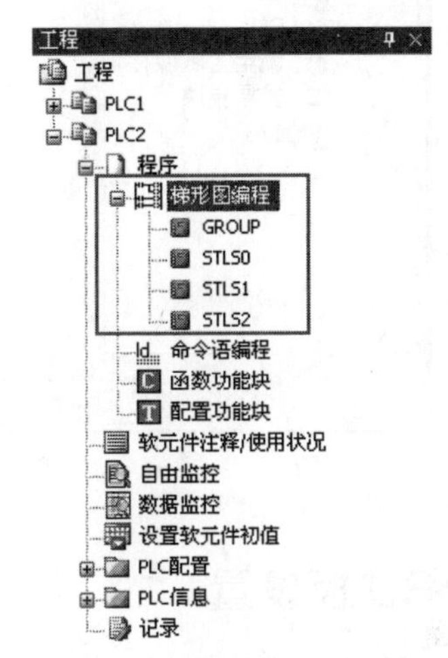

图7-5-57　在左侧的工程栏中进行查看

7.5.4 相关配置

7.5.4.1 PLC串口设置

① 点击工程栏［PLC配置］—［串口］，弹出串口设置对话框，如图7-5-58、图7-5-59所示；

② 鼠标点击“串口1”“串口2”“串口3”可以对不同的串口进行设置；

③ 通讯模式有“Modbus”和“自由格式”两种模式可选；

④ 点击“读取PLC”获取PLC的默认通讯参数；

⑤ 点击“写入PLC”将当前设置的参数写入到PLC中，PLC重新上电。

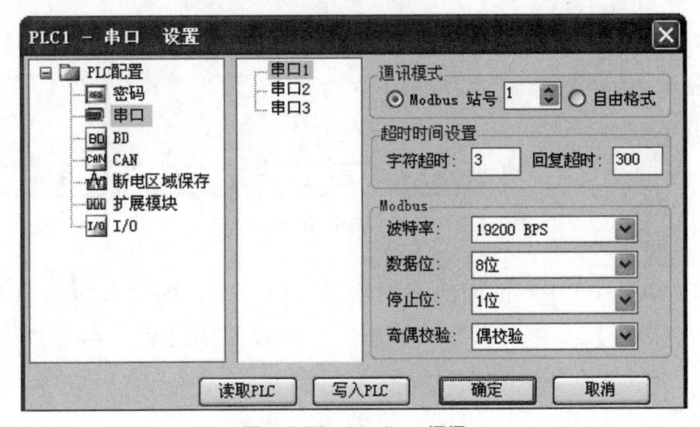

图7-5-58　Modbus通讯

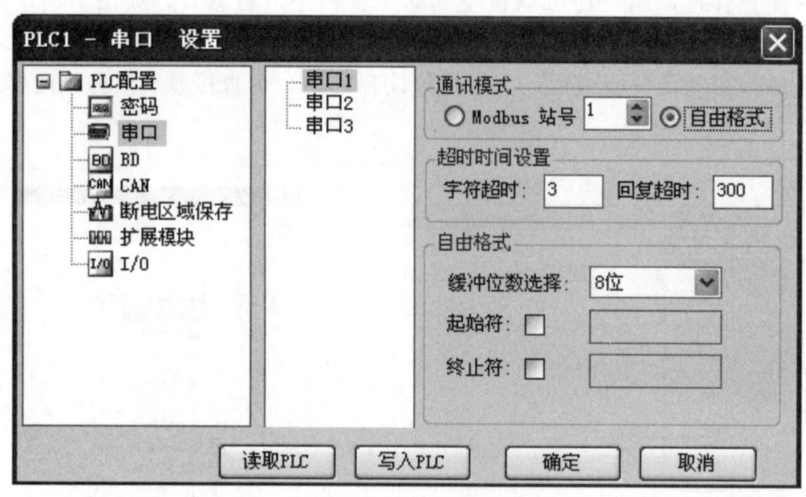

图 7-5-59 自由格式通讯

7.5.4.2 BD 板设置

点击工程栏［PLC 配置］—［BD］，弹出 BD 板设置对话框。

① 在［BD 配置］一栏选“不配置”“BD 串口”“其他 BD 板”；

② 点击“读取 PLC”获取 BD 板的默认配置参数；

③ BD 板的参数修改完毕之后，点击“写入 PLC”将设定值写入 PLC 中。

【例】 以“2AD2PT-P”型号的 BD 配置为例，首先在［BD 板配置］一栏选择“其他 BD”，然后在下面的对话框中选择相应的 BD 板型号，如图 7-5-60 所示。

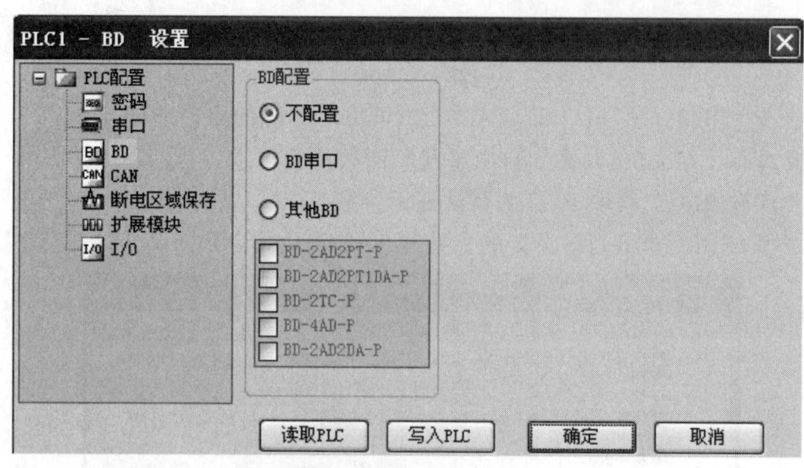

图 7-5-60 选择 BD 型号

鼠标点击“BD-2AD2PT-P”前面的小方框，打钩选中，则在右边出现“BD-2AD2PT-P 配置”的对话框，点击下拉菜单可以修改其配置，修改完毕之后，点击“写入 PLC”，如图 7-5-61 所示。

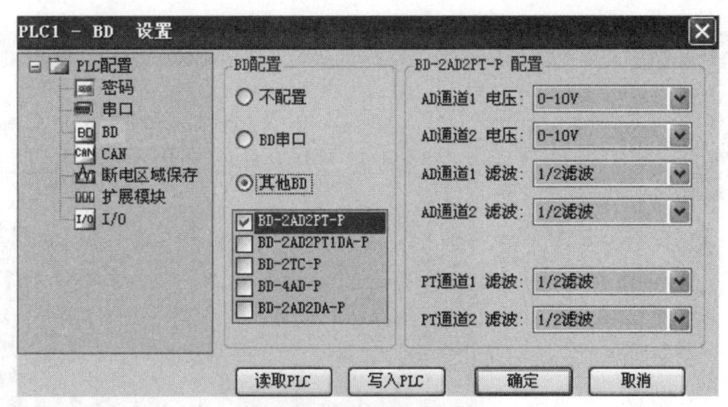

图 7-5-61　修改 BD 配置

7.5.4.3　Can-bus 通讯的配置

点击工程栏［PLC 配置］—［CAN］，弹出 CAN 设置对话框。设置步骤如图 7-5-62～图 7-5-65 所示。

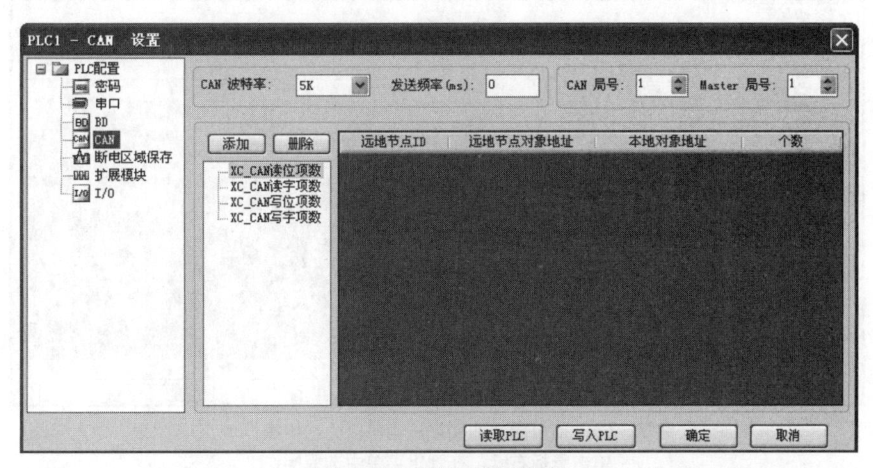

图 7-5-62　CAN 设置对话框

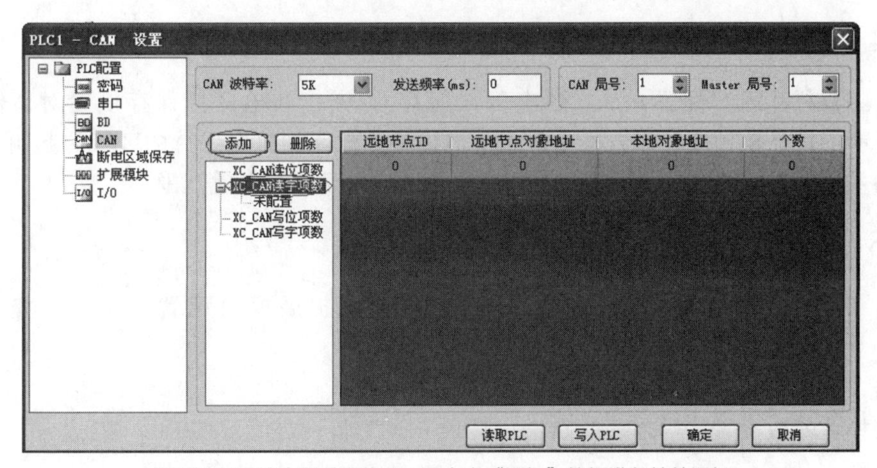

图 7-5-63　选中要配置的项，再点击“添加”按钮进行地址添加

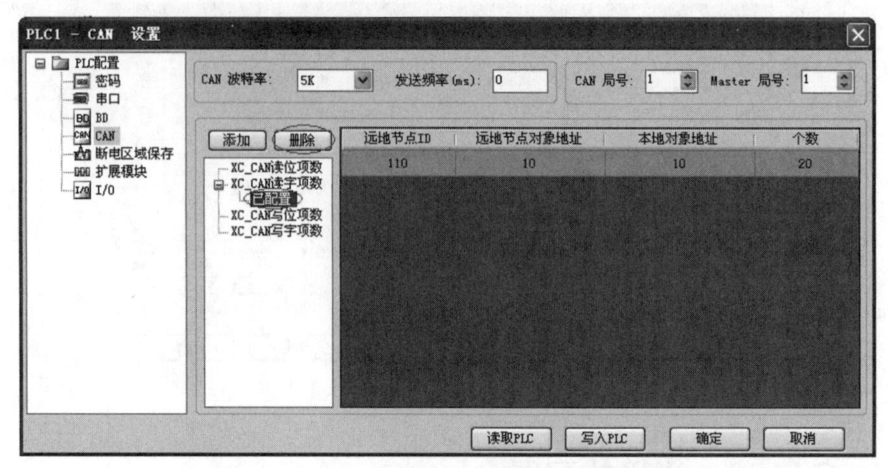

图 7-5-64 选中“已配置”，鼠标点击“删除”按钮

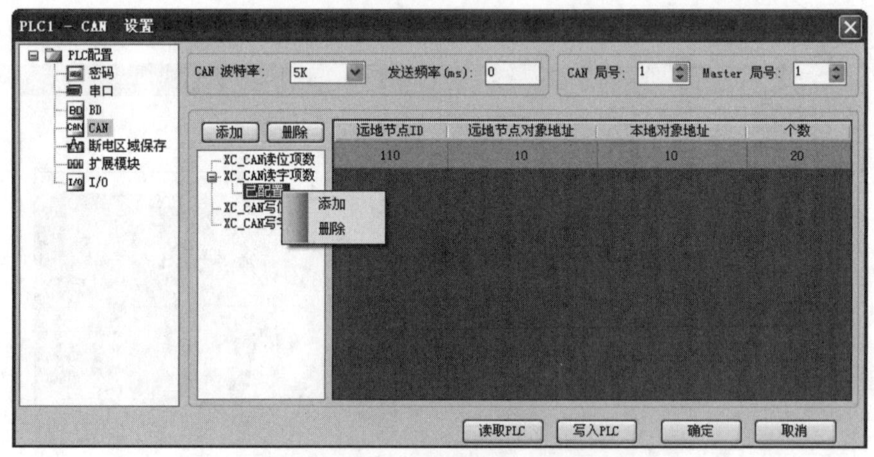

图 7-5-65 项目的添加和删除也可以先选中操作项，
单击鼠标右键，在弹出菜单中选择操作

7.5.4.4 断电区域保存的设置

点击工程栏［PLC配置］—［断电区域保存］，弹出断电区域保存设置对话框，如图7-5-66所示。每个软元件右侧方框中显示的数值是该软元件停电保持的区域的起始地址，在对话框的左下侧有一个“输入值范围”，显示的是该软元件的有效范围。

7.5.4.5 扩展模块的设置

点击工程栏［PLC配置］—［扩展模块］，弹出扩展模块设置对话框，如图7-5-67所示。

点击“读取PLC”获取扩展模块的默认配置参数。

扩展模块参数设置完毕之后，点击“写入PLC”将设定值写入PLC中。

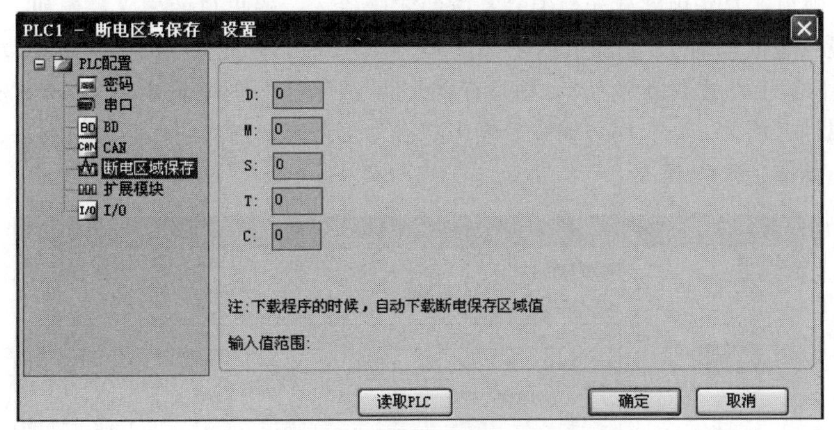

图 7-5-66 断电区域保存的设置

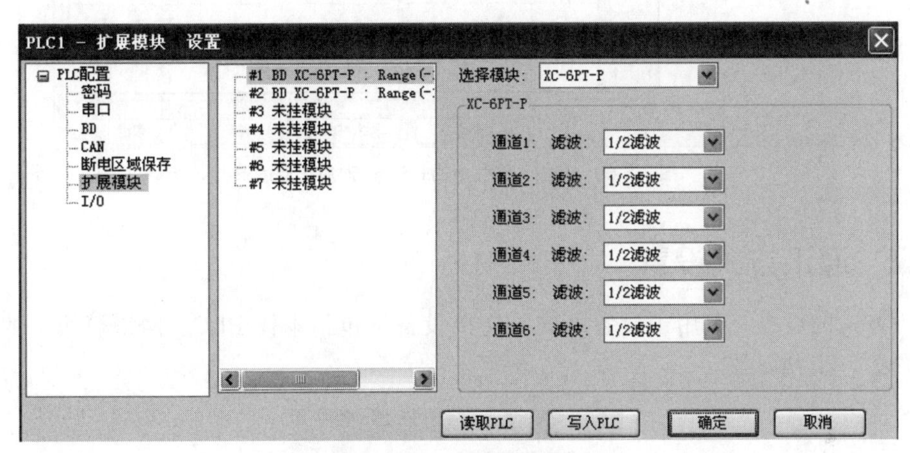

图 7-5-67 扩展模块设置

7.5.4.6 I/O对应表的设置

点击工程栏［PLC配置］—［I/O设置］，弹出I/O设置对话框，如图7-5-68所示。

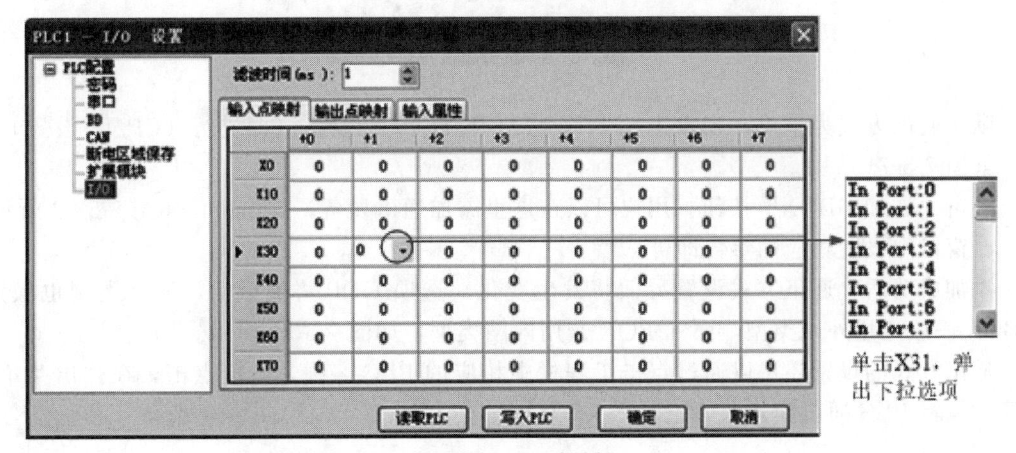

图 7-5-68 I/O点映射

I/O 点映射：是指内部软元件编号对应的实际输入、输出口的定义；例如，在 X0、X1 的位置上设置数值都为 0，则输入端子 X0 输入置 ON 时，软元件 X0、X1 都置 ON；如果是 Y0、Y1 的位置上设置数值都为 0，则只有软元件 Y1 置 ON 时，输出端子 Y0 才有输出。

输入属性：当为“＋”时，输入、输出状态为正逻辑；当为“－”时，输入、输出状态为反逻辑，如图 7-5-69 所示。

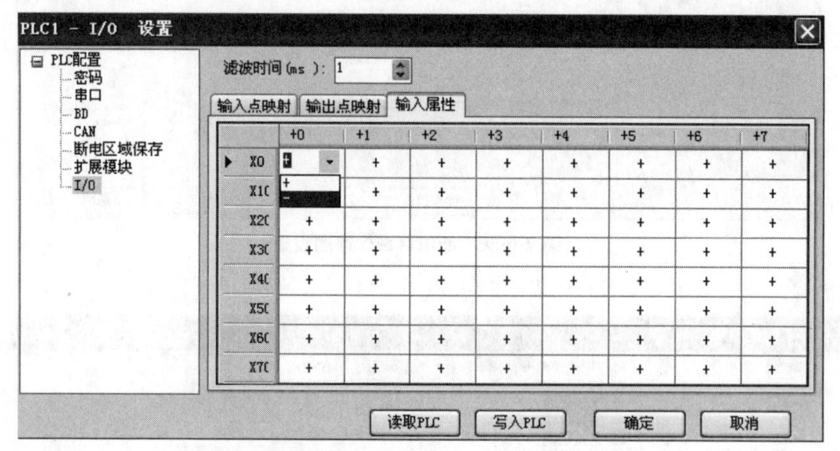

图 7-5-69　在输入属性中的+ 、 - 对应正反逻辑

7.5.4.7　通讯方式设置

通讯方式的设置一般用于设置电脑与连接设备（包括本体 PLC、网络模块）的通讯方式，如图 7-5-70 所示。

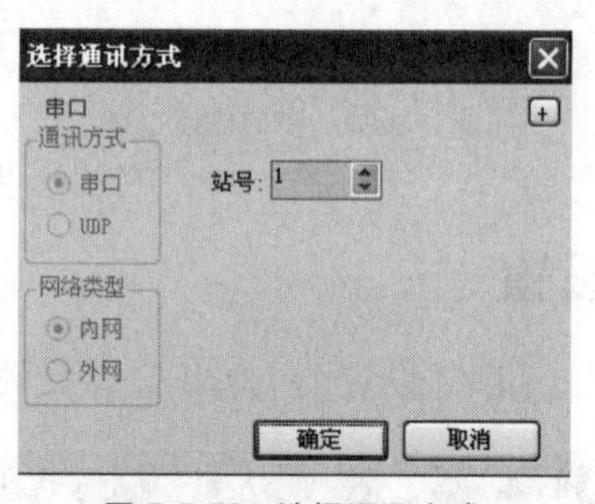

图 7-5-70　选择通讯方式

默认通讯方式为串口，当点击“＋”，将打开 TCP/IP 设备（即进行 TCP/IP 设置）窗口，如图 7-5-71 所示。

点击“添加 GBOX”按钮，用户可以在这里添加通讯设备，弹出窗口如图 7-5-72 所示。

在窗口中设置相应的参数即可。

添加成功后，通讯方式设置界面将发生变化，选项 UDP 将被激活，网络类型也激活，G-BOX 一般选用外网类型，而 T-BOX 选用内网类型，如图 7-5-73 所示。

通讯方式的设置还可以通过点击工程栏中相应的 PLC 名称，右键点击，在弹出菜单中选择“编辑 PLC 通讯模式”，如图 7-5-74 所示。

图 7-5-71 TCP/IP 设备窗口

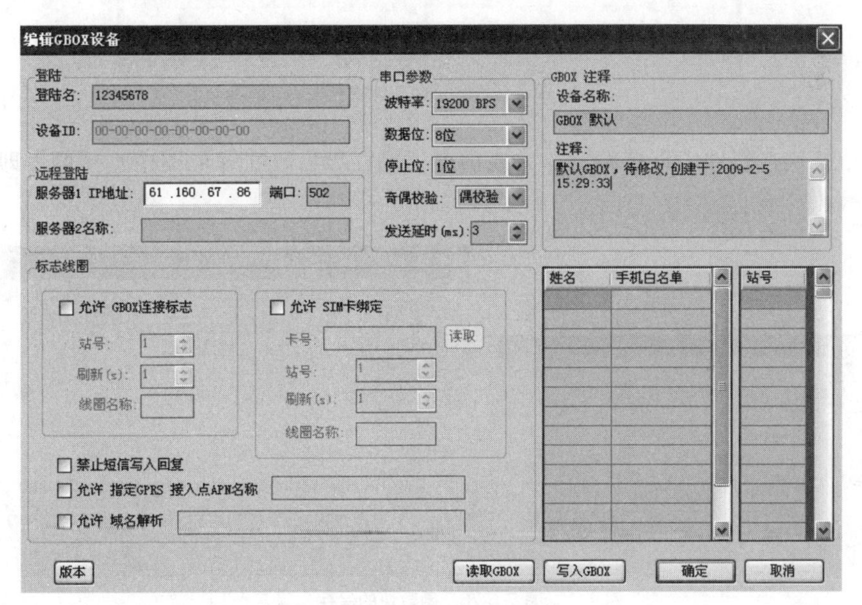

图 7-5-72 添加 GBOX 设备

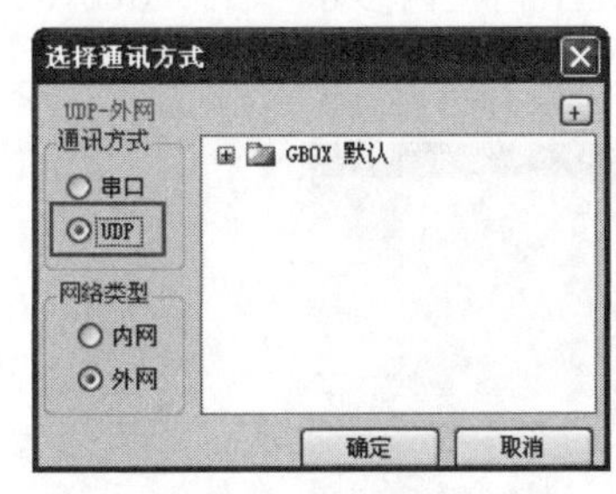

图 7-5-73 设置通讯方式

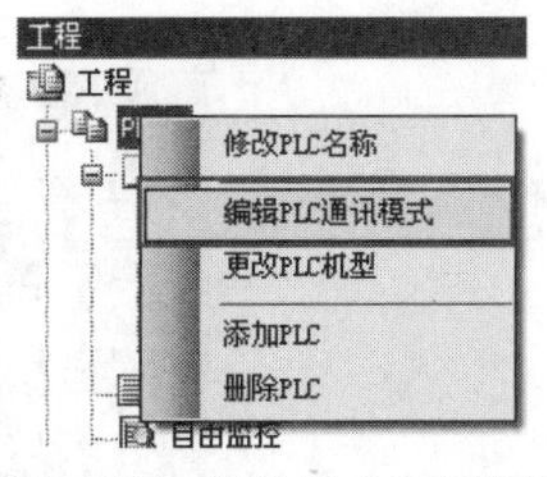

图 7-5-74 编辑 PLC 通讯模式

7.5.4.8 TCP/IP 设置

设置窗口同“TCP/IP 设备”，TCP/IP 设备配置好后，方可激活 UDP 通讯方式。

7.5.4.9 函数功能块列表

该窗口用来显示使用的 C 语言功能块及其相关信息，如图 7-5-75 所示。

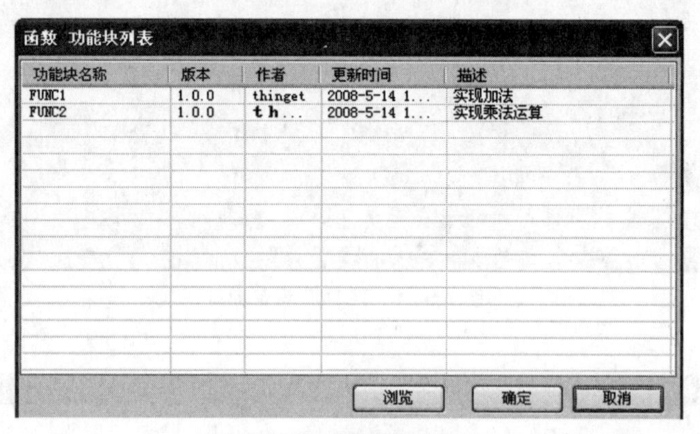

图 7-5-75 函数功能块列表

函数功能块在软件中直接编写，完成后可以保存导出，在梯形图中直接调用即可，如图 7-5-76 所示。

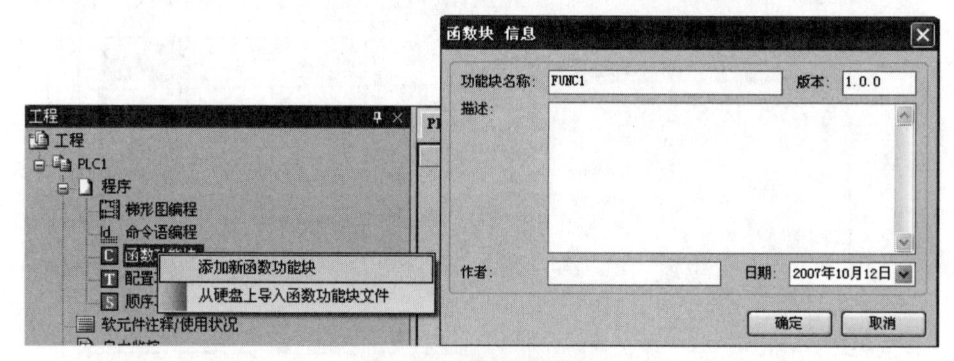

图 7-5-76 函数块的保存

确定输入函数功能块的基本信息后，将发现在工程栏内多了一个“FUNC1”，如图 7-5-77 所示。

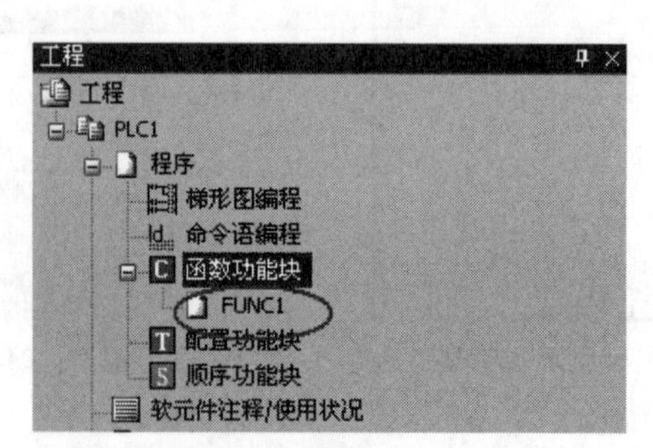

图 7-5-77 生成 FUNC1

单击“FUNC1”，在主窗口中出现如图 7-5-78 所示界面，用户在此编辑程序即可，如退出工程后仍需使用，可将其导出保存，如图 7-5-78 所示。

PLC1 - 命令语 | PLC1-软元件注释 | 功能块 -FUNC1

信息 导出 编译

```
1  /*********************************************
2      FunctionBlockName:  FUNC1
3      Version:            1.0.0
4      Author:
5      UpdateTime:         2007-10-12 9:19:20
6      Comment:
7            ff
8  *********************************************
9  void FUNC1( WORD W , BIT B )
10 {
11
12 }
13
```

图 7-5-78　FUNC1 编辑、导出保存

7.5.4.10　梯形图颜色设置

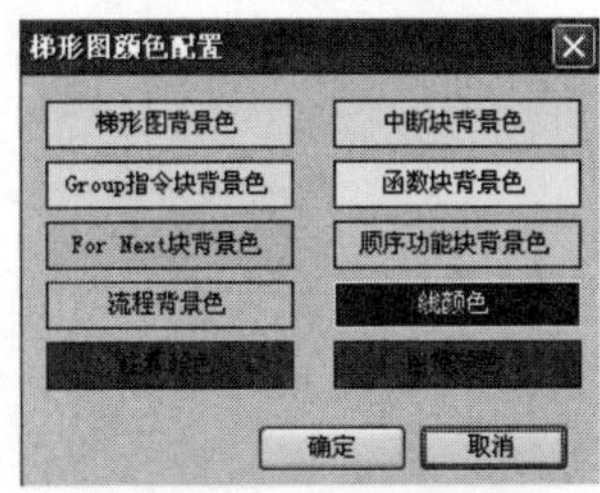

图 7-5-79　梯形图颜色设置

为了使用户获得最佳的视觉效果，用户可以自行对梯形图窗口中的各类元素进行颜色的调整。单击［选项］—［梯形图颜色设置］，弹出设置窗口，如图 7-5-79 所示。

在设置窗口中，用户可以对梯形图、中断块、Group 指令块、函数块、For Next 块、顺序功能块、流程这些元素进行背景色的设置，同时还可设置线颜色、注释颜色、监控颜色等。

7.5.5　软元件监控

7.5.5.1　软元件的注释

点击工程栏中的［软元件注释］，弹出软元件注释窗口，如图 7-5-80 所示。可以查看全部或个别软元件的注释，鼠标双击注释栏可以对注释进行编辑。

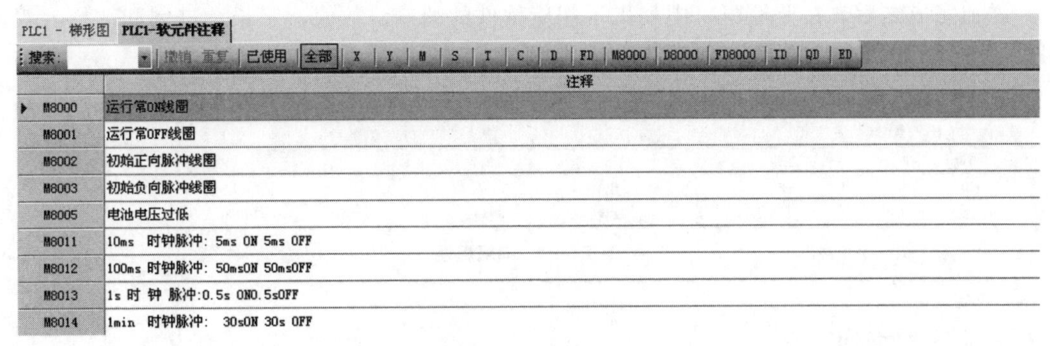

	注释
M8000	运行常ON线圈
M8001	运行常OFF线圈
M8002	初始正向脉冲线圈
M8003	初始负向脉冲线圈
M8005	电池电压过低
M8011	10ms 时钟脉冲：5ms ON 5ms OFF
M8012	100ms 时钟脉冲：50msON 50msOFF
M8013	1s 时 钟 脉冲:0.5s ON0.5sOFF
M8014	1min 时钟脉冲： 30sON 30s OFF

图 7-5-80　软元件注释

点击窗口中的“已使用”，弹出已使用软元件窗口，分别列出了已使用软元件的编号，如图 7-5-81 所示。

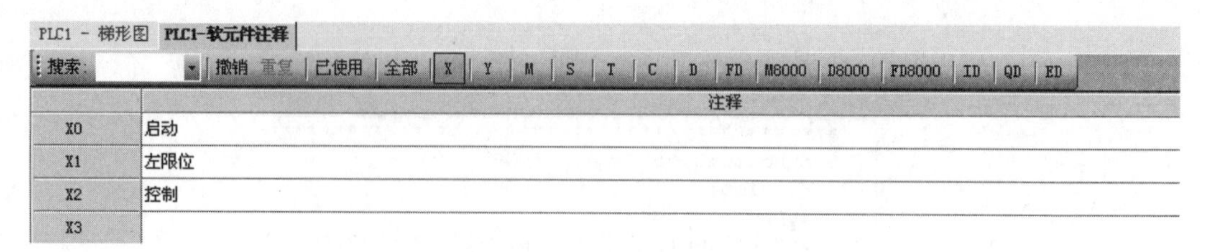
PLC1 - 梯形图 PLC1-软元件注释
搜索： 撤销 重复 已使用 全部 X Y M S T C D FD M8000 D8000 FD8000 ID QD ED

	注释
X0	启动
X1	左限位
X2	控制
X3	

图 7-5-81 已使用软元件窗口

7.5.5.2 自由监控

点击工程栏中的［自由监控］，弹出自由监控窗口，如图 7-5-82 所示。

PLC1-自由监控
监控 添加 修改 删除 上移 下移

寄存器	监控值	字长	进制	注释

图 7-5-82 自由监控

点击“添加”，弹出“监控节点输入”窗口，如图 7-5-83 所示。在“监控节点”栏输入要监控的软元件首地址，在“批量监控个数”栏设置要连续监控的软元件的个数，在“监控模式”栏选择监控软元件的方式，在“显示模式”栏选择软元件的显示模式。

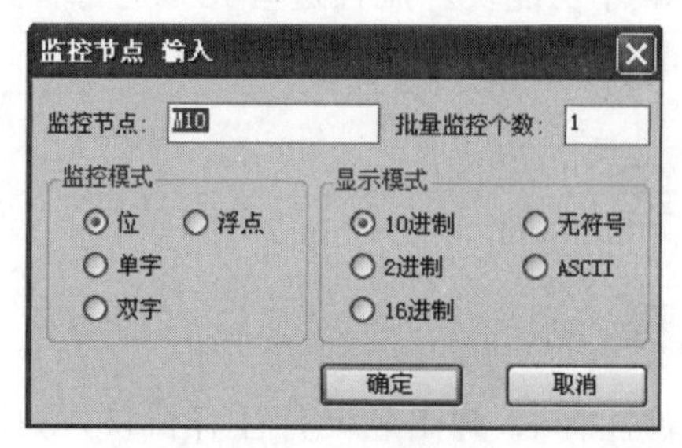

图 7-5-83 监控节点输入

添加完成之后，在监控窗口中列出了相应软件的编号、数值、字长、进制和注释，双击相应的位置可以编辑其属性，如图 7-5-84 所示。

PLC1-自由监控
监控 添加 修改 删除 上移 下移

寄存器	监控值	字长	进制	注释
M10	OFF	位	-	
FD8220	1	单字	10进制	

图 7-5-84 编辑属性

7.5.5.3 数据监控

点击工程栏中的［数据监控］，弹出数据监控窗口，如图 7-5-85 所示。数据监控以列表的形式监视线圈状态、数据寄存器的值，还能直接修改寄存器数值或线圈状态。

PLC1-数据监控

监控 | 搜索: X0 | X | Y | M | S | T | C | D | FD | M8000 | D8000 | FD8000 | ID | QD | ED

	+0	+1	+2	+3	+4	+5	+6	+7
X0	OFF	OFF	OFF	OFF	OFF	OFF	OFF	OFF
X10	OFF	OFF	OFF	OFF	OFF	OFF	OFF	OFF
X20	OFF	OFF	OFF	OFF	OFF	OFF	OFF	OFF
X30	OFF	OFF	OFF	OFF	OFF	OFF	OFF	OFF
X40	OFF	OFF	OFF	OFF	OFF	OFF	OFF	OFF
X50	OFF	OFF	OFF	OFF	OFF	OFF	OFF	OFF

图 7-5-85　数据监控

鼠标双击线圈，则状态取反；双击寄存器，则激活数值修改，按回车键确认输入。在搜索栏输入相应的软元件编号，按回车键后，监控表会自动跳到相应的位置。线圈状态为 OFF 时，为蓝底黑字；状态为 ON 时，为绿底白字，如图 7-5-86 所示。

PLC1-数据监控

监控 | 搜索: Y0 | X | Y | M | S | T | C | D | FD | M8000 | D8000 | FD8000 | ID | QD | ED

	+0	+1	+2	+3	+4	+5	+6	+7
Y0	OFF	ON	OFF	OFF	OFF	OFF	OFF	OFF
Y10	OFF	OFF	OFF	OFF	OFF	OFF	OFF	OFF
Y20	OFF	OFF	OFF	OFF	OFF	OFF	OFF	OFF
Y30	OFF	OFF	OFF	OFF	OFF	OFF	OFF	OFF

图 7-5-86　内容修改

7.5.5.4　梯形图监控

当 PLC 成功连接，并处于运行状态时，用户可以通过对梯形图的监控，掌握程序运行的状态，并且对于程序的调试，尤其有益。

点击工具栏中的图标“”，打开梯形图监控，程序中软元件的状态全部都显示了出来，绿底白字的线圈为 ON 状态，定时器、寄存器里的实时数据也显示在梯形图上，如图 7-5-87 所示。

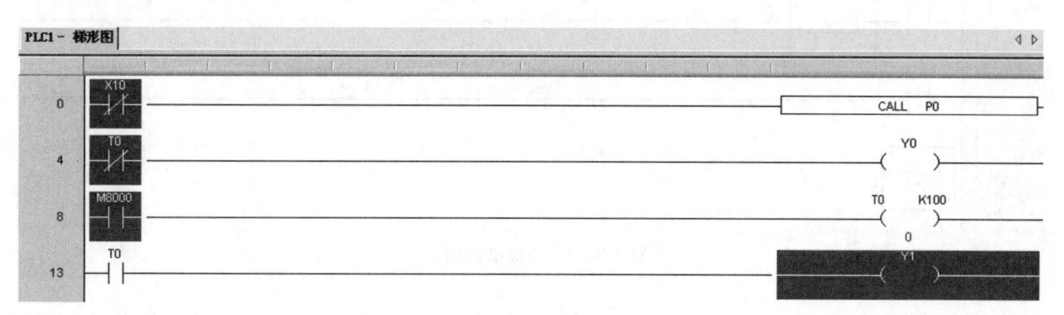

图 7-5-87　监控元件

为了便于调试，用户可以右键单击软元件，改变其当前状态，查看修改后的运行效果，如图 7-5-88 所示。

7.5.5.5　信息栏

信息栏包括“错误信息”和“输出”。

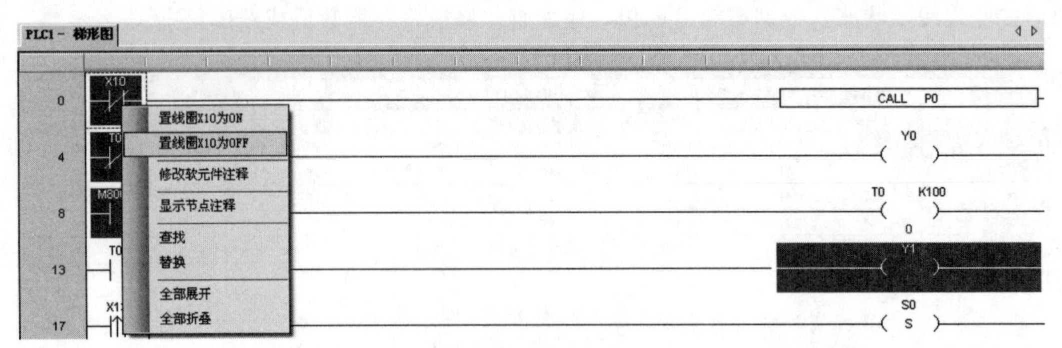

图 7-5-88 查看运行效果

错误信息：用于显示语法和运行错误，一般说来，在用户编辑梯形图的时候，如果语句有误，按回车键后，将自动以红色标示，并在错误信息栏中显示错误，如图 7-5-89 所示。

错误列表 | 输出

	说明	项目文件	行	列
1	未定义错误	PLC1 - 梯形图	6	0
2	操作数个数错误	PLC1 - 梯形图	16	1

图 7-5-89 错误信息

如果仅是语句方面的检查，可以点击菜单栏中的［PLC 操作］－［语法检查］。

双击错误信息，则光标将自动定位到错误点位置，便于用户查找并修正，如图 7-5-90 所示。

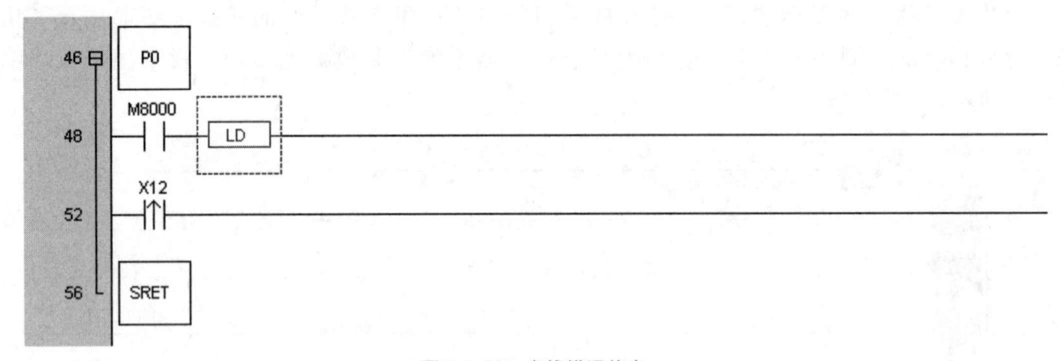

图 7-5-90 查找错误信息

输出：通常只有 PLC 运行有异时，相关信息才会写入输出栏，提示用户操作有误，如图 7-5-91 所示。

信息、数据监控和自由监控的显示切换可以通过窗口下方的按钮进行，如图 7-5-92 所示。

7.5.5.6 状态栏

状态栏中不仅显示了当前激活的 PLC 的相关信息，用户更可以通过双击状态显示信息，来快速打开修改属性的窗口，如图 7-5-93 所示。

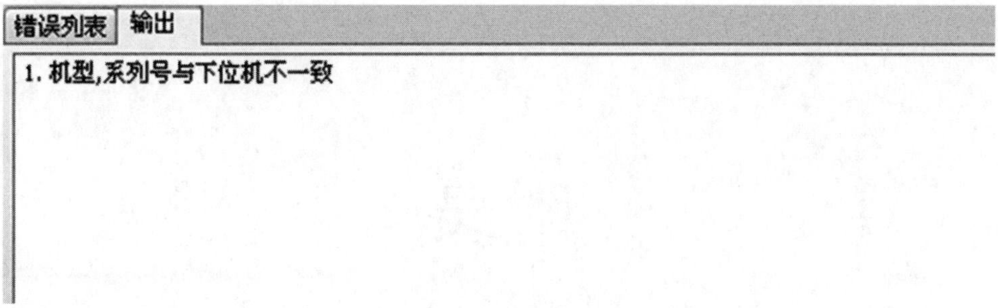

错误列表 输出

1. 机型,系列号与下位机不一致

图 7-5-91 输出

信息(1) | PLC1-数据监控 | PLC1-自由监控

图 7-5-92 信息、数据监控和自由监控的显示切换

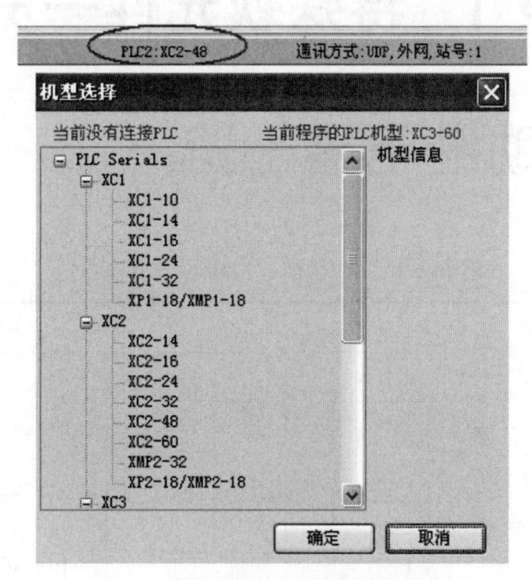

图 7-5-93 通过双击状态显示信息

右侧的 PLC 运行状态，双击它，可以停止所有监控，并且释放串口占用，再次双击恢复监控，如图 7-5-94 所示。

运行，扫描周期:1ms

图 7-5-94 停止/恢复监控

双击“覆盖”会变成“插入”，这时在梯形图编辑粘贴的时候，是以插入模式粘贴，如图 7-5-95 所示。

覆盖

图 7-5-95 以插入模式粘贴

附录

附录 1　特殊软元件一览表

1.1　特殊辅助继电器一览

附表 1-1　PC 状态（M8000～M8003）

地址号	功能	说明	
M8000	运行常 ON 线圈	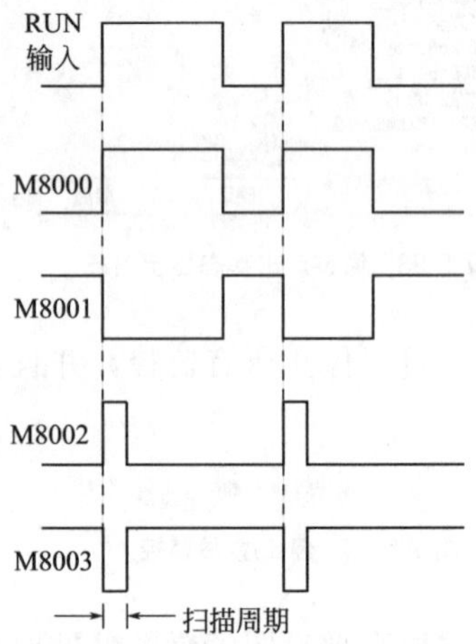 RUN 输入	PLC 运行时一直为 ON
M8001	运行常 OFF 线圈	M8000 M8001	PLC 运行时一直为 OFF
M8002	初始正向脉冲线圈	M8002	PLC 开始运行后第一个扫描周期为 ON
M8003	初始负向脉冲线圈	M8003 扫描周期	PLC 开始运行后第一个扫描周期为 OFF

附表 1-2　时钟（M8011～M8014）

地址号	功能	说明
M8011	以 10ms 的频率周期振荡	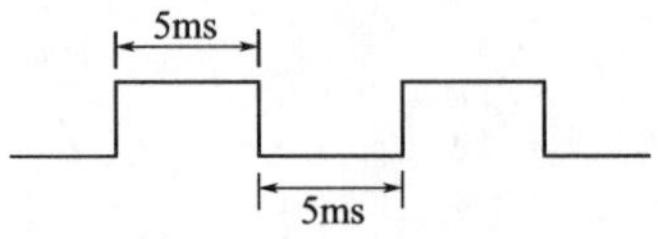 5ms 5ms

续表

地址号	功能	说明
M8012	以 100ms 的频率周期振荡	50ms 50ms
M8013	以 1s 的频率周期振荡	0.5s 0.5s
M8014	以 1min 的频率周期振荡	30s 30s

附表 1-3　标志（M8020～M8022）

地址号	功能	说明
M8020	零	加减运算结果为 0 时
M8021	借位	减法运算发生借位
M8022	进位	加法运算结果发生进位时，换位结果溢出发生时

附表 1-4　PC 模式（M8030～M8034，M8038）

地址号	功能	说明
M8030	PLC 初始化	
M8031	非保持寄存器清除	驱动此 M 时，可以将 Y、M、S、TC 的 ON/OFF 映像储存器和 T、C、D 的当前值全部清零
M8032	保持寄存器清除	
M8033	存储器保持停止	当可编程控制器 RUN→STOP 时，将映像寄存器和数据寄存器中的内容保留下来
M8034	所有输出禁止	将 PLC 的外部输出接点全部置于 OFF 状态，但外部指示灯会保持原来状态，如果是用于脉冲输出，软件中也会监控到脉冲变化，但是实际没有输出
M8038	参数设定	通讯参数设定标志

附表 1-5　步进阶梯（M8045）

地址号	功能	说明
M8045	所有输出复位禁止	在模式切换时，所有输出复位禁止

附表 1-6　中断（M8050～M8059）

地址号	功能	说明
M8050 I000□	禁止输入中断 0	执行 EI 指令后，即使中断许可，但是当此 M 动作时，对应的输入中断将无法单独动作 例如：当 M8050 处于 ON 时，禁止中断 I000□
M8051 I010□	禁止输入中断 1	
M8052 I020□	禁止输入中断 2	
M8053 I030□	禁止输入中断 3	
M8054 I040□	禁止输入中断 4	
M8055 I050□	禁止输入中断 5	
M8056 I40□□	禁止定时中断 0	执行 EI 指令后，即使中断许可，但是当此 M 动作时，对应的定时器中断将无法单独动作
M8057 I41□□	禁止定时中断 1	
M8058 I42□□	禁止定时中断 2	
M8059	禁止中断	禁止所有中断

附表 1-7　错误检测（M8067，M8070～M8072）

地址号	功能	说明
M8067	运算错误	计算的时候发生
M8070	扫描超时	
M8071	没有用户程序	内部码校验错
M8072	用户程序错误	执行码或配置表校验错

附表 1-8　通讯（M8120～M8149）

串口	地址号	功能	说明
串口1	M8120		
	M8121		
	M8122	串口 1 正在发送标志	
	M8123		
	M8124	串口 1 正在接收标志	
	M8125	接收不完整标志	自由格式通讯时，接收正常结束，但接收到的数据个数少于需接受的个数
	M8126		
	M8127	接收错误标志	Modbus-RTU 通讯错误
	M8128	接收正确标志	Modbus-RTU 通讯正确
	M8129		

续表

串口	地址号	功能	说明
串口2	M8130		
	M8131		
	M8132	串口 2 正在发送标志	
	M8133		
	M8134	串口 2 正在接收标志	
	M8135	接收不完整标志	自由格式通讯时，接收正常结束，但接收到的数据个数少于需接收的个数
	M8136		
	M8137	接收错误标志	Modbus-RTU 通讯错误
	M8138	接收正确标志	Modbus-RTU 通讯正确
	M8139		
串口3	M8140		
	M8141		
	M8142	串口 3 正在发送标志	
	M8143		
	M8144	串口 3 正在接收标志	
	M8145	接收不完整标志	自由格式通讯时，接收正常结束，但接收到的数据个数少于需接收的个数
	M8146		
	M8147	接收错误标志	Modbus-RTU 通讯错误
	M8148	接收正确标志	Modbus-RTU 通讯正确
	M8149		

附表 1-9　高速计数中断完成标志（M8150～M8169）

地址号	计数器号	功能	说明
M8150	C600	计数中断完成标志	计数中断完成，标志为 ON
M8151	C602	计数中断完成标志	计数中断完成，标志为 ON
M8152	C604	计数中断完成标志	计数中断完成，标志为 ON
M8153	C606	计数中断完成标志	计数中断完成，标志为 ON
M8154	C608	计数中断完成标志	计数中断完成，标志为 ON
M8155	C610	计数中断完成标志	计数中断完成，标志为 ON
M8156	C612	计数中断完成标志	计数中断完成，标志为 ON
M8157	C614	计数中断完成标志	计数中断完成，标志为 ON
M8158	C616	计数中断完成标志	计数中断完成，标志为 ON
M8159	C618	计数中断完成标志	计数中断完成，标志为 ON

续表

地址号	计数器号	功能	说明
M8160	C620	计数中断完成标志	计数中断完成,标志为ON
M8161	C622	计数中断完成标志	计数中断完成,标志为ON
M8162	C624	计数中断完成标志	计数中断完成,标志为ON
M8163	C626	计数中断完成标志	计数中断完成,标志为ON
M8164	C628	计数中断完成标志	计数中断完成,标志为ON
M8165	C630	计数中断完成标志	计数中断完成,标志为ON
M8166	C632	计数中断完成标志	计数中断完成,标志为ON
M8167	C634	计数中断完成标志	计数中断完成,标志为ON
M8168	C636	计数中断完成标志	计数中断完成,标志为ON
M8169	C638	计数中断完成标志	计数中断完成,标志为ON

附表1-10　XC2/XC3/XC5系列脉冲输出的标志位

地址号	高频脉冲号	功能	说明
M8170	PULSE_1	正在发出脉冲标志	脉冲输出中为1
M8171		32位脉冲发送溢出标志	溢出为1
M8172		方向标志	1为正方向,对应方向口输出为ON
M8173	PULSE_2	正在发出脉冲标志	脉冲输出中为1
M8174		32位脉冲发送溢出标志	溢出为1
M8175		方向标志	1为正方向,对应方向口输出为ON
M8176	PULSE_3	正在发出脉冲标志	脉冲输出中为1
M8177		32位脉冲发送溢出标志	溢出为1
M8178		方向标志	1为正方向,对应方向口输出为ON
M8179	PULSE_4	正在发出脉冲标志	脉冲输出中为1
M8180		32位脉冲发送溢出标志	溢出为1
M8181		方向标志	1为正方向,对应方向口输出为ON
M8182	PULSE_5	正在发出脉冲标志	脉冲输出中为1
M8183		32位脉冲发送溢出标志	溢出为1
M8184		方向标志	1为正方向,对应方向口输出为ON

附表1-11　XCM系列的脉冲输出的一些标志位

地址号	高频脉冲号	功能	说明
M8170	PULSE_1	正在发出脉冲标志	脉冲输出中为1
M8171		32位脉冲发送溢出标志	溢出为1
M8172		方向标志	1为正方向,对应方向口输出为ON

续表

地址号	高频脉冲号	功能	说明
M8173	PULSE_2	正在发出脉冲标志	脉冲输出中为1
M8174		32位脉冲发送溢出标志	溢出为1
M8175		方向标志	1为正方向,对应方向口输出为ON
M8176	PULSE_3	正在发出脉冲标志	脉冲输出中为1
M8177		32位脉冲发送溢出标志	溢出为1
M8178		方向标志	1为正方向,对应方向口输出为ON
M8179	PULSE_4	正在发出脉冲标志	脉冲输出中为1
M8180		32位脉冲发送溢出标志	溢出为1
M8181		方向标志	1为正方向,对应方向口输出为ON
M8730	PULSE_5	正在发出脉冲标志	脉冲输出中为1
M8731		32位脉冲发送溢出标志	溢出为1
M8732		方向标志	1为正方向,对应方向口输出为ON
M8733	PULSE_6	正在发出脉冲标志	脉冲输出中为1
M8734		32位脉冲发送溢出标志	溢出为1
M8735		方向标志	1为正方向,对应方向口输出为ON
M8736	PULSE_7	正在发出脉冲标志	脉冲输出中为1
M8737		32位脉冲发送溢出标志	溢出为1
M8738		方向标志	1为正方向,对应方向口输出为ON
M8739	PULSE_8	正在发出脉冲标志	脉冲输出中为1
M8740		32位脉冲发送溢出标志	溢出为1
M8741		方向标志	1为正方向,对应方向口输出为ON
M8742	PULSE_9	正在发出脉冲标志	脉冲输出中为1
M8743		32位脉冲发送溢出标志	溢出为1
M8744		方向标志	1为正方向,对应方向口输出为ON
M8745	PULSE_10	正在发出脉冲标志	脉冲输出中为1
M8746		32位脉冲发送溢出标志	溢出为1
M8747		方向标志	1为正方向,对应方向口输出为ON
M8750	PULSE_5	检查每段用户设置脉冲个数和频率是否正确的标志	1为发现错误(用于多段脉冲)
M8751		是否忽略错误,继续发送脉冲标志	默认忽略0;设为1时,停止发送
M8752	PULSE_6	检查每段用户设置脉冲个数和频率是否正确的标志	1为发现错误(用于多段脉冲)
M8753		是否忽略错误,继续发送脉冲标志	默认忽略0;设为1时,停止发送

续表

地址号	高频脉冲号	功能	说明
M8754	PULSE_7	检查每段用户设置脉冲个数和频率是否正确的标志	1为发现错误(用于多段脉冲)
M8755		是否忽略错误，继续发送脉冲标志	默认忽略0;设为1时，停止发送
M8756	PULSE_8	检查每段用户设置脉冲个数和频率是否正确的标志	1为发现错误(用于多段脉冲)
M8757		是否忽略错误，继续发送脉冲标志	默认忽略0;设为1时，停止发送
M8758	PULSE_9	检查每段用户设置脉冲个数和频率是否正确的标志	1为发现错误(用于多段脉冲)
M8759		是否忽略错误，继续发送脉冲标志	默认忽略0;设为1时，停止发送
M8760	PULSE_10	检查每段用户设置脉冲个数和频率是否正确的标志	1为发现错误(用于多段脉冲)
M8761		是否忽略错误，继续发送脉冲标志	默认忽略0;设为1时，停止发送

附表 1-12 绝对、相对选择位

地址号	高平脉冲	功能	说明
M8190		C600 绝对相对选择位(24 段)	1为绝对;0为相对
M8191		C602 绝对相对选择位(24 段)	1为绝对;0为相对
M8192		C604 绝对相对选择位(24 段)	1为绝对;0为相对
M8193		C606 绝对相对选择位(24 段)	1为绝对;0为相对
M8194		C608 绝对相对选择位(24 段)	1为绝对;0为相对
M8195		C610 绝对相对选择位(24 段)	……
M8196		C612 绝对相对选择位(24 段)	
M8197		C614 绝对相对选择位(24 段)	
M8198		C616 绝对相对选择位(24 段)	
M8199		C618 绝对相对选择位(24 段)	
M8200		C620 绝对相对选择位(24 段)	
M8201		C622 绝对相对选择位(24 段)	
M8202		C624 绝对相对选择位(24 段)	
M8203		C626 绝对相对选择位(24 段)	
M8204		C628 绝对相对选择位(24 段)	
M8205		C630 绝对相对选择位(24 段)	
M8206		C632 绝对相对选择位(24 段)	
M8207		C634 绝对相对选择位(24 段)	

续表

地址号	高平脉冲	功能	说明
M8208		C636 绝对相对选择位(24 段)	
M8209		C638 绝对相对选择位(24 段)	

地址号	高频脉冲号	功能	说明
M8210	PULSE_1	检查每段用户设置脉冲个数和频率是否正确的标志	1 为发现错误(用于多段脉冲)
M8211		是否忽略错误,继续发送脉冲标志	默认忽略 0;设为 1 时,停止发送
M8212	PULSE_2	检查每段用户设置脉冲个数和频率是否正确的标志	1 为发现错误(用于多段脉冲)
M8213		是否忽略错误,继续发送脉冲标志	默认忽略 0;设为 1 时,停止发送
M8214	PULSE_3	检查每段用户设置脉冲个数和频率是否正确的标志	1 为发现错误(用于多段脉冲)
M8215		是否忽略错误,继续发送脉冲标志	默认忽略 0;设为 1 时,停止发送
M8216	PULSE_4	检查每段用户设置脉冲个数和频率是否正确的标志	1 为发现错误(用于多段脉冲)
M8217		是否忽略错误,继续发送脉冲标志	默认忽略 0;设为 1 时,停止发送
M8218	PULSE_5	检查每段用户设置脉冲个数和频率是否正确的标志	1 为发现错误(用于多段脉冲)
M8219		是否忽略错误,继续发送脉冲标志	默认忽略 0;设为 1 时,停止发送

附表 1-13 顺/倒计数

地址号	计数器号	功能	说明
M8238	C300～C498	顺/倒计数控制	0 为增计数,1 为减计数,默认 0

附表 1-14 24 段高速计数中断循环 (M8270～M8289)

地址号	计数器号	说明
M8270	24 段高速计数中断循环(C600)	如果设置为 1,则中断循环,否则所有中断只执行一次
M8271	24 段高速计数中断循环(C602)	
M8272	24 段高速计数中断循环(C604)	
M8273	24 段高速计数中断循环(C606)	

续表

地址号	计数器号	说明
M8274	24段高速计数中断循环(C608)	
M8275	24段高速计数中断循环(C610)	
M8276	24段高速计数中断循环(C612)	
M8277	24段高速计数中断循环(C614)	
……	……	
M8279	24段高速计数中断循环(C618)	
M8280	24段高速计数中断循环(C620)	如果设置为1,则中断循环,否则所有中断只执行一次
M8281	24段高速计数中断循环(C622)	
……	……	
M8284	24段高速计数中断循环(C628)	
M8285	24段高速计数中断循环(C630)	如果设置为1,则中断循环,否则所有中断只执行一次
……	……	
M8289	24段高速计数中断循环(C638)	

附表1-15　模块读写（M8340、M8341）

地址号	功能	说明
M8340	模块读错误标志(读指令)	
M8341	模块写错误标志(写指令)	

附表1-16　BLOCK执行（M8630～M8729）

地址号	功能	说明
M8630	BLOCK1正在执行标志	
M8631	BLOCK2正在执行标志	
……	……	……
……	……	……
……	……	……
M8729	BLOCK100正在执行标志	

1.2 特殊数据寄存器一览

附表 1-17 时钟（D8010～D8019）

地址号	功能	说明
D8010	当前扫描周期	0.1ms，ms 为单位
D8011	扫描时间的最小值	0.1ms，ms 为单位
D8012	扫描时间的最大值	0.1ms，ms 为单位
D8013	秒(时钟)	0～59(BCD 码形式)
D8014	分钟(时钟)	0～59(BCD 码形式)
D8015	小时(时钟)	0～23(BCD 码形式)
D8016	日(时钟)	0～31(BCD 码形式)
D8017	月(时钟)	0～12(BCD 码形式)
D8018	年(时钟)	2000～2099(BCD 码形式)
D8019	星期(时钟)	0(日)～6(六)(BCD 码形式)

附表 1-18 错误检测（D8067，D8068，D8070，D8074）

地址号	功能	说明
D8067	运算错误代码序号	除 0 错
D8068	锁存发生错误代码序号	
D8070	超时的扫描时间	1ms 单位
D8074	偏移寄存器 D 的编号	

附表 1-19 通讯（D8120～D8149）

	地址号	功能	说明
串口1	D8120		
	D8121		
	D8122	串口 1 传送数据剩余数	
	D8123	串口 1 接收数据数	
	D8126		
	D8127	通讯错误代码	7:硬件错误　11:无终止符 8:CRC 校验错误　12:通讯超时 9:局号错误　13:功能码错误 10:无起始符
	D8128	Modbus 通讯错误 (主机发送错误时，从机的回复信息)	0:正确　4:数据错误 1:功能号不支持　8:数据存储错误(擦写 Flash) 2:地址错误(越界) 3:数据长度错误
	D8129		

续表

	地址号	功能	说明
串口2	D8130		
	D8131		
	D8132	串口 2 传送数据剩余数	
	D8133	串口 2 接收数据数	
	D8136		
	D8137	通讯错误代码	7:硬件错误 8:CRC 校验错误 9:局号错误 10:无起始符 11:无终止符 12:通讯超时 13:功能码错误
	D8138	Modbus 通讯错误 (主机发送错误时,从机的回复信息)	0:正确 1:功能号不支持 2:地址错误(越界) 3:数据长度错误 4:数据错误 8:数据存储错误(擦写 Flash)
	D8139		
串口3	D8140		
	D8141		
	D8142	串口 3 送数据剩余数	
	D8143	串口 3 接收数据数	
	D8146		
	D8147	通讯错误代码	7:硬件错误 8:CRC 校验错误 9:局号错误 10:无起始符 11:无终止符 12:通讯超时 13:功能码错误
	D8148	Modbus 通讯错误 (主机发送错误时,从机的回复信息)	0:正确 1:功能号不支持 2:地址错误(越界) 3:数据长度错误 4:数据错误 8:数据存储错误(擦写 Flash)
	D8149		

附表 1-20 高速计数中断状态（D8150～D8169）

地址号	计数器号	功能	说明
D8150	C600	当前段(表示第 n 段)	
D8151	C602	当前段	
D8152	C604	当前段	
D8153	C606	当前段	
D8154	C608	当前段	

续表

地址号	计数器号	功能	说明
D8155	C610	当前段	
D8156	C612	当前段	
D8157	C614	当前段	
D8158	C616	当前段	
D8159	C618	当前段	
D8160	C620	当前段	
D8161	C622	当前段	
D8162	C624	当前段	
D8163	C626	当前段	
D8164	C628	当前段	
D8165	C630	当前段	
D8166	C632	当前段	
D8167	C634	当前段	
D8168	C636	当前段	
D8169	C638	当前段	

附表 1-21 XC2/XC3/XC5 脉冲输出的一些特殊寄存器

地址号	高频脉冲号	功能	说明
D8170	PULSE_1	累计脉冲个数低 16 位	
D8171		累计脉冲个数高 16 位	
D8172		当前段(表示第 n 段)	
D8173	PULSE_2	累计脉冲个数低 16 位	
D8174		累计脉冲个数高 16 位	
D8175		当前段(表示第 n 段)	
D8176	PULSE_3	累计脉冲个数低 16 位	
D8177		累计脉冲个数高 16 位	
D8178		当前段(表示第 n 段)	
D8179	PULSE_4	累计脉冲个数低 16 位	
D8180		累计脉冲个数高 16 位	
D8181		当前段(表示第 n 段)	

续表

地址号	高频脉冲号	功能	说明
D8182	PULSE_5	累计脉冲个数低 16 位	
D8183		累计脉冲个数高 16 位	
D8184		当前段(表示第 n 段)	
D8190	PULSE_1	当前次脉冲个数低 16 位	
D8191		当前次脉冲个数高 16 位	
D8192	PULSE_2	当前次脉冲个数低 16 位	
D8193		当前次脉冲个数高 16 位	
D8194	PULSE_3	当前次脉冲个数低 16 位	
D8195		当前次脉冲个数高 16 位	
D8196	PULSE_4	当前次脉冲个数低 16 位	
D8197		当前次脉冲个数高 16 位	
D8198	PULSE_5	当前次脉冲个数低 16 位	
D8199		当前次脉冲个数高 16 位	
D8210	PULSE_1	出错脉冲段位置	
D8212	PULSE_2	出错脉冲段位置	
D8214	PULSE_3	出错脉冲段位置	
D8216	PULSE_4	出错脉冲段位置	
D8218	PULSE_5	出错脉冲段位置	
D8220		频率测量精度	表示小数点后的位数,1 表示×10,2 表示×100

附表 1-22　XCM 系列脉冲输出的特殊寄存器

地址号	高频脉冲号	功能	说明
D8170	PULSE_1	累计脉冲个数低 16 位	
D8171		累计脉冲个数高 16 位	
D8172		当前段(表示第 n 段)	
D8173	PULSE_2	累计脉冲个数低 16 位	
D8174		累计脉冲个数高 16 位	
D8175		当前段(表示第 n 段)	
D8176	PULSE_3	累计脉冲个数低 16 位	
D8177		累计脉冲个数高 16 位	
D8178		当前段(表示第 n 段)	

续表

地址号	高频脉冲号	功能	说明
D8179	PULSE_4	累计脉冲个数低16位	
D8180		累计脉冲个数高16位	
D8181		当前段(表示第n段)	
D8730	PULSE_5	累计脉冲个数低16位	
D8731		累计脉冲个数高16位	
D8732		当前段(表示第n段)	
D8733	PULSE_6	累计脉冲个数低16位	
D8734		累计脉冲个数高16位	
D8735		当前段(表示第n段)	
D8736	PULSE_7	累计脉冲个数低16位	
D8737		累计脉冲个数高16位	
D8738		当前段(表示第n段)	
D8739	PULSE_8	累计脉冲个数低16位	
D8740		累计脉冲个数高16位	
D8741		当前段(表示第n段)	
D8742	PULSE_9	累计脉冲个数低16位	
D8743		累计脉冲个数高16位	
D8744		当前段(表示第n段)	
D8745	PULSE_10	累计脉冲个数低16位	
D8746		累计脉冲个数高16位	
D8747		当前段(表示第n段)	
D8190	PULSE_1	当前次脉冲个数低16位	
D8191		当前次脉冲个数高16位	
D8192	PULSE_2	当前次脉冲个数低16位	
D8193		当前次脉冲个数高16位	
D8194	PULSE_3	当前次脉冲个数低16位	
D8195		当前次脉冲个数高16位	
D8196	PULSE_4	当前次脉冲个数低16位	
D8197		当前次脉冲个数高16位	
D8770	PULSE_5	当前次脉冲个数低16位	
D8771		当前次脉冲个数高16位	
D8772	PULSE_6	当前次脉冲个数低16位	
D8773		当前次脉冲个数高16位	

续表

地址号	高频脉冲号	功能	说明
D8774	PULSE_7	当前次脉冲个数低16位	
D8775		当前次脉冲个数高16位	
D8776	PULSE_8	当前次脉冲个数低16位	
D8777		当前次脉冲个数高16位	
D8778	PULSE_9	当前次脉冲个数低16位	
D8779		当前次脉冲个数高16位	
D8780	PULSE_10	当前次脉冲个数低16位	
D8781		当前次脉冲个数高16位	
D8210	PULSE_1	出错脉冲段位置	
D8212	PULSE_2	出错脉冲段位置	
D8214	PULSE_3	出错脉冲段位置	
D8216	PULSE_4	出错脉冲段位置	
D8750	PULSE_5	出错脉冲段位置	
D8752	PULSE_6	出错脉冲段位置	
D8754	PULSE_7	出错脉冲段位置	
D8756	PULSE_8	出错脉冲段位置	
D8758	PULSE_9	出错脉冲段位置	
D8760	PULSE_10	出错脉冲段位置	

附表1-23　XC2/XC3/XC5绝对定位/相对定位/原点回归

地址号	脉冲号	功能	说明
D8230	PULSE_1	绝对、相对定位指令的频率上升和下降时间（Y0）	
D8231		原点回归指令的频率下降时间（Y0）	无加速时间
D8232	PULSE_2	绝对、相对定位指令的频率上升和下降时间（Y1）	
D8233		原点回归指令的频率下降时间（Y1）	无加速时间
D8234	PULSE_3	绝对、相对定位指令的频率上升和下降时间（Y2）	
D8235		原点回归指令的频率下降时间（Y2）	无加速时间
D8236	PULSE_4	绝对、相对定位指令的频率上升和下降时间（Y3）	
D8237		原点回归指令的频率下降时间（Y3）	无加速时间
D8238	PULSE_5	绝对相对定位指令的上升和下降时间（Y4）	
D8239		原点回归指令的频率下降时间（Y4）	无加速时间

附表 1-24　XCM 绝对定位/相对定位/原点回归

地址号	脉冲号	功能	说明
D8230	PULSE_1	绝对、相对定位指令的频率上升和下降时间(Y0)	
D8231		原点回归指令的频率下降时间(Y0)	无加速时间
D8232	PULSE_2	绝对、相对定位指令的频率上升和下降时间(Y1)	
D8233		原点回归指令的频率下降时间(Y1)	无加速时间
D8234	PULSE_3	绝对、相对定位指令的频率上升和下降时间(Y2)	
D8235		原点回归指令的频率下降时间(Y2)	无加速时间
D8236	PULSE_4	绝对、相对定位指令的频率上升和下降时间(Y3)	
D8237		原点回归指令的频率下降时间(Y3)	无加速时间
D8790	PULSE_5	绝对相对定位指令的上升和下降时间(Y4)	
D8791		原点回归指令的频率下降时间(Y4)	无加速时间
D8792	PULSE_6	绝对相对定位指令的上升和下降时间(Y5)	
D8793		原点回归指令的频率下降时间(Y5)	无加速时间
D8794	PULSE_7	绝对相对定位指令的上升和下降时间(Y6)	
D8795		原点回归指令的频率下降时间(Y6)	无加速时间
D8796	PULSE_8	绝对相对定位指令的上升和下降时间(Y7)	
D8797		原点回归指令的频率下降时间(Y7)	无加速时间
D8798	PULSE_9	绝对相对定位指令的上升和下降时间(Y10)	
D8799		原点回归指令的频率下降时间(Y10)	无加速时间
D8800	PULSE_10	绝对相对定位指令的上升和下降时间(Y11)	
D8801		原点回归指令的频率下降时间(Y11)	无加速时间

注意：

(1) 当作为绝对、相对定位指令的频率上升时间时，对应的寄存器中设定的数值需满足公式：

$$\text{相应寄存器（D8230、D8232……）}=\frac{\text{上升时间（ms）}\times 100\text{K}}{\text{设定频率}}$$

例如：执行绝对指令 DRVA K30000 K3000 Y0 Y4，而设定上升时间为 100ms，则寄存器 D8230（单字）中设定的值为 3333=[100(ms)×100K(Hz)]÷3K(Hz)。

(2) 以上脉冲输出相关线圈与寄存器适用于 XC2、XC3、XC5 系列 PLC。

附表 1-25　模块读写（D8315、D8316）

地址号	功能	说明
D8315	读模块错误类型	
D8316	写模块错误类型	

附表 1-26　顺序功能块（D8630～D8729）

地址号	作用	功能	说明
D8630	BLOCK1 当前执行的指令	BLOCK 监控的时候用这个值	
D8631	BLOCK2 当前执行的指令	BLOCK 监控的时候用这个值	
……	……		……
……	……		……
D8729	BLOCK100 当前执行的指令	BLOCK 监控的时候用这个值	

附表 1-27　扩展模块错误信息（D8600～D8627）

地址号	功能	说明	模块号
D8600	读模块错误次数		扩展模块 1
D8601	读模块错误	1. 模块 CRC 校验错误 2. 模块地址错误 3. 模块接收数据长度错误 4. 模块接收缓冲区溢出 5. 模块超时错误 6. PLC 接收数据 CRC 校验错误 7. 未知错误	
D8602	写模块错误次数		
D8603	写模块错误	……	
D8604	读模块错误次数		扩展模块 2
D8605	读模块错误	……	
D8606	写模块错误次数		
D8607	写模块错误	……	
D8608	读模块错误次数		扩展模块 3
D8609	读模块错误	……	
D8610	写模块错误次数		
D8611	写模块错误	……	
D8612	读模块错误次数		扩展模块 4
D8613	读模块错误	……	
D8614	写模块错误次数		
D8615	写模块错误	……	
……	……	……	……
……	……	……	……
D8624	读模块错误次数		扩展模块 7
D8625	读模块错误	……	
D8626	写模块错误次数		
D8627	写模块错误	……	

附表 1-28　扩展 BD 错误信息（D8840～D8847）

地址号	功能	说明	模块号
D8840	读 BD 错误次数		BD-1＃
D8841	读 BD 错误	1. 模块 CRC 校验错误 2. 模块地址错误 3. 模块接收数据长度错误 4. 模块接收缓冲区溢出 5. 模块超时错误 6. PLC 接收数据 CRC 校验错误 7. 未知错误	
D8842	写 BD 错误次数		
D8843	写 BD 错误	1. 模块 CRC 校验错误 2. 模块地址错误 3. 模块接收数据长度错误 4. 模块接收缓冲区溢出 5. 模块超时错误 6. PLC 接收数据 CRC 校验错误 7. 未知错误	
D8844	读 BD 错误次数		BD-2＃
D8845	读 BD 错误	1. 模块 CRC 校验错误 2. 模块地址错误 3. 模块接收数据长度错误 4. 模块接收缓冲区溢出 5. 模块超时错误 6. PLC 接收数据 CRC 校验错误 7. 未知错误	
D8846	写 BD 错误次数		
D8847	写 BD 错误	1. 模块 CRC 校验错误 2. 模块地址错误 3. 模块接收数据长度错误 4. 模块接收缓冲区溢出 5. 模块超时错误 6. PLC 接收数据 CRC 校验错误 7. 未知错误	

1.3 扩展模块地址一览

以第一扩展模块为例说明（第 2～7 扩展模块地址号依次加 100）。

附表 1-29 扩展模块地址

通道	AD 信号	DA 信号	PID 输出值	PID 启停控制位	设定值	PID 参数：Kp、Ki、Kd、控制范围 Diff、死区范围 Death
XC-E8AD-H						
0CH	ID100	—	ID108	Y100	QD100	Kp：QD108 Ki：QD109 Kd：QD110 Diff：QD111 Death：QD112
1CH	ID101	—	ID109	Y101	QD101	
2CH	ID102	—	ID110	Y102	QD102	
3CH	ID103	—	ID111	Y103	QD103	
4CH	ID104	—	ID112	Y104	QD104	
5CH	ID105	—	ID113	Y105	QD105	
6CH	ID106	—	ID114	Y106	QD106	
7CH	ID107	—	ID115	Y107	QD107	
XC-E4AD-H						
0CH	ID100	—	ID104	Y100	QD100	Kp：QD104 Ki：QD105 Kd：QD106 Diff：QD107 Death：QD108
1CH	ID101	—	ID105	Y101	QD101	
2CH	ID102	—	ID106	Y102	QD102	
3CH	ID103	—	ID107	Y103	QD103	
XC-E2AD-H						
0CH	ID100	—	ID102	Y100	QD100	Kp：QD102 Ki：QD103 Kd：QD104 Diff：QD105 Death：QD106
0CH	ID101	—	ID103	Y101	QD101	
XC-E4AD2DA-H、XC-E4AD2DA-B-H						
0CH	ID100	—	ID104	Y100	QD102	Kp：QD106 Ki：QD107 Kd：QD108 Diff：QD109 Death：QD110
1CH	ID101	—	ID105	Y101	QD103	
2CH	ID102	—	ID106	Y102	QD104	
3CH	ID103	—	ID107	Y103	QD105	
0CH	—	QD100	—	—	—	
1CH	—	QD101	—	—	—	

附表 1-30 XC-E4DA-H、XC-E4DA-B-H

通道号	一号单元	二号单元	三号单元	四号单元	五号单元	六号单元	七号单元
0CH	QD100	QD200	QD300	QD400	QD500	QD600	QD700
1CH	QD101	QD201	QD301	QD401	QD501	QD601	QD701
2CH	QD102	QD202	QD302	QD402	QD502	QD602	QD702
3CH	QD103	QD203	QD303	QD403	QD503	QD603	QD703

附表 1-31　XC-E2DA-H

通道号	一号单元	二号单元	三号单元	四号单元	五号单元	六号单元	七号单元
0CH	QD100	QD200	QD300	QD400	QD500	QD600	QD700
1CH	QD101	QD201	QD301	QD401	QD501	QD601	QD701

附表 1-32　XC-E6PT(-P)(-H)

<table>
<tr><th>通道</th><th>当前温度</th><th>设定温度</th><th>PID 启停控制位</th><th>前 3 路 PID 值</th><th>后 3 路 PID 值</th></tr>
<tr><td>0CH</td><td>ID100</td><td>QD100</td><td>Y100</td><td rowspan="6">Kp:QD106
Ki:QD107
Kd:QD108
Diff:QD109</td><td rowspan="6">Kp:QD110
Ki:QD111
Kd:QD112
Diff:QD113</td></tr>
<tr><td>1CH</td><td>ID101</td><td>QD101</td><td>Y101</td></tr>
<tr><td>2CH</td><td>ID102</td><td>QD102</td><td>Y102</td></tr>
<tr><td>3CH</td><td>ID103</td><td>QD103</td><td>Y103</td></tr>
<tr><td>4CH</td><td>ID104</td><td>QD104</td><td>Y104</td></tr>
<tr><td>5CH</td><td>ID105</td><td>QD105</td><td>Y105</td></tr>
</table>

附表 1-33　XC-E6TCA-P、XC-E2TCA-P

<table>
<tr><th rowspan="2">相关参数</th><th colspan="5">注释及说明</th></tr>
<tr><th>通道</th><th>CH0</th><th>CH1</th><th>……</th><th>CH5</th></tr>
<tr><td>通道显示温度值
(单位 0.1℃)</td><td>模块 1</td><td>ID100</td><td>ID101</td><td>ID10×</td><td>ID105</td></tr>
<tr><td>PID 触点输出
(返回本体的 X 输入)</td><td>模块 1</td><td>X100</td><td>X101</td><td>X10×</td><td>X105</td></tr>
<tr><td>通道热电偶连接状态
(0 为接线,1 为断偶)</td><td>模块 1</td><td>X110</td><td>X111</td><td>X11×</td><td>X115</td></tr>
<tr><td>PID 自整定错误位
(0 为正常,1 为自整定参数错误)</td><td>模块 1</td><td>X120</td><td>X121</td><td>X12×</td><td>X125</td></tr>
<tr><td>使能通道信号</td><td>模块 1</td><td>Y100</td><td>Y101</td><td>Y10×</td><td>Y105</td></tr>
<tr><td>自整定 PID 控制位</td><td colspan="5">自整定触发信号,当置 1 时进入自整定阶段。
自整定结束后,PID 参数值和控温周期数值被刷新,并自动将该控制位清 0。
用户也可读出其状态,为 1 时表示处于自整定过程中,为 0 时表示未进行自整定或自整定已经结束</td></tr>
<tr><td>PID 输出值
(运算结果)</td><td colspan="5">数字量输出值取值范围为 0～4095。
在 PID 输出为模拟量控制(如蒸汽阀门开度或可控硅导通角)时,可将该数值传送给模拟量输出模块,以实现控制要求</td></tr>
<tr><td>PID 参数值
(P、I、D)</td><td colspan="5">通过 PID 自整定得到的最佳参数值。
若当前 PID 控制不能很好地满足控制要求,用户也可直接写入经验 PID 参数,模块依照用户设定的 PID 参数进行 PID 控制</td></tr>
</table>

续表

相关参数	注释及说明				
	通道	CH0	CH1	……	CH5
PID 运算范围 (Diff) (单位 0.1℃)	PID 算法在设定温度的±Diff 摄氏度范围内起作用。在实际温控环境中,当温度低于 $T_{设定温度}-T_{Diff}$ 时,PID 输出为最大值;当温度高于 $T_{设定温度}+T_{Diff}$ 时 PID 输出为最低值				
温度偏差值 δ (单位 0.1℃)	(采样温度值+温度偏差值 δ)/10 = 显示温度值。此时通道温度显示值就可以与实际温度相等或尽可能接近。该参数为有符号数,单位 0.1℃,停电带保持,出厂缺省值为 0				
设定温度值(单位 0.1℃)	控制系统的目标温度值。调整范围为 0~1000℃,精度为 0.1℃				
控温周期 (单位 0.1s)	控制周期调整范围 0.5~200s,最小精度为 0.1s。写入值为实际控温周期值乘以 10,即 0.5s 控制周期需写入 5,200s 控制周期需写入 2000				
校准环境温度值 (单位 0.1℃)	用户认为环境温度值与模块通道显示温度值不一致时,可以将已知的环境温度值写入该参数。模块在被写入的这一刻,将温度偏差值 δ 计算出来,并保存。 计算温度偏差值 δ=校准环境温度值-采样温度值。单位 0.1℃。 例如:在热平衡状态,用户用水银温度计测得环境温度为 60.0℃,当时显示温度为 55.0℃(对应采样温度 550),温度偏差值 δ=0 。此时,用户向该参数写入 600,温度偏差值 δ 被重新计算为 50(5℃),于是显示温度 =(采样温度值+温度偏差值 δ)/10 =60℃。 注意:用户输入校准温度值时,确认和环境温度一致。该数据非常重要,一旦输入错误,会导致计算温度偏差值 δ 严重错误,进而影响显示温度				
自整定输出幅度	自整定时的输出量,以%为单位,100 就表示占空比为满刻度输出的 100%,80 为满刻度输出的 80%				

附表 1-34 XC-E3AD4PT2DA-H

通道	AD 信号	PID 输出值	PID 启停控制位	设定值	PID 参数:Kp、Ki、Kd、控制范围 Diff、死区范围 Death
0CH	ID100	ID107	Y100	QD102	Kp:QD109 Ki:QD110 Kd:QD111 Diff:QD112 Death:QD113
1CH	ID101	ID108	Y101	QD103	
2CH	ID102	ID109	Y102	QD104	
通道	PT 信号	PID 输出值	PID 启停控制位	设定值	
3CH	ID103	ID110	Y103	QD105	
4CH	ID104	ID111	Y104	QD106	
5CH	ID105	ID112	Y105	QD107	
6CH	ID106	ID113	Y106	QD108	
通道	DA 信号	—	—	—	—
0CH	QD100	—	—	—	
1CH	QD101	—	—	—	

附表 1-35　XC-E2AD2PT2DA

<table>
<tr><td rowspan="2">相关参数</td><td colspan="5">注释及说明</td></tr>
<tr><td>通道</td><td>PT0(0.01℃)</td><td>PT1(0.01℃)</td><td>AD0</td><td>AD1</td></tr>
<tr><td>通道显示当前值</td><td>模块 1</td><td>ID100</td><td>ID101</td><td>ID102</td><td>ID103</td></tr>
<tr><td>PID 触点输出
(返回本体的 X 输入)</td><td>模块 1</td><td>X100</td><td>X101</td><td>X102</td><td>X103</td></tr>
<tr><td>通道连接断路检测
(0 为接线,1 为断线)</td><td>模块 1</td><td>X110</td><td>X111</td><td>X112</td><td>X113</td></tr>
<tr><td>PID 自整定错误位
(0 为正常,1 为自整定参数错误)</td><td>模块 1</td><td>X120</td><td>X121</td><td>X122</td><td>X123</td></tr>
<tr><td>使能通道信号</td><td>模块 1</td><td>Y100</td><td>Y101</td><td>Y102</td><td>Y103</td></tr>
<tr><td>自整定 PID 控制位</td><td colspan="5">自整定触发信号,当置 1 时进入自整定阶段。
自整定结束后,PID 参数值和周期数值被刷新,并自动将该控制位清 0。
用户也可读出其状态,为 1 时表示处于自整定过程中,为 0 时表示未进行自整定或自整定已经结束</td></tr>
<tr><td>PID 输出值
(运算结果)</td><td colspan="5">数字量输出值取值范围为 0～4095。
在 PID 输出为模拟量控制(如蒸汽阀门开度或可控硅导通角)时,可将该数值传送给模拟量输出模块,以实现控制要求</td></tr>
<tr><td>PID 参数值
(P、I、D)</td><td colspan="5">通过 PID 自整定得到的最佳参数值。
若当前 PID 控制不能很好地满足控制要求,用户也可直接写入经验 PID 参数,模块依照用户设定的 PID 参数进行 PID 控制</td></tr>
<tr><td>PID 运算范围
(Diff)</td><td colspan="5">PID 算法在设定温度的±Diff 设置范围内起作用。在实际控制环境中,倘若当前值低于 $T_{设定温度}-T_{Diff}$ 时,PID 输出为最大值;而当前值高于 $T_{设定温度}+T_{Diff}$ 时 PID 输出为最低值(单位依据通道类型及设置范围不同而不同)</td></tr>
<tr><td>偏差值 δ</td><td colspan="5">(采样值+偏差值 δ)/10 = 显示值。此时通道采样值就可以与实际值相等或尽可能接近。该参数为有符号数,停电带保持,出厂缺省值为 0(单位依据通道类型及设置范围不同而不同)</td></tr>
<tr><td>设定温度值</td><td colspan="5">控制系统的目标值。对于温度控制,其调整范围为 0～1000℃,精度为 0.01℃</td></tr>
<tr><td>控温周期
(单位 0.1s)</td><td colspan="5">控制周期调整范围 0.5～200s,最小精度为 0.1s。写入值为实际控温周期值乘以 10,即 0.5s 控制周期需写入 5,200s 控制周期需写入 2000</td></tr>
<tr><td>实际值</td><td colspan="5">用户认为实际值与模块通道显示值不一致时,可以将已知的环境实际值写入该参数。模块在被写入的这一刻,将偏差值 δ 计算出来,并保存。
计算偏差值 δ=环境实际值－采样当前值(单位依据通道类型及设置范围不同而不同)
例如:在热平衡状态,用户用水银温度计测得环境温度为 60℃,当时显示温度为 55℃(对应采样温度 550),温度偏差值 δ=0 。此时,用户向该参数写入 600,温度偏差值 δ 被重新计算为 50(5℃),于是显示温度 =(采样温度值+温度偏差值 δ)/10 =60℃
注意:用户输入环境实际值时,确认和环境值相一致。该数据非常重要,一旦输入错误,会导致计算偏差值 δ 严重错误,进而影响显示值</td></tr>
<tr><td>自整定输出幅度</td><td colspan="5">自整定时的输出量,以%为单位,100 就表示占空比为满刻度输出的 100%,80 为满刻度输出的 80%</td></tr>
</table>

1.4 特殊 Flash 寄存器一览

附表 1-36 I 滤波

编号	功能	初始值	说明
FD8000	X 端口输入滤波时间	10	单位 ms
FD8002		0	
FD8003		0	
……		0	
FD8009		0	

附表 1-37 I 映射

编号	功能	初始值	说明
FD8010	X00 对应 I * *	0	X0 对应输入映像 I * * 的编号
FD8011	X01 对应 I * *	1	初始值均为 8 进制数
FD8012	X02 对应 I * *	2	
……	……	……	
FD8073	X77 对应 I * *	77	

附表 1-38 O 映射

编号	功能	初始值	说明
FD8074	Y00 对应 I * *	0	Y0 对应输入映像 O * * 的编号
FD8075	Y01 对应 I * *	1	初始值均为 8 进制数
FD8076	Y02 对应 I * *	2	
……	……	……	
FD8137	Y77 对应 I * *	77	

附表 1-39 I 属性

编号	功能	初始值	说明
FD8138	X00 属性	均为 0	0:正逻辑;其他:反逻辑
FD8139	X01 属性		
FD8140	X02 属性		
……	……		
FD8201	X77 属性		

附表 1-40　软元件断电保持区域

软元件		设置区域	功能	系统默认值	掉电记忆范围
XC1 系列	D	FD8202	D 断电保存区域起始标号	100	D100～D149
	M	FD8203	M 断电保存区域起始标号	200	M200～M319
	T	FD8204	T 断电保存区域起始标号	640	未设置
	C	FD8205	C 断电保存区域起始标号	320	C320～C631
	S	FD8206	S 断电保存区域起始标号	512	未设置
XC2 系列	D	FD8202	D 断电保存区域起始标号	4000	D4000～D4999
	M	FD8203	M 断电保存区域起始标号	3000	M3000～M7999
	T	FD8204	T 断电保存区域起始标号	640	未设置
	C	FD8205	C 断电保存区域起始标号	320	C320～C639
	S	FD8206	S 断电保存区域起始标号	512	S512～S1023
XC3 系列	D	FD8202	D 断电保存区域起始标号	4000	D4000～D7999
	M	FD8203	M 断电保存区域起始标号	3000	M3000～M7999
	T	FD8204	T 断电保存区域起始标号	640	未设置
	C	FD8205	C 断电保存区域起始标号	320	C320～C639
	S	FD8206	S 断电保存区域起始标号	512	S512～S1023
	ED	FD8207	ED 断电保存区域起始标号	0	ED0～ED16383
XC5 系列	D	FD8202	D 断电保存区域起始标号	4000	D4000～D7999
	M	FD8203	M 断电保存区域起始标号	4000	M4000～M7999
	T	FD8204	T 断电保存区域起始标号	640	未设置
	C	FD8205	C 断电保存区域起始标号	320	C320～C639
	S	FD8206	S 断电保存区域起始标号	512	S512～S1023
	ED	FD8207	ED 断电保存区域起始标号	0	ED0～ED36863
XCM 系列	D	FD8202	D 断电保存区域起始标号	4000	D4000～D4999
	M	FD8203	M 断电保存区域起始标号	3000	M3000～M7999
	T	FD8204	T 断电保存区域起始标号	640	未设置
	C	FD8205	C 断电保存区域起始标号	320	C320～C639
	S	FD8206	S 断电保存区域起始标号	512	S512～S1023
	ED	FD8207	ED 断电保存区域起始标号	0	ED0～ED36863

附表 1-41　通讯

	编号	功能	初始值	说明
通讯口1	FD8210	通讯模式(通讯站号)	1	255(FF)为自由格式,1～254 位 Modbus 站号
	FD8211	通讯格式	8710	波特率,数据位,停止位,校验(详见基本指令篇)
	FD8212	字符超时判断时间	3	单位 ms,设为 0 时表示无超时等待
	FD8213	回复超时判断时间	300	单位 ms,设为 0 时表示无超时等待
	FD8214	起始符	0	高 8 位无效
	FD8215	终止符	0	高 8 位无效
	FD8216	自由格式设置	0	8/16 位缓冲,有/无起始符,有/无终止符
通讯口2	FD8220	通讯模式(通讯站号)	1	255(FF)为自由格式,1～254 位 Modbus 站号
	FD8221	通讯格式	8710	波特率,数据位,停止位,校验(详见基本指令篇)
	FD8222	字符超时判断时间	3	单位 ms,设为 0 时表示无超时等待
	FD8223	回复超时判断时间	300	单位 ms,设为 0 时表示无超时等待
	FD8224	起始符	0	高 8 位无效
	FD8225	终止符	0	高 8 位无效
	FD8226	自由格式设置	0	8/16 位缓冲,有/无起始符,有/无终止符
通讯口3	FD8230	通讯模式(通讯站号)	1	255 为自由格式,1～254 位 Modbus 站号
	FD8231	通讯格式	8710	波特率,数据位,停止位,校验(详见指令篇)
	FD8232	字符超时判断时间	3	单位 ms,设为 0 时表示无超时等待
	FD8233	回复超时判断时间	300	单位 ms,设为 0 时表示无超时等待
	FD8234	起始符	0	高 8 位无效
	FD8235	终止符	0	高 8 位无效
	FD8236	自由格式设置	0	8/16 位缓冲,有/无起始符,有/无终止符

附录 2　指令一览表

2.1　基本指令一览

附表 2-1　基本指令

助记符	功 能
LD	运算开始常开触点
LDI	运算开始常闭触点
OUT	线圈驱动

续表

助记符	功能
AND	串联常开触点
ANI	串联常闭触点
OR	并联常开触点
ORI	并联常闭触点
LDP	上升沿检出运算开始
LDF	下降沿检出运算开始
ANDP	上升沿检出串联连接
ANDF	下降沿检出串联连接
ORP	脉冲上升沿检出并联连接
ORF	脉冲下降沿检出并联连接
LDD	直接从触点上读取状态
LDDI	直接读取常闭触点
ANDD	直接从触点上读取状态,串联连接
ANDDI	直接读取常闭触点,串联连接
ORD	直接从触点上读取状态,并联连接
ORDI	直接读取常闭触点,并联连接
OUTD	直接输出到触点
ORB	串联回路块的并联连接
ANB	并联回路块的串联连接
MCS	新母线开始
MCR	母线复归
ALT	线圈取反
PLS	上升沿时接通一个扫描周期
PLF	下降沿时接通一个扫描周期
SET	线圈接通保持
RST	线圈接通清除
OUT	计数线圈的驱动
RST	输出触点的复位,当前值清零
END	输入输出处理以及返回到第0步
GROUP	指令块折叠开始
GROUPE	指令块折叠结束
TMR	定时

2.2 应用指令一览

附表 2-2 应用指令

分类	助记符	功能	适用机型				
			XC1	XC2	XC3	XC5	XCM
程序流程	CJ	条件跳转	√	√	√	√	√
	CALL	子程序调用	√	√	√	√	√
	SRET	子程序返回	√	√	√	√	√
	STL	流程开始	√	√	√	√	√
	STLE	流程结束	√	√	√	√	√
	SET	打开指定流程，关闭所在流程	√	√	√	√	√
	ST	打开指定流程，不关闭所在流程	√	√	√	√	√
	FOR	循环范围开始	√	√	√	√	√
	NEXT	循环范围结束	√	√	√	√	√
	FEND	主程序结束	√	√	√	√	√
数据比较	LD＝	开始(S1)＝(S2)时导通	√	√	√	√	√
	LD＞	开始(S1)＞(S2)时导通	√	√	√	√	√
	LD＜	开始(S1)＜(S2)时导通	√	√	√	√	√
	LD＜＞	开始(S1)≠(S2)时导通	√	√	√	√	√
	LD＞＝	开始(S1)≥(S2)时导通	√	√	√	√	√
	LD＜＝	开始(S1)≤(S2)时导通	√	√	√	√	√
	AND＝	串联(S1)＝(S2)时导通	√	√	√	√	√
	AND＞	串联(S1)＞(S2)时导通	√	√	√	√	√
	AND＜	串联(S1)＜(S2)时导通	√	√	√	√	√
	AND＜＞	串联(S1)≠(S2)时导通	√	√	√	√	√
	AND＞＝	串联(S1)≥(S2)时导通	√	√	√	√	√
	AND＜＝	串联(S1)≤(S2)时导通	√	√	√	√	√
	OR＝	并联(S1)＝(S2)时导通	√	√	√	√	√
	OR＞	并联(S1)＞(S2)时导通	√	√	√	√	√
	OR＜	并联(S1)＜(S2)时导通	√	√	√	√	√
	OR＜＞	并联(S1)≠(S2)时导通	√	√	√	√	√
	OR＞＝	并联(S1)≥(S2)时导通	√	√	√	√	√
	OR＜＝	并联(S1)≤(S2)时导通	√	√	√	√	√

续表

分类	助记符	功能	适用机型				
			XC1	XC2	XC3	XC5	XCM
数据传送	CMP	数据的比较	√	√	√	√	√
	ZCP	数据的区间比较	√	√	√	√	√
	MOV	传送	√	√	√	√	√
	BMOV	数据块传送	√	√	√	√	√
	PMOV	数据块传送	√	√	√	√	√
	FMOV	多点重复传送	√	√	√	√	√
	EMOV	浮点数传送	√	√	√	√	√
	FWRT	FlashROM 的写入	√	√	√	√	√
	MSET	批次置位	√	√	√	√	√
	ZRST	批次复位	√	√	√	√	√
	SWAP	高低字节交换	√	√	√	√	√
	XCH	两个数据交换	√	√	√	√	√
数据运算	ADD	加法	√	√	√	√	√
	SUB	减法	√	√	√	√	√
	MUL	乘法	√	√	√	√	√
	DIV	除法	√	√	√	√	√
	INC	加 1	√	√	√	√	√
	DEC	减 1	√	√	√	√	√
	MEAN	求平均值	√	√	√	√	√
	WAND	逻辑与	√	√	√	√	√
	WOR	逻辑或	√	√	√	√	√
	WXOR	逻辑异或	√	√	√	√	√
	CML	取反	√	√	√	√	√
	NEG	求负	√	√	√	√	√
数据移位	SHL	算术左移		√	√	√	√
	SHR	算术右移		√	√	√	√
	LSL	逻辑左移		√	√	√	√
	LSR	逻辑右移		√	√	√	√
	ROL	循环左移		√	√	√	√
	ROR	循环右移		√	√	√	√
	SFTL	位左移		√	√	√	√
	SFTR	位右移		√	√	√	√
	WSFL	字左移		√	√	√	√
	WSFR	字右移		√	√	√	√

续表

分类	助记符	功 能	适用机型				
			XC1	XC2	XC3	XC5	XCM
数据转换	WTD	单字整数转双字整数		√	√	√	√
	FLT	16 位整数转浮点数		√	√	√	√
	FLTD	64 位整数转浮点数		√	√	√	√
	INT	浮点转整数		√	√	√	√
	BIN	BCD 转二进制		√	√	√	√
	BCD	二进制转 BCD		√	√	√	√
	ASCI	16 进制转 ASCII		√	√	√	√
	HEX	ASCII 转 16 进制		√	√	√	√
	DECO	译码		√	√	√	√
	ENCO	高位编码		√	√	√	√
	ENCOL	低位编码		√	√	√	√
浮点运算	ECMP	浮点数比较		√	√	√	√
	EZCP	浮点数区间比较		√	√	√	√
	EADD	浮点数加法		√	√	√	√
	ESUB	浮点数减法		√	√	√	√
	EMUL	浮点数乘法		√	√	√	√
	EDIV	浮点数除法		√	√	√	√
	ESQR	浮点数开方		√	√	√	√
	SIN	浮点数 SIN 运算		√	√	√	√
	COS	浮点数 COS 运算		√	√	√	√
	TAN	浮点数 TAN 运算		√	√	√	√
	ASIN	浮点数反 SIN 运算		√	√	√	√
	ACOS	浮点数反 COS 运算		√	√	√	√
	ATAN	浮点数反 TAN 运算		√	√	√	√
时钟	TRD	时钟数据读取		√	√	√	√
	TWR	时钟数据写入		√	√	√	√

2.3 特殊指令一览

附表 2-3 特殊指令

分类	助记符	功能	适用机型				
			XC1	XC2	XC3	XC5	XCM
脉冲输出	PLSY	单段无加减速脉冲输出		√	√	√	√
	PLSR	相对位置多段脉冲控制		√	√	√	√
	PLSF	可变频率脉冲输出		√	√	√	√
	PLSA	绝对位置多段脉冲控制		√	√	√	√
	PLSNEXT/PLSNT	脉冲段切换		√	√	√	√
	PLSMV	脉冲数立即刷新		√	√	√	√
	STOP	脉冲停止		√	√	√	√
	ZRN	原点回归		√	√	√	√
	DRVA	绝对位置单段脉冲控制		√	√	√	√
	DRVI	相对位置单段脉冲控制		√	√	√	√
	PTO	相对位置多段脉冲控制			√	√	√
	PTOA	绝对位置多段脉冲控制			√	√	√
	PSTOP	脉冲停止			√	√	√
	PTF	可变频率单端脉冲输出			√	√	√
高速计数	HSCR	32 位高速计数读取		√	√	√	√
	HSCW	32 位高速计数写入		√	√	√	√
Modbus 通讯	COLR	Modbus 线圈读		√	√	√	√
	COLW	Modbus 单个线圈写		√	√	√	√
	MCLW	Modbus 多个线圈写		√	√	√	√
	REGR	Modbus 寄存器读		√	√	√	√
	REGW	Modbus 单个寄存器写		√	√	√	√
	MRGW	Modbus 多个寄存器写		√	√	√	√
自由格式通讯	SEND	自由格式数据发送		√	√	√	√
	RCV	自由格式数据接收		√	√	√	√
	RCVST	释放串口		√	√	√	√
精确定时	STR	精确定时		√	√	√	√
	STRR	读精确定时寄存器		√	√	√	√
	STRS	停止精确定时		√	√	√	√

续表

分类	助记符	功能	适用机型				
			XC1	XC2	XC3	XC5	XCM
中断	EI	允许中断		√	√	√	√
	DI	禁止中断		√	√	√	√
	IRET	中断返回		√	√	√	√
BLOCK	SBSTOP	停止BLOCK的运行		√	√	√	√
	SBGOON	继续执行被暂停的BLOCK		√	√	√	√
	WAIT	等待		√	√	√	√
读写模块	FROM	读取模块		√	√	√	√
	TO	写入		√	√	√	√
其他	FRQM	频率测量		√	√	√	√
	PWM	脉宽调制		√	√	√	√
	PID	PID运算控制		√	√	√	√
	NAME_C	C语言功能块		√	√	√	√

附录3　特殊功能版本要求

附表3-1　特殊功能版本要求

功能	硬件版本	软件版本
多点重复传送的32位指令DFMOV	V3.0及以上	V3.0及以上
浮点数传送指令EMOV	V3.3及以上	V3.3及以上
格雷码与二进制转换指令GRY、GBIN	V3.3及以上	V3.3及以上
反三角函数运算	V3.0及以上	V3.0及以上
时钟的读写	V2.51及以上	V3.0及以上
高速计数的读写	V3.1c及以上	V3.0及以上
高速计数中断	V3.1c及以上	V3.0及以上
脉冲输出PTO、PTOA、PSTOP、PTF	V3.3及以上	V3.3及以上
自由格式通讯释放串口指令RCVST	V3.1e及以上	V3.1f及以上
精确定时的读取	V3.0e及以上	V3.0及以上
精确定时的停止	V3.0e及以上	V3.0及以上
C语言编写功能块	V3.0c及以上	V3.0及以上
本体PID功能	V3.0及以上	V3.0及以上
顺序功能块BLOCK	V3.2及以上	V3.1h及以上

续表

功能	硬件版本	软件版本
外接 T-BOX、XC-TBOX-BD	V3.0g 及以上	V3.0f
外接 G-BOX	V3.0i 及以上	V3.0 及以上
外接 XC-SD-BD	V3.2 及以上	V3.2 及以上
读写 XC-E6TCA-P、XC-E2AD2PT2DA	V3.1f 及以上	V3.1b 及以上
扩展内部寄存器 ED	V3.0 及以上	V3.0 及以上
保密寄存器 FS	V3.3 及以上	V3.3K 及以上

附录 4 PLC 功能配置一览

附表 4-1 PLC 功能配置

系列及点数	时钟	通信		扩展模块	BD 板	高速计数路数			脉冲输出路数（T 型/RT 型）	外部中断
		485 通信	自由通信			递增模式	脉冲+方向	AB 相		
XC1 系列										
XC1-10	×	×	×	×	×	×	×	×	×	×
XC1-16	×	×	×	×	×	×	×	×	×	×
XC1-24	×	√	×	×	×	×	×	×	×	×
XC1-32	×	√	×	×	×	×	×	×	×	×
XC2 系列										
XC2-14	○	○	○	×	×	5	2	2	2	3
XC2-16	○	×	×	×	×	5	2	2	2	3
XC2-24	○	√	√	×	√	5	2	2	2	3
XC2-32	○	√	√	×	√	5	2	2	2	3
XC2-42	○	√	√	×	×	5	2	2	2	3
XC2-48	○	√	√	×	√	5	2	2	2	3
XC2-60	○	√	√	×	√	5	2	2	2	3
XC3 系列										
XC3-14	×	○	○	×	×	4	2	2	2	1
XC3-24	○	√	√	√	√	6	3	3	2	3
XC3-32	○	√	√	√	√	6	3	3	2	3
XC3-42	○	√	√	√	×	6	3	3	2	3
XC3-48	○	√	√	√	√	4	2	2	2	3

续表

系列及点数	时钟	通信		扩展模块	BD 板	高速计数路数			脉冲输出路数（T 型/RT 型）	外部中断
		485 通信	自由通信			递增模式	脉冲+方向	AB 相		
XC3-60	○	√	√	√	√	4	2	2	2	3
XC3-19AR	○	√	√	×	√	4	2	2	×	3
XC5 系列										
XC5-24	○	√	√	√	√	2	1	1	4	3
XC5-32	○	√	√	√	√	2	1	1	4	3
XCM 系列										
XCM-60	○	√	√	×	√	4	0	3	10	4

注：○用户选择，×不支持，√支持。

参考文献

[1] 童克波. 现代电气及PLC应用技术 [M]. 北京：北京邮电大学出版社，2011.
[2] 李俊秀. 可编程控制器应用技术 [M]. 北京：化学工业出版社，2008.
[3] 童克波. PLC综合应用技术 [M]. 大连：大连理工大学出版社，2018.
[4] XC系列可编程控制器用户手册 [M]. 2011.